高职高专"十三五"规划教材

钢铁厂实用安全技术

主　编　吕国成　　包丽明
副主编　孙建波　　王铁富　　秦绪华
　　　　季德静　　马忠旭　　尹文艳

北　京
冶金工业出版社
2024

内 容 提 要

　　本书系统介绍了钢铁生产过程中焦化、炼铁、炼钢和轧钢等主要工艺环节的安全技术知识。全书共分 7 章，主要内容包括钢铁厂安全生产概述，焦化生产、烧结球团生产、高炉炼铁生产、炼钢生产及轧钢生产的安全技术，钢铁企业生产安全事故预防与预警等。为了提高冶金技术人员的安全意识，本书还编入了具体工艺环节的相关事故案例。

　　本书为高职高专冶金专业的教材（配有教学课件），也可作为冶金企业在职人员的培训教材，并可供从事钢铁冶金生产的工程技术人员和管理人员参考。

图书在版编目（CIP）数据

　　钢铁厂实用安全技术／吕国成，包丽明主编. —北京：冶金工业出版社，2017.12（2024.7 重印）
　　高职高专"十三五"规划教材
　　ISBN 978-7-5024-7646-5

　　Ⅰ.①钢…　Ⅱ.①吕…　②包…　Ⅲ.①钢铁厂—安全生产—高等职业教育—教材　Ⅳ.①TF089

　　中国版本图书馆 CIP 数据核字（2017）第 273246 号

钢铁厂实用安全技术

出版发行　冶金工业出版社		电　　话　(010)64027926	
地　　址　北京市东城区嵩祝院北巷 39 号		邮　　编　100009	
网　　址　www.mip1953.com		电子信箱　service@ mip1953.com	

责任编辑　俞跃春　杜婷婷　美术编辑　彭子赫　版式设计　孙跃红
责任校对　李　娜　责任印制　窦　唯
北京虎彩文化传播有限公司印刷
2017 年 12 月第 1 版，2024 年 7 月第 2 次印刷
787mm×1092mm　1/16；15.75 印张；382 千字；243 页
定价 43.00 元

投稿电话　(010)64027932　投稿信箱　tougao@cnmip.com.cn
营销中心电话　(010)64044283
冶金工业出版社天猫旗舰店　yjgycbs.tmall.com
（本书如有印装质量问题，本社营销中心负责退换）

前　言

　　钢铁工业是国民经济的重要支柱产业。我国是目前世界上最大的钢铁生产和消费国，钢铁生产为国民经济持续、稳定、健康发展做出了重要贡献。从事钢铁冶金的人员众多，这些人员的安全问题必须受到重视。无论是已经进入钢铁企业工作岗位的操作工人、技术人员和管理人员，还是冶金技术、热能与动力工程、金属材料工程和冶金分析专业等钢铁企业需要的专业学生，都需要牢固掌握钢铁安全生产方面的基础知识。普及安全教育，增强全民安全生产意识具有重要的现实意义。

　　本书是高职高专冶金技术专业教材。教材在编写过程中依据教学大纲的要求，合理确定教材的深度和广度，并结合钢铁工业的生产实际和发展要求，精选教材内容。本书结合目前钢铁冶金各环节生产中出现的常见事故及案例分析，提出防护措施，并汇集了钢铁企业现行的、实用的、主要的岗位安全规程，这使得本书具有时效性、案例性的特点。书中内容简洁、明了、易于学习和掌握。

　　本书主要内容结合钢铁企业安全生产的现状和发展需要，以焦化厂、烧结厂、炼铁厂、炼钢厂和轧钢厂为基本单元，系统全面地介绍了各环节的基本工艺、安全生产的特点、安全生产技术、典型事故案例及安全操作规程等知识。警示人们应具有安全生产和保护生命的必要意识，注重培养在岗工作人员独立思考和灵活运用安全方面知识技能的能力，更重要的是对学生起到教育、警醒和引导防治的作用，为以后进入工作岗位打下良好的基础。

　　本教材由吉林电子信息职业技术学院吕国成、包丽明担任主编。吉林电子信息职业技术学院孙建波、王铁富、秦绪华、季德静，甘肃有色冶金职业技术学院马忠旭，兰州资源环境职业技术学院尹文艳担任副主编。全书由吕国成统稿。其中第1章由王铁富编写，第2章由孙建波编写，第3章由秦绪华、季德静编写，第4章由包丽明编写，第5章、第7章由吕国成编写，第6章由马忠旭、尹文艳编写。参加本书编写的还有吉林电子信息职业技术学院杨林、毕俊召、刘洪学，昆明工业职业技术学院姜国庆，桂林理工大学南宁分校李超，白银矿冶职业技术学院魏芳，通化钢铁有限责任公司朱金禄，吉林建龙钢铁夏晓龙。

　　在本书的编写过程中，参考了很多相关图书、资料，在此对其作者表示衷心的感谢！

　　本书配套教学课件读者可在冶金工业出版社官网（www.cnmip.com.cn）搜索资源获得。

　　由于编者水平有限，书中不妥之处，恳切希望有关专家及读者批评指正。

编者

2017 年 7 月

目　录

1 钢铁厂安全生产概述

1.1 钢铁企业安全生产的重要性

冶金工业包括钢铁工业和有色金属工业。前者包括铁、钢和铁合金的工业生产，后者包括其余各种金属的工业生产。钢铁是现代工业中应用最广、使用量最大的金属材料。钢铁工业是国家的基础材料工业，还为其他制造业（如机械制造、交通运输、军工、能源、航空航天等）提供主要的原材料，也为建筑业及民用品生产提供基础材料。可以说，一个国家钢铁工业的发展状况间接反映其国民经济发达的程度。钢铁工业的发展水平主要体现在钢铁生产总量、品种、质量、单位能耗和排放、经济效益和劳动生产率等方面。一个国家的工业化发展进程中，都必须拥有相当发达的钢铁工业作为支撑。

1.1.1 钢铁企业生产的特点

现代钢铁企业是一个复杂的、相互联系的生产整体——包括基本和辅助车间及工段、附属部门和副产品部门等，生产过程兼有连续和断续的性质，它既有别于石油、化工的连续生产过程，也有别于机械行业的离散制造过程。钢铁生产的特点有以下几个方面。

（1）钢铁工业生产是一项系统工程，生产过程具有环节多、工序多、工艺复杂的特点。其生产基本流程如图 1-1 所示。

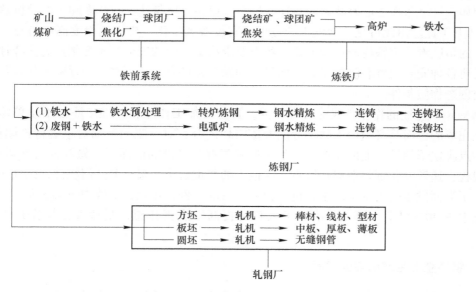

图 1-1　钢铁生产基本流程

钢铁工业需要稳定的原材料供应，包括铁矿石、煤、焦炭、耐火材料、石灰石和废钢等。现代钢铁生产过程是将铁矿石在高炉内冶炼成铁水，铁水经转炉或电弧炉炼成钢，再将钢水铸成钢锭或连铸坯，经轧制等金属变形方法加工成各种用途的钢材。具有上述全过程生产设备的企业，称为钢铁联合企业。钢铁联合企业的正常运转，除包括铁前系统、炼铁厂、炼钢厂和轧钢厂主体工序外，还需要其他辅助行业为它服务，这些辅助行业包括耐火材料和石灰生产、机修、动力、制氧、供水供电、质量检测、通信、交通运输和环保等。由此可见，钢铁生产是一个复杂而庞大的生产体系。企业规模越大，联合生产的程度越高，企业内部的单位就越多，单位之间的分工就越细。从安全生产的角度来看，这一特点反映了钢铁企业安全生产的复杂性和艰巨性。

（2）钢铁企业的生产过程既有连续的，又有间断的。例如：高炉生产不能停顿，炼钢炉在冶炼过程中不能中途停止，钢材在轧制过程中不允许中断。而高炉铁水送往炼钢厂炼钢，钢水必须浇铸成钢锭或连铸坯，才能送到轧钢厂轧制加工（热装钢锭除外），中间也有冷却过程。在轧制过程中，钢材从一个机架转移到另一个机架等，则是间断生产过程。如何把这些间隙时间减小到最低程度，以提高生产速度，是钢铁企业提高生产效率的重要途径，而主体设备生产的快速化，又会带动各种辅助工作和检测手段的快速化。这就表明，钢铁企业生产过程是连续与不连续的结合，以连续化、快速化为发展目标，具有节奏快、连续性强的特点。从安全的角度来看，这个特点决定了钢铁企业安全管理适应市场变革的艰巨性。一个企业生产效率的高低和经济效益的好坏，除了取决于技术装备水平以外，还取决于管理水平。而安全管理作为企业管理的一个重要组成部分，规章制度、条例、规程的科学性和执行制度的严肃性，与企业的生产息息相关。

（3）钢铁企业属于资本密集型企业，即它需要数量庞大且种类繁多的生产设备。钢铁生产过程有的是以化学反应为主，有的则是以物理变形为主；其物质手段有的以机电设备为主，有的则以容器和场地为主。技术越先进，各类设备在固定资产中所占的比例就越高。例如，一个年产300万吨钢的热连轧厂，其设备总质量达55000多吨，电动机总容量约为17万千瓦。由此可见，钢铁生产过程具有设备大型化、机械化程度高的特点。从安全生产的角度看，钢铁生产过程的这一特点要求冶金工业的安全技术必须具有多样性，它不仅需要各种安全装置和防护设施，而且必须始终保持有效和可靠，为保障操作人员的人身安全创造物质条件。

（4）钢铁企业的作业方式综合性很强，其主要加工作业和关键工序都不是单体操作能独立完成的，而是必须由人数不等的群体密切配合，对一定的劳动对象进行连续作业。这一特点决定了钢铁企业的作业人员都应在事事有章可循的前提下，做到人人有章可循。违反规程、违章操作都将造成伤及自身或他人的严重后果。据有关部门统计，钢铁企业中因操作不当而发生的人身事故中，危及他人所占的比例，在死亡事故中占1/3左右，在重伤事故中占40%以上。可见，冶金工人自觉提高安全责任感，坚持安全操作是十分重要的。

1.1.2　钢铁企业生产的安全问题

钢铁企业安全生产的特点与其生产工艺密切相关。钢铁生产过程具有工艺复杂、流程长、重大危险源点多面广、设备连续作业等特点。其中，既有工艺所决定的高动能、高势能、高热能危险，又有化工生产的有毒有害物质以及易燃易爆等其他危险，尤其是冶炼生产过程中采用的各类高温炉窑，产生的高温高能铁水、钢水及煤气等，一旦发生事故，可能造成灾难性的后果。

钢铁生产高温冶炼过程中产出的铁水、钢水危险性极大。铁水喷溅易造成灼烫事故。图1-2所示为扬州一钢铁厂发生的钢水喷溅事故。一旦由于罐体倾翻、泼溅、炉体烧穿导致铁水、钢水遇水爆炸，就可能造成大量人员伤亡和重大经济损失。图1-3所示为宁夏吉元钢铁厂发生的熔融硅铁遇水爆炸事故。

图1-2 钢水喷溅事故

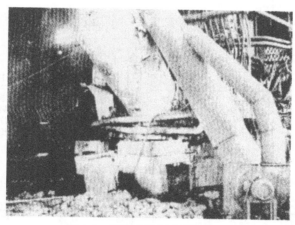

图1-3 熔融硅铁遇水爆炸事故

各种工业气体使用量大，危险性较大。钢铁工业大量使用煤气做燃料，煤气来源多，包括焦炉、高炉、转炉煤气等；煤气的使用场所也多，如炼铁、炼钢、轧钢以及其他辅助生产都要用到煤气做燃料。煤气输送管网及设备复杂，对主体生产系统影响大，一旦失控立即影响到主体生产系统；煤气还极易造成中毒窒息、爆炸事故而导致大量人员伤亡。氧气是钢铁工业重要的氧化剂，用量大，也极易发生爆炸事故。氮气易发生窒息事故。图1-4所示为国家安全生产监督管理总局通报的河北遵化"12·24"重大煤气泄漏事故。

钢铁企业大量使用起重机械、压力容器和压力管道等特种设备，危险性大。起重机械负荷大，吊运高温物体，作业环境恶劣，可能发生起重事故，一旦发生铁水罐、钢水罐倾翻事故，后果十分严重，图 1-5 和表 1-1 分别为某单位 166 起桥式起重机事故类别主次图和某单位起重机事故分布表。压力容器和压力管道内的介质通常为高温、高压、有毒有害物质，运行线路长，检测、维护困难。

图 1-4　遵化"12·24"重大煤气泄漏事故

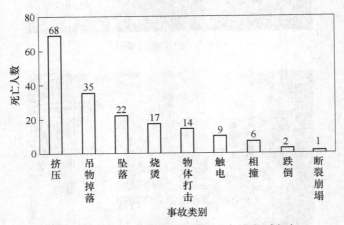

图 1-5　某单位 166 起桥式起重机事故类别主次

表 1-1　某单位起重机事故分布

受害对象 事故类别	吊物 砸挤	高处 坠落	触电	物体 打击	机械 绞碾	堆物 倒塌	火灾 灼烫	房屋 倒塌
驾驶员		▲	▲		▲		▲	▲
绑扎、挂钩工	▲	▲	▲	▲		▲	▲	▲
检修人员		▲	▲		▲			
地面生产人员	▲			▲		▲	▲	▲
过往人员	▲					▲	▲	▲
事故地点	地面	吊车上、 轨道	驾驶室、 滑线	地面	吊车口、 轨道	地面	驾驶室	厂房

注：▲表示有事故。

　　钢铁生产设备大型化、机械化、自动化程度较高，高温作业、煤气作业岗位多。作业时经常涉及高空、高温、高速运动机械、易燃易爆、有毒气体泄漏、腐蚀等危险状况，作业空间狭窄，立体交叉作业，容易发生中毒窒息、火灾爆炸、灼伤、高空坠落、触电、起重伤害和机械伤害等事故。

　　钢铁企业粉尘、噪声、高温、有毒有害等职业危害严重，治理困难。在一些老企业，职业病患病人数超过了工亡人数。尤其是焦化厂和炼铁厂，作业条件十分恶劣。随着自动化水平的不断提高，单调作业引起疲劳等问题，影响越来越大。

　　主体生产对辅助系统的依赖程度很高，一旦出现紧急状况，处置不当极易引发重特大事故。

　　钢铁生产系统可能会受到某些自然条件的制约。如地震区钢铁企业曾因大地震造成人员重大伤亡和财产重大损失。沿海钢铁企业也曾因地基不均匀沉降拉裂煤气管网，导致煤气泄漏等。

　　目前，我国钢铁企业在炼铁生产中大量喷吹烟煤粉以替代冶金焦炭，烟煤粉具有较强的爆炸危险性。

　　钢铁企业生产工艺复杂、危险因素多，造成伤亡事故的原因多种多样。据调查表明，机械伤害、起重伤害与物体打击等事故发生频率较高，死亡人数位于各类事故的前3名。近年来，行业扩张迅速，企业装备与管理水平参差不齐，这也是导致安全问题的主要原因之一。钢铁企业主要分为国有中央企业、国有地方骨干企业、民营企业和股份制企业等几种类型。其中，国有中央和国有地方骨干企业生产设备的本质安全度高，管理者和员工的安全生产意识较好，安全生产管理制度健全；民营企业和股份制企业情况较复杂，部分企业安全生产责任制极不健全，安全生产规章制度缺项多，甚至无安全管理机构和专职安全管理人员等。

1.1.3　钢铁企业安全生产的重要性

　　安全是企业的基础，是正常生产的前提，更是企业生存的命脉。作为冶金行业，安全工作尤其重要。钢铁工业是我国国民经济的重要基础产业，经过多年的建设，已形成了由矿山、烧结、焦化、炼铁、炼钢、轧钢以及相应配套专业和辅助工艺等构成的完整工业体系。近10年来，我国冶金行业的建设和发展取得了举世瞩目的成就，为国民经济建设做出了重要贡献。我国钢铁产量已连续10年居世界第一，近年来发展尤其迅速，1996年突破1亿吨，2003年突破2亿吨，2006年突破4亿吨。到2009年底和2010年底，我国粗钢的产能分别达到了7.18亿吨和7.7亿吨。钢铁企业在国民经济中发挥着重要的作用，其安全稳定的运转则是保证钢铁企业不断发展的必然要求。安全是企业之本，企业的良好运营不仅依托雄厚的经济实力，更有赖于企业的安全生产。

　　钢铁企业的安全生产是促进钢铁行业生产力水平长足发展的必然要求。作为企业中流砥柱的劳动者正是生产力中最活跃、最重要的因素。钢铁企业的安全生产可以有效地减少伤亡事故的发生，使人们在劳动中所结成的生产关系更加稳固，从而促进生产力的发展。但目前钢铁企业的安全生产形势并不乐观，较大事故时有发生。例如，2005年2月9日，山西召欣冶金有限公司高炉出铁口烧穿，死亡10人；10月26日，首钢煤气泄漏，死亡9人；2006年1月6日，首钢水钢制氧厂空分塔珠光砂喷溅淹埋7人；2007年4月，重庆市武陵县建渝钢铁公司钢水包脱落，1人遇难；2009年12月6日，新余钢铁公司焦化厂2号干熄焦的旋转密封阀出现故障，死亡4人、受伤1人；2011年6月11日，江苏省常州市中岳铸造厂在维修冲天炉除尘装置时发生煤气中毒事故，死亡6人、受伤1人。可见，安全生产一直是钢铁企业关系生命安全的首要问题。钢铁企业安全生产，可以使职工在相对安全的工作环境中从事生产作业，减少职工对自身安全的后顾之忧，全身心投入到生产中，提高劳动生产率，为企业创造更多的效益，使企业在竞争中不断地发展壮大。

1.2　钢铁企业生产安全事故定义及分类

钢铁企业的生产过程是十分复杂而庞大的，而且工艺过程的步骤多，种类多。因此，钢铁企业的生产事故也具有种类多、伤害程度高、事故过程复杂等特点。

1.2.1　事故的定义及特性

1.2.1.1　定义

对于事故的定义，已经有很多种说法，比较权威的定义是：事故是指造成主观上不希望出现的结果而意外发生的事件，其发生的后果可分为死亡、疾病、伤害、财产损失和其他损失五大类。

根据该事故定义，事故有以下三个特征：

（1）事故来源目标的行动过程。

（2）事故表现为与人的意志相反的意外事件。

（3）事故的结果使目标行动停止。

1.2.1.2　事故的特性

事故的表面现象是千变万化的，并且渗透到人们的生活和每一个生产领域，几乎可以说是无所不在的，同时事故结果又各不相同，所以说事故也是复杂的。但是事故是客观存在的，客观存在的事物发展本身就存在着一定的规律性，这是客观事物本身所固有的本质的联系；同样，客观存在的事故必然有着其本身固有的发展规律，这是不以人的意志为转移的。研究不能只从事故的表面现象出发，而必须对事故进行深入调查和分析，由事故特性入手，寻找其根本原因和发展规律。大量的事故统计结果表明，事故主要具有以下几个特性。

（1）普遍性。各类事故的发生具有普遍性，从更广泛的意义上讲，世界上没有绝对的安全。从事故统计资料可以知道，各类事故的发生从时间上看是基本均匀的，也就是说事故可能在任何一个时间发生；从地点的分布上看，每个地方或企业都会发生事故，不存在什么事故的禁区或者安全生产的福地；从事故的类型上看，GB 6441—1986《企业职工伤亡事故分类》所列举的事故类型都有血的教训。这说明安全生产工作必须时刻面对事故的挑战，任何时间、任何场合都不能放松对安全生产的要求，而且针对那些事故发生较少的地区和单位，更要明确事故的普遍性这一特点，以避免麻痹大意的思想，争取从源头上杜绝事故的发生。

（2）偶然性和必然性。偶然性是指事物发展过程中呈现出来的某种摇摆、偏离，是可以出现或不出现、可以这样出现或那样出现的不确定的趋势。必然性是客观事物联系和发展的合乎规律的、确定不移的趋势，是在一定条件下的不可避免性。事故的发生是随机的，同样的前因事件随时间的进程导致的后果不一定完全相同，但偶然中有必然，必然性存在于偶然性之中。随机事件服从于统计规律，可用数理统计方法对事故进行统计分析，从中找出事故发生、发展的规律，从而为预防事故提供依据。

（3）因果性。事故因果性是指一切事故的发生都是由一定原因引起的，这些原因就是潜在的危险因素，事故本身只是所有潜在危险因素或显性危险因素共同作用的结果。在生产过程中存在着许多危险因素，不但有人的因素（包括人的不安全行为和管理缺陷），而且也有物的因素（包括物的本身存在着不安全因素以及环境存在着不安全条件等）。所有这些在生产过程中通常被称之为隐患，它们在一定的时间和地点下相互作用就可能导致事故的发生。事故的因果性也是事故必然性的反映，若生产过程中存在着隐患，则迟早会导致事故的发生。

（4）潜伏性。事故的潜伏性是指事故在尚未发生或还未造成后果之时，是不会显现出来的，好像一切还处在"正常"和"平静"状态之中。但生产中的危险因素是客观存在的，只要这些危险因素未被消除，事故是总会发生的，只是时间的早晚而已。

（5）可预防性。事故的发生、发展都是有规律的，只要按照科学的方法和严谨的态度进行分析，并积极做好有关预防工作，事故是完全可以预防的。人类对于事故预防措施的研究也一直没有停止过，而且随着人类认识水平的不断提升，对于各种类型的事故，都已经找到比较有效的方法进行预防了。应该说人类已经基本掌握绝大多数事故发生、发展的规律，而如何在企业和普通劳动者中推广，是目前安全生产技术问题的关键所在。

（6）低频性。一般情况下，事故（特别是重、特大事故）发生的频率比较低。美国安全工程师海因里希（W. H. Heinrich）通过对 55 万余起机械伤害事故的研究表明，事故与伤害程度之间存在着一定的比例关系。对于反复发生的同一类型事故，将遵守下面的比例关系：在 330 起事故当中，无伤害事故大约有 300 起，轻微伤害事故大约有 29 起，严重伤害事故大约有 1 起，即"1：29：300 法则"。国际上将此比例关系称为"事故法则"，也称"海因里希法则"。很明显，"事故法则"也就是事故低频性的最好注解。

1.2.2 事故的分类

（1）按照事故严重程度分级。根据生产安全事故造成人员伤亡或者直接经济损失的严重程度，《生产安全事故报告和调查处理条例》将事故划分为四个等级：

1）特别重大事故，是指一次造成 30 人以上（含 30 人）死亡，或者 100 人以上（含 100 人）重伤（包括急性工业中毒），或者造成 1 亿元以上（含 1 亿元）直接经济损失的事故。

2）重大事故，是指一次造成 10~29 人死亡，或者 50~99 人重伤（包括急性工业中毒），或者造成 5000 万~1 亿元直接经济损失的事故。

3）较大事故，是指一次造成 3~9 人死亡，或者 10~49 人重伤（包括急性工业中毒），或者造成 1000 万~5000 万元直接经济损失的事故。

4）一般事故，是指一次造成 1~2 人死亡，或者 1~9 人重伤（包括急性工业中毒），或者造成 1000 万元以下直接经济损失的事故。

（2）按照事故类别分类。GB 6441—1986《企业职工伤亡事故分类》将事故类别划分为 20 类：

1）物体打击：由于失控物体的惯性力造成的人身伤害事故。

2）车辆伤害：因机动车辆引起的机械伤害事故。

3）机械伤害：因机械设备与工具引起的绞、碾、碰、割、戳、切等伤害事故。

4）起重伤害：因从事起重作业引起的机械伤害事故，它适用于各种起重作业。

5）触电伤害：由于电流流经人体，造成生理伤害的事故。

6）淹溺：因大量水经口、鼻进入肺内，造成呼吸道阻塞，发生急性缺氧而窒息死亡的事故。

7）灼烫：因强酸、强碱等物质溅到人身上引起的化学灼伤；因火焰引起的烧伤；因高温物体引起的烫伤；因放射线引起的皮肤损伤等事故。

8）火灾：造成人身伤亡的企业火灾事故。

9）高空坠落：由于危险重力势能差引起的伤害事故。

10）坍塌：因建筑物、构筑物、堆置物等倒塌以及土石塌方引起的事故。

11）冒顶片帮：因矿山、地下开采、掘进及其他坑道作业发生的坍塌事故。

12）透水：在矿山、地下开采或其他坑道作业时，由于意外水源带来的伤亡事故。

13）放炮：施工时，由于放炮作业造成的伤亡事故。

14）火药爆炸：火药与炸药在生产、运输、储藏的过程中发生的爆炸事故。

15）瓦斯爆炸：因可燃性气体瓦斯、煤尘与空气混合形成了浓度达到燃烧极限的混合物，接触点火源而引起的化学性爆炸事故。

16）锅炉爆炸：各种锅炉的物理性爆炸事故。

17）容器爆炸：盛装气体或液体，承载一定压力的密闭设备发生的爆炸事故。

18）其他爆炸：不属于瓦斯爆炸、锅炉爆炸和容器爆炸的爆炸。

19）中毒和窒息：中毒是指人接触有毒物质，出现的各种生理现象的总称；窒息是指因为氧气缺乏，发生的晕倒甚至死亡的事故。

20）其他伤害：凡不属于上述伤害的事故，均称为其他伤害。

（3）按照造成事故的责任分类。按照造成事故的责任，事故可分为责任事故和非责任事故两类。责任事故是指由于人们违背自然或客观规律，违反法律、法规、规章和标准等行为造成的事故。非责任事故是指遭遇不可抗拒的自然因素或者目前科学无法预测的原因造成的事故。

1.2.3　钢铁企业生产安全事故类型

由于钢铁企业的工艺过程复杂，其事故类型的种类也较多，主要有以下几个方面。

（1）火灾事故。包括煤气等燃料使用或管理不善导致煤气泄漏引发的火灾；电器或电缆漏电造成短路引发的火灾；油箱或充油电气设备（如变压器、电抗器等）故障或老化而导致油品喷出或泄漏而导致的火灾；熔融金属喷溅或泄漏导致的火灾；雷击引发的火灾；人为纵火等。

（2）爆炸事故。包括煤气泄漏引发的爆炸、熔融金属遇水发生的爆炸、煤粉爆炸、锅炉爆炸、炉渣爆炸、油品爆炸等。

（3）机械伤害和物体打击。机械伤害是钢铁企业中的主要危险因素之一，发生的可能性很大。钢铁企业各车间的设备众多，如旋转或运动部件因防护缺损而外露、设备控制故障、安全装置失效以及操作失误等，都可能造成机械伤害，特别是在设备故障检修作业中，因钢铁企业中的设备普遍很高大、维修部件多且重、检修部位高等不利因素，造成检修作业中机械伤害事故高发。因钢铁企业各车间操作平台错落布置，可能因高处平台物料摆放不规范、齐整，或作业时意外将工具、物料掉落等，均可能砸伤下面的作业人员。另外，在检修作业过程中，也可能因工具、部件摆放不稳而意外碰落，从而砸伤下面的作业人员。

（4）起重事故。包括起重机在运行中对人体造成挤压或撞击；起重机吊钩超载断裂、吊运时钢丝绳从吊钩中滑出；吊运中重物坠落造成物体打击，重物从空中落下又反弹伤人；钢丝绳或麻绳断裂造成吊物下落、使用应报废的钢丝绳、使用的吊具吊运超过额定起重量的吊物等造成重物下落；机械传动部分未加防护，造成机械伤害，违章在卷扬机钢丝绳上面通过，运动中的钢丝绳将人挤伤或绊倒；电气设备漏电、保护装置失效、裸导线未加屏蔽等造成触电；吊运时无人指挥、作业区内有人逗留、运行中的起重机的吊具及重物撞击行人；吊挂方式不正确，造成吊物从吊钩中脱出；钢丝绳从滑轮轮槽中跳出；制动器出现裂纹、摩擦垫片磨损过多等。起重操作在钢铁企业生产过程中是非常重要的一个环节，特别是在起重运输钢水包时，一旦钢水包坠落，可能会引发重大伤亡事故。

（5）高处坠落。钢铁企业的车间高度高达几十米，转炉、高炉、精炼炉等大型设备较多，各操作平台、检修平台或巡检线路高低布置，上下楼梯纵横交错。如果作业平台防护缺陷、楼梯湿滑、作业人员行走不慎等，都可能导致作业人员从高空坠落。另外，作业人员高处作业、高处检修时如果没有配戴齐全个人防护设施，如安全带、安全帽、耐热或绝缘手套等，也都可能导致高处坠落事故的发生。

（6）高温中暑和灼伤。钢铁企业的很多操作，如冶炼、烧结、焦化、煅烧等都是高温作业，一旦劳动量过大，工人休息不足，水分和盐分补充不及时，就会造成工人中暑，严重时可导致休克。灼伤包括：人员在经过发热设备时造成的热气流灼伤；废渣、熔融金属喷溅造成的灼伤；人员接触高温设备造成的灼伤等。

（7）中毒。主要是指焦炉、高炉、转炉等使用煤气作为燃料的设备，由于设备使用不当或排风不畅导致的一氧化碳中毒和硫化氢中毒。此外，还包括发生火灾时由于不完全燃烧导致的有毒气体中毒。在很多有色金属生产过程中，会产生大量的有毒气体和粉尘，如果设备密闭性不好或通风设备出现故障，就会导致作业人员发生急性中毒事故（如铝电解过程中会产生气态氟化氢及粉尘）。

（8）触电。包括人员误操作和设备老化漏电导致的触电事故、雷击导致的触电事故。

（9）车辆伤害。包括汽车、火车、传动带运输过程中发生的车辆事故。

此外，如按照可能造成的后果来分，钢铁企业事故还可以分为：高炉垮塌事故，煤粉爆炸事故，钢水、铁水爆炸事故，煤气火灾、爆炸事故，煤气、硫化氢、氰化氢中毒事故，氧气火灾事故等。

1.3 钢铁企业安全生产管理

安全生产关系人民群众生命和财产安全，关系改革、发展和稳定大局。安全生产责任重于泰山。搞好安全生产管理，是全面落实科学发展观的必然要求，是建设和谐社会的迫切需要，是各级政府和生产经营单位做好安全生产工作的基础。

安全生产管理是管理的重要组成部分，是安全科学的一个分支。安全生产管理，就是针对人们在生产过程中的安全问题，运用有效的资源，发挥人们的智慧，通过不懈的努力，进行决策、计划、组织和控制等活动，实现生产过程中人与机器设备、物料、环境的和谐，达到安全生产的目标。

安全生产管理制度是指为贯彻落实《安全生产法》及其他安全生产法律、法规、标准，有效地保障职工在生产过程中的安全健康，保障企业财产不受损失而制定的安全管理规章制度。

1.3.1 安全生产责任制

1.3.1.1 安全生产责任制的概念

安全生产责任制是按照安全生产方针和"管生产必须管安全"的原则，明确规定生产经营单位的各级负责人、各职能部门及其工作人员和岗位生产人员在安全生产方面的职责范围，明确上下左右之间权限，协调安全生产管理工作的制度。

安全生产责任制是生产经营单位岗位责任制和经济责任制的重要组成部分，是最基本的安全管理制度，是各项安全生产管理制度的核心。

建立安全生产责任制是落实我国安全生产方针、政策和有关安全生产法律法规的具体要求。《安全生产法》第四条明确规定："生产经营单位必须遵守本法和其他有关安全生产的法律、法规，加强安全生产管理，建立健全安全生产责任制和安全生产规章制度，改善安全生产条件，推进安全生产标准化建设，提高安全生产水平，确保安全生产。"生产经营单位是安全生产的责任主体，它必须建立安全生产责任制，把"安全生产，人人有责"从制度上固定下来，把安全生产责任落实到每个环节、每个岗位、每个人，形成完整的安全生产管理体系，使安全管理工作既做到责任明确，又相互协调配合，共同把安全生产工作落到实处。安全生产责任制规定了生产经营单位各级负责人、各部门及其工作人员和岗位生产人员的职责，可以增强各级各类人员的安全责任感，调动各级人员和各部门在安全生产方面的积极性和主观能动性。建立健全安全生产责任制是建立安全生产长效机制的基础，是实现企业可持续发展的重要保障。

1.3.1.2 建立与落实安全生产责任制的要求

安全生产责任制应由单位的主要负责人组织建立。建立与落实安全生产责任制应遵循下列要求：

(1) 符合国家安全生产方针、政策和法律法规的要求。

(2) 本单位安全生产责任体系的建立，必须与企业的组织结构和管理体制协调一致。

（3）体系要清楚，要贯彻"纵向到底、横向到边"、"层层有专责，人人管安全"的原则，要覆盖所有的生产单位、部门和岗位；落实"管生产必须管安全"的原则，各单位、各部门负责人对本单位和部门的安全生产全面负责。

（4）职责要明确。落实"安全生产，人人有责"的原则，岗位人员对本岗位的安全生产负责。要根据本单位、部门、班组、岗位的实际情况确定每个人、每个单位的安全生产职责，要求职责明确具体，具有可操作性，能考核。

（5）要贯穿"计划、布置、检查、总结、评比"等安全管理过程的始终和安全生产的各个方面。

（6）要有专门的机构与人员来制定和落实安全生产责任制，并适时修订。

（7）要定期对责任人的责任制落实情况进行考核。

1.3.1.3 安全生产责任制的主要内容

安全生产责任制包括岗位责任制和部门责任制。

岗位责任制是指纵向的各级、各类人员的安全生产职责。在建立岗位责任制时，可首先将本单位从主要负责人一直到岗位工人分成相应的层级，结合本单位的实际，赋予其相应的职责。

部门责任制是指横向的各职能部门（包括党、政、工、团）的安全生产职责。在建立部门责任制时，可按照本单位职能部门的设置，分别对其安全生产职责作出规定。

生产经营单位的安全生产责任制，在纵向上至少应包括下列几类人员。

（1）生产经营单位主要负责人。生产经营单位的主要负责人是本单位安全生产的第一责任人，对本单位的安全生产工作全面负责。《安全生产法》第十七条规定了主要负责人的安全生产职责：

1）建立、健全本单位安全生产责任制。

2）组织制定本单位安全生产规章制度和操作规程。

3）保证本单位安全生产投入的有效实施。

4）督促、检查本单位的安全生产工作，及时消除生产安全事故隐患。

5）组织制定并实施本单位的生产安全事故应急救援预案。

6）及时、如实报告生产安全事故。

各单位可根据上述6个方面，并结合本单位的实际情况对主要负责人的安全生产职责作出规定。

（2）生产经营单位其他负责人。生产经营单位其他负责人的职责是协助主要负责人搞好安全生产工作，根据其职责分工，具体负责分管事项的相关安全工作。

（3）各级负责人。各级负责人负责组织本单位的安全生产工作，并对本单位的安全生产工作全面负责。

（4）各职能部门负责人及其工作人员。各职能部门都负有相应的安全生产职责。职能部门负责人的职责是按照本部门的安全生产职责，组织有关人员落实本部门的安全生产责任制，并对本部门职责范围内的安全生产工作负责。各职能部门的工作人员对职责范围内的安全生产工作负责。

（5）班组长。班组是搞好安全生产的关键。班组长全面负责本班组的安全生产工作，其职责是贯彻执行本单位的安全规定,督促本班组的工人遵守有关安全生产规章制度和操作规程,切实做到不违章指挥,不违章作业,遵守劳动纪律。

(6) 岗位工人。岗位工人对本岗位的安全生产负直接责任,其主要职责是接受安全生产教育培训,遵守有关安全生产规章制度和安全操作规程,遵守劳动纪律、不违章作业。

1.3.2　安全教育培训制度

通过安全教育培训活动,可以提高员工安全意识和安全素质,防止产生不安全行为,减少人为失误,预防伤亡事故,实现安全生产和文明生产。安全教育培训工作是贯彻"安全第一,预防为主,综合治理"的重要措施,是一项重要的安全生产管理活动。安全教育首先应进行安全理念和安全生产法律法规的教育,端正安全态度,强化安全意识,提高生产经营单位管理者及员工的安全生产责任感和自觉性;其次要进行安全知识教育,提高员工的安全素质;第三要进行安全技能教育,规范安全生产行为,形成正确的操作习惯。

《安全生产法》及有关安全教育培训的规章、培训大纲和考核标准,对各类人员的安全培训的内容、培训时间、考核以及安全培训机构的资质管理等作了规定。《冶金企业安全生产监督管理规定》第九条对冶金企业主要负责人、安全生产管理人员、特种作业人员、从业人员以及煤气作业人员的教育培训作了明确规定。

1.3.2.1　安全教育培训的对象和内容

A　对生产经营单位主要负责人的教育培训

生产经营单位的主要负责人是指对本单位的生产经营负全面责任,有生产经营决策权的人员,具体是指公司的董事长、总经理,其他生产经营单位的厂长、经理、矿长(含实际控制人)等。

a　基本要求

(1) 生产经营单位的主要负责人必须具备与本单位所从事的生产经营活动相应的安全生产知识和管理能力。

(2) 危险物品的生产、经营、储存单位以及矿山、烟花爆竹、建筑施工单位的主要负责人必须接受安全资格培训,经安全生产监督管理部门或法律法规规定的有关主管部门考核合格并取得安全资格证书后方可任职。

(3) 其他单位主要负责人必须按照国家有关规定接受安全生产培训,经培训单位考核合格并取得安全培训合格证后方可任职。

(4) 所有单位的主要负责人每年应进行安全生产再培训。

b　培训内容

(1) 国家安全生产方针、政策和有关安全生产法律、法规、标准、规范。

(2) 安全生产管理基本知识、安全生产技术和安全生产专业知识。

(3) 重大危险源管理、重大事故防范、应急管理以及事故调查处理的有关规定。

(4) 职业危害及预防措施。

(5) 国内外先进的安全生产管理经验。

（6）典型事故和应急救援案例分析。

（7）其他需要培训的内容。

c　再培训内容

（1）有关安全生产的新的法律、法规、规章、规程和标准。

（2）安全生产的新技术、新设备、新材料。

（3）安全生产管理先进经验。

（4）典型事故案例。

d　培训时间

危险物品的生产、经营、储存单位以及矿山、烟花爆竹、建筑施工单位的主要负责人安全资格培训的时间不得少于 48 学时，每年再培训时间不得少于 16 学时。

其他单位的主要负责人安全资格培训的时间不得少于 32 学时，每年再培训时间不得少于 12 学时。

B　对安全生产管理人员的教育培训

安全生产管理人员是指在生产经营单位从事安全生产管理工作的人员，具体是指生产经营单位分管安全生产的负责人、安全生产管理机构的负责人及其工作人员，以及未设安全生产管理机构的专兼职安全生产管理人员。

a　基本要求

（1）生产经营单位的安全生产管理人员必须具备与本单位所从事的生产经营活动相应的安全生产知识和管理能力。

（2）危险物品的生产、经营、储存单位以及矿山、烟花爆竹、建筑施工单位的安全生产管理人员必须接受安全资格培训，经安全生产监督管理部门或法律法规规定的有关主管部门考核合格并取得安全资格证书后方可任职。

（3）其他单位安全生产管理人员必须按照国家有关规定接受安全生产培训，经培训单位考核合格并取得安全培训合格证后方可任职。

（4）所有单位的安全生产管理人员每年应进行安全生产再培训。

b　培训内容

（1）国家安全生产方针、政策和有关安全生产法律、法规、标准、规范。

（2）安全生产管理、安全生产技术和职业卫生等知识。

（3）伤亡事故统计、报告及职业危害的调查处理方法。

（4）应急管理、应急预案编制以及应急处置的内容和要求。

（5）国内外先进的安全生产管理经验。

（6）典型事故和应急救援案例分析。

（7）其他需要培训的内容。

c　再培训内容

（1）有关安全生产的新的法律、法规、规章、规程和标准。

（2）安全生产的新技术、新设备、新材料。

（3）安全生产管理先进经验。

（4）典型事故案例。

　　d　培训时间

　　危险物品的生产、经营、储存单位以及矿山、烟花爆竹、建筑施工单位的安全生产管理人员安全资格培训的时间不得少于 48 学时，每年再培训时间不得少于 16 学时。

　　其他单位的安全生产管理人员安全资格培训的时间不得少于 32 学时，每年再培训时间不得少于 12 学时。

　　C　对特种作业人员的教育培训

　　特种作业是指容易发生事故，对操作者本人、他人的安全健康及设备、设施的安全可能造成重大危害的作业。直接从事特种作业的人员称为特种作业人员。

　　a　特种作业的范围

　　特种作业的范围包括电工作业、焊接与热切割作业、高处作业、制冷与空调作业、煤矿安全作业、金属和非金属矿山安全作业、石油天然气安全作业、冶金（有色）生产安全作业、危险化学品安全作业、烟花爆竹安全作业以及国家有关部门认定的其他作业。

　　b　特种作业人员管理要求

　　（1）特种作业人员必须经过专门的安全技术和操作技能的培训，并经考核合格，取得特种作业人员操作证后方可上岗。

　　（2）特种作业人员的培训实行全国统一培训大纲、统一考核标准、统一证件。特种作业人员操作证由国家统一印制，地市级以上行政主管部门签发，全国通用。

　　（3）特种作业操作资格考试包括安全技术理论考试和实际操作考试两部分。

　　（4）对取得特种作业人员操作证的人员，每 3 年复审 1 次。特种作业人员在特种作业操作证有效期内，连续从事本工种 10 年以上，严格遵守有关安全生产法律法规的，经原考核发证机关或者从业所在地考核发证机关同意，特种作业操作证的复审时间可延长至每 6 年 1 次。未按期复审或复审不合格者，其操作证自行失效。

　　D　对其他从业人员的教育培训

　　生产经营单位的其他从业人员是指除主要负责人、安全生产管理人员和特种作业人员以外，在该单位从事生产经营活动的所有人员，包括其他负责人、其他管理人员、技术人员和各岗位的工人以及临时聘用人员。

　　a　基本要求

　　（1）冶金企业应当定期对从业人员进行安全生产教育和培训，保证从业人员具备必要的安全生产知识，了解有关的安全生产法律法规，熟悉规章制度和安全技术操作规程，掌握本岗位的安全操作技能。未经安全生产教育和培训合格的从业人员，不得上岗作业。

　　（2）危险物品的生产、经营、储存单位以及矿山、烟花爆竹、建筑施工单位的其他从业人员每年接受再教育的时间不得少于 20 学时。

　　（3）外来务工人员也应定期接受安全教育培训。

　　b　新工人的安全教育培训

　　新工人上岗之前要接受厂、车间、班组三级安全教育，经考核合格后由熟练工人带领工作，直到熟悉本工种操作技术并经考核合格后，方可独立上岗工作。新工人入厂安全教育时间不得少于 24 学时。危险物品的生产、经营、储存单位以及矿山、烟花爆竹、建筑施工单位的其他从业人员每年接受再教育的时间不得少于 72 学时。

　　新工人三级安全教育的内容如下。

（1）厂级安全教育的内容：本单位安全生产情况及安全生产基本知识；本单位安全生产规章制度和劳动纪律；从业人员的安全生产权利和义务；应急救援知识；有关事故案例等。

（2）车间安全教育的内容：本车间安全生产状况和规章制度；工作环境及危险因素；所从事工种可能遭受的职业危害和伤亡事故；所从事工种的安全职责、操作规程及强制性标准；自救、互救、急救方法，疏散和现场紧急情况的处理；安全设备设施、个人防护用品的使用和维护；预防事故和职业危害的措施及应注意的安全事项；事故案例等。

（3）班组安全教育的内容：班组安全生产状况和规章制度；岗位安全操作规程；岗位之间工作衔接配合的安全与职业卫生事项；事故案例等。

c 煤气作业人员的教育培训

钢铁企业煤气来源较多（包括焦炉煤气、高炉煤气、转炉煤气等），应用广泛，煤气作业场所多。由于煤气具有毒性和可燃性，能致人中毒死亡，易发生火灾爆炸，因此钢铁企业煤气作业危险性较大，煤气事故发生率较高，死亡人数较多，特别是较大以上事故比例较大。为了防治煤气事故，钢铁企业应当按照有关规定对从事煤气生产、储存、输送、使用、维护检修的人员进行专门的煤气安全基本知识、煤气安全技术、煤气监测方法、煤气中毒紧急救护技术等内容的培训，并经考核合格后，方可安排其上岗作业。

E 其他教育培训

（1）企业采用新工艺、新技术、新设备、新材料时，应对操作人员进行有针对性的安全技术培训，并经考核合格后方可上岗。

（2）调换工种和脱岗3个月以上重新上岗的人员，应事先进行岗位安全培训，经考核合格方可上岗。

（3）外来参观或学习的人员应接受必要的安全教育，并由专人带领。

（4）节假日后以及停产复工前，应组织对全体职工进行复工、复产安全教育。

（5）对"双违"人员应及时开展安全理念、操作规程、事故案例教育。

（6）发生事故后，应组织全体职工进行事故分析活动。

1.3.2.2 安全教育培训的形式、方法与要点

安全教育培训的形式和方法多种多样，各有特点，在实际应用中要根据培训对象和内容灵活选择。

安全教育培训的形式主要有安全培训、每天的班前班后会、安全活动日、安全生产会议、事故现场分析会、危险预知活动、张贴安全生产招贴画、宣传标语、安全知识竞赛等。

安全教育培训的主要方法有课堂讲授法、实操演练法、案例研讨法、读书指导法、个别指导法、宣传娱乐法。

安全教育培训的要点如下：

（1）安全教育培训是抓好安全工作的起点，因此，首次安全教育培训的效果非常重要，其内容应以安全理念教育为主，使新工人在一开始就能对安全工作产生一个新的认识，形成正确的安全意识，并改变错误的安全态度。

（2）安全教育培训作为安全管理的重要一环，应教学认真、组织严密、考核严格，

这样才能保证培训效果。

（3）培训内容应丰富多彩，要根据管理、工艺等方面的变化，及时变更培训内容。

（4）培训内容既要有较强的针对性和实用性，又要有一定的高度，并适当扩大知识面。

（5）安全教育培训方式应多样化，尤其要积极开展互动式教学、参与式学习，充分调动学员学习的积极性和主动性，最大限度地提高学员的安全生产技能和管理能力。

（6）在进行安全操作技能培训时，一开始就要形成正确的操作习惯，防止形成习惯性违章。

1.3.3　安全检查及隐患整改制度

安全检查是指通过对生产现场及管理进行检查，及时发现物的不安全状态、人的不安全行为和管理上的缺陷，及时采取措施消除隐患，防止事故发生。

1.3.3.1　安全检查的类型

（1）按检查的时间周期划分。根据检查的时间周期不同，安全检查分为以下几种类型。

1）日常检查。即经常性的、每天进行的安全检查，如安全生产管理人员每天进行的例行检查、专业人员的巡回检查、岗位生产人员进行的班前班后检查等。

2）定期检查。定期检查是根据安全生产的需要，每隔一定的期限进行的综合性或专业检查。例如，公司至少每半年进行一次综合大检查；工厂至少每季度进行一次检查；车间、科室至少每月检查一次；班组每天要检查一次；特种设备要定期进行检测检验。

3）季节性检查。季节性检查是根据季节的特点进行的安全检查，如夏天进行防洪检查、冬天进行防火检查等。

4）节假日前后的检查。包括节假日前进行的安全检查，节假日期间的安全管理及联络、值班等事项，节假日后进行的复工检查等。

5）不定期检查。包括在新、改、扩建工程试生产前，在装置、机器设备开、停工前，恢复生产前进行的安全检查。

（2）按检查的内容划分。根据检查的内容不同，安全检查可分为专业（项）安全检查和综合性安全检查两类。

1）专业（项）安全检查。是由职能部门组织有关专业人员和其他人员进行的某个专业或专项安全检查，如防火防爆安全检查、电气安全检查、机械设备安全检查等。这类检查专业性强，较深入，能发现问题。

2）综合性安全检查。一般是上级对下级或主管部门对企业进行的全面性的、综合性的检查。

1.3.3.2　安全检查的内容

安全检查的内容包括：

（1）查安全生产方针、政策、法律法规的落实情况，以及各级领导人对安全生产的思想认识。

（2）查制度与管理。即检查各项安全生产管理制度是否健全，及其贯彻落实情况，检查安全投入是否足够，检查车间、班组日常安全管理工作。

（3）查人员。包括检查主要负责人、安全生产管理人员、从业人员接受安全教育培训的情况，检查特种作业人员是否取得操作资格证，检查矿山、危险品和建筑施工企业的主要负责人和安全生产管理人员是否取得安全资格证，检查作业人员是否有违章行为等。

（4）查隐患与整改。检查生产现场、工作场所、设备设施、防护装置以及作业环境是否符合有关规定要求，检查重大危险源监控管理和隐患整改落实情况。

（5）查事故处理。检查企业是否按照"四不放过"的要求对事故进行处理。

1.3.3.3　安全检查的方法和程序

A　检查方法

（1）常规检查。常规检查是最常用的一种检查方法，是检查人员通过感官或辅助一些简单的工具、仪表等对作业现场及人员、管理等进行的检查。其检查结果受检查人员经验和能力的影响。

（2）安全检查表法。为了实现安全检查的规范化、标准化，减少个人主观因素的影响，常采用安全检查表进行安全检查。事先对检查对象加以分析，列出不安全因素，确定检查项目及标准，并编制成表格，这种表就称为安全检查表（SCL）。编制安全检查表的依据主要包括：有关安全生产法规、标准、规程、规范及规定；危险辨识与风险评价的结果；有关事故案例及安全生产管理方面的经验。

（3）仪器检查法。仪器能准确地检测到机器、设备内部的缺陷，精确地测量生产环境的微量危险有害因素及机器设备的变化，因此，必要时需要实施仪器检查。例如，特种设备的检测检验和有毒有害气体的监测都需要采用仪器进行检查。

B　安全检查的程序

（1）前期准备。

1）根据有关规定、文件明确检查目的，确定检查范围、对象、任务和重点。

2）查阅、掌握有关法规、标准、规程的要求。

3）了解检查对象的工艺流程、生产情况、主要危险和有害因素、重大危险源等情况。

4）制订检查计划、步骤，确定检查内容和方法。

5）编制安全检查表或检查提纲。

6）准备必要的检测工具、仪器、书写表格或记录本等。

7）挑选和训练检查人员，并进行必要的分工。

（2）实施检查。通过访谈、查阅文件和记录、现场观察、仪器测量等方式获取检查信息，并做好记录。检查完毕，应与被检查单位交换检查意见。

（3）分析与总结。检查人员将现场检查记录进行整理，对存在的问题进行分析、统计，并提出处理意见，分析管理上存在的不足，并提出完善措施。

（4）检查结果通报。对于综合性大检查，应将检查情况撰写成报告，并向公司领导或上级部门汇报，向各被检查单位通报。

C　安全检查的要求

(1) 不同类型、不同层次的安全检查，其内容和方式也应不同。上级对下级进行的安全大检查以检查法律法规的贯彻落实情况、查制度与管理、查重大危险源的管理等为主，可采取的方法较多。而例行检查和班组安全检查则以检查生产现场的安全隐患及人员违章情况为主，主要采用现场查看的方式。因此，各单位应根据检查的目的、类型、级别，有针对性地确定安全检查的内容。

(2) 安全检查的目的要明确，要求要具体，既要严格要求，又要防止一刀切，要从实际出发，分清主次，力求实效。

(3) 应健全完善安全检查网络和信息反馈渠道。上一级检查下一级的安全管理工作，做到覆盖全面，层次分明。安全检查信息要及时上传下达。

(4) 检查方法要科学，采用安全检查表，实现安全检查的规范化和标准化。

(5) 准备工作要充分，包括思想动员、专业配备、法规政策和物资准备等。

(6) 要深入基层、紧密依靠职工，坚持领导与群众相结合的原则。

(7) 自查与互查相结合。基层以自查为主，企业内各单位与部门之间要互相检查，取长补短，互相学习，相互监督。

(8) 坚持查改相结合。检查不是目的，整改才是目的；一时难以整改的，要采取有效防范措施。

(9) 建立检查档案。应将有关检查记录、表格，收集的基本数据等整理归档，建立安全检查档案。

1.3.3.4　隐患整改

事故隐患是指生产经营单位违反安全生产法律法规、规章、标准、规程和有关安全生产管理制度的规定，或者因其他因素在生产经营活动中存在可能导致事故发生的物的危险状态、人的不安全行为和管理上的缺陷。事故隐患整改应建立隐患排查、登记、整改、销案制度，凡属已经检查发现的隐患，均须逐项登记，并按照职责范围，实行班组、车间、厂和公司分级负责整改的制度。事故隐患整改的要求：

(1) 要坚持职业安全卫生"三同时"原则，从源头上减少事故隐患。

(2) 加强教育培训，强化全员隐患意识，提高对隐患危害性的认识，发动群众排查身边隐患。

(3) 认真开展各项安全检查，发现涉及安全生产的隐患、缺陷和问题，均应逐项登记，并按照职责范围，实行班组、车间、厂、公司分级负责整治的制度。

(4) 明确安全责任，理顺隐患整改治理机制，按照"四定三不推"的原则对隐患实行分级管理。"四定三不推"，即定项目、定负责人、定措施（包括经费来源）、定完成期限，凡班组、工段能解决的不推给车间，车间能解决的不推给厂，厂能解决的不推给公司，做到及时整改，按期销案。

(5) 坚持标准，提高隐患整改的科学管理水平。

(6) 广开渠道，保障隐患整改资金的投入到位。

(7) 落实措施，充分发挥工会和职工的群众监督作用，共同搞好隐患管理。

(8) 加强隐患整改的信息反馈调节和督办检查，推动隐患整改按期销案。

（9）对一时不能消除的重大、特大事故隐患，要采取临时性的安全防护措施，加强监控、动态跟踪，确保安全。

（10）事故隐患消除后，隐患整改单位应向原登记立案单位予以销案。

（11）检查发现的隐患及整改情况应认真做好记录。

1.3.4 危险源分级管理制度

1.3.4.1 危险源的概念

从安全生产的角度来说，危险源是指可能造成人员伤害、财产损失、环境破坏或者其他损失的根源或状态。因此，重大危险源就是可能导致重大事故的危险源。《安全生产法》和国家标准 GB 18218—2009《危险化学品重大危险源辨识》都对重大危险源做出了明确的规定。《安全生产法》第九十六条的解释为：长期地或者临时地生产、搬运、使用或者储存危险物品，且危险物品的数量等于或超过临界量的单元（包括场所和设施）。《危险化学品重大危险源辨识》的解释与之类似。这两个解释主要针对危险化学物品的重大危险源，不包括钢铁企业的高温高压设施、液态金属等重大危险源。

因此，对一般工业生产而言，重大危险源是指含有大量的危险物质或能量，可能造成重大人员伤亡、重大经济损失及环境破坏或者其他破坏的设备、设施及场所。加强重大危险源管理，对预防重大工业事故、降低事故损失意义重大。

1.3.4.2 钢铁企业危险源辨识

对重大危险源施行监管的第一步是普查辨识，正确辨识重大危险源是有效预防和控制重大工业事故发生的前提。对于重大危险源的辨识，应按该标准中的规定来进行。普查辨识是为了掌握重大危险源的数量、类别、分布、周边情况、可能出现的危险事故等必需的信息。

A 钢铁企业危险源种类

钢铁企业建设项目主要危险、有害因素分为自然危害因素和生产过程中产生的危险、有害因素两大类：

（1）可能产生的自然危害因素分析，包括：暴雨、洪水；雷电；地震；不良地质地段；飓风等的不利影响；暑、热、寒、冻的不利影响；其他危害因素。

（2）生产过程中产生的危险、有害因素分析，包括：火灾、爆炸；机械伤害和人体坠落；强电、静电；尘、毒；高温辐射；振动与噪声；放射线；其他危险、有害因素。

对于重大危险源，根据国家标准 GB 18218—2000《重大危险源辨识》的规定，将其分为生产场所重大危险源和储存区重大危险源两种。其中，生产场所重大危险源又分为四类：爆炸性物质、易燃物质、活性化学物质、有毒物质。见表 1-2。

表 1-2 重大危险源物质品名及临界量举例

类　　别	举例物质	临界量/t	
		生产场所	储存区
爆炸性物质（26 种）	硝酸铵	25	250

类　　别	举例物质	临界量/t	
		生产场所	储存区
易燃物质（34 种）	汽油	2	20
活性化学物质（21 种）	过氧化钠	2	20
有毒物质（61 种）	硫化氢	2	5

　　此外，国家安全生产监督管理局《关于开展重大危险源监督管理工作的指导意见》（安全监管协调字［2004］56 号）中规定，重大危险源申报的类别为 9 类：储罐区（储罐）、库区（库）、生产场所、压力管道、锅炉、压力容器、煤矿（井工开采）、金属非金属地下矿山、尾矿库。

　　B　钢铁企业危险源辨识方法

　　一般来说，可以将危险源辨识方法粗略地分为直接经验法和系统安全分析法两大类。

　　（1）直接经验法。直接经验法是与有关的标准、规范、规程或经验相对照来辨识危险源。有关的标准、规范、规程，以及常用的安全检查表都是在大量的实践经验基础上编制而成的。因此，直接经验法是一种基于经验的方法，适用于有以往经验可提供借鉴的情况。

　　（2）系统安全分析法。系统安全分析法是从安全角度进行的系统分析，通过揭示系统中可能导致故障或事故的各种因素及其相互之间的关联来辨识系统中的危险源。比较常见的系统安全分析方法有预先危险性分析（PHA）、事故后果分析、故障类型和影响分析（FMEA）、危险性和可操作性研究（HAZOP）、事件树分析（ETA）、安全检查表法、事故树分析（FTA）、管理疏忽危险树（MORT）等。

　　对于重大危险源的辨识方法，可以根据下式进行衡量：

$$\sum_{i=1}^{N} \frac{q_i}{Q_i} \geqslant 1 \tag{1-1}$$

式中，q_i 为单元中第 i 种危险物质的实际存储量；Q_i 为单元中第 i 种危险物质的临界量；N 为单元中危险物质的种类数。

　　由式（1-1）可知，当单元内的危险物质量满足此式时，可以认定为重大危险源。

1.3.4.3　危险源的分级

　　钢铁企业应根据本单位安全生产的特点，对液态金属的生产、运输、吊装设备，煤气和氧气的生产、输送和储存设备，高温炉窑，高压容器，重型起重机，煤粉喷吹设备等进行仔细的分析论证，确定本单位的重大危险源，并根据其危害严重程度，对危险源进行分级。一般根据事故的后果，危险源可分为四级，见表1-3。

表1-3　危险源分级

级别	后　　果
一级	可能造成多人伤亡或引起火灾、爆炸、设备及厂房设施毁灭性破坏

续表 1-3

级别	后果
二级	可能造成死亡，或永久性丧失全部劳动能力，或可能造成生产中断
三级	可能造成人员永久性丧失局部劳动能力，或危及生产暂时性中断
四级	可能造成人员轻伤或伤愈后能恢复原岗位工作的一般性重伤，并不致造成生产中断

1.3.4.4 危险源的管理

（1）危险源应实行分级管理，明确每一个危险源的层级、各层级的责任部门和责任人管理措施和检查要求，如图 1-6 所示。

（2）对重大危险源进行定期检查、检测、检验。应根据本单位危险源分级管理的要求，定期对危险源进行安全检查，对设备设施的性能进行检验。特种设备还要按照特种设备安全管理的要求，定期进行检测检验。发现隐患应及时进行整改。

（3）对重大危险源进行适当监控。应积极采用先进技术，对重大危险源进行监控，提高重大危险源的安全管理水平。

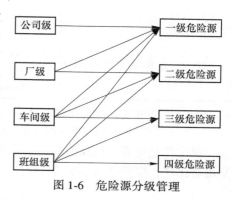

图 1-6 危险源分级管理

（4）制订重大危险源应急预案。应根据国家及本单位应急管理的要求，制订本单位每一个重大危险源的现场事故应急预案，明确处置突发事件的技术措施和组织措施。

（5）建立重大危险源管理档案。所有重大危险源应登记建档，内容包括重大危险源的名称、地点、性质、管理责任人、可能造成的危害、管理措施、应急预案、日常检查与管理情况等。

1.4 钢铁厂基本安全常识

1.4.1 安全色

安全色用以表示禁止、警告、指令、指示等。其作用在于使人们能够迅速发现或分辨安全标志，提醒人们注意，以防发生事故。但它不包括灯光、荧光颜色和航空、航海、内河航运以及为其他目的所使用的颜色。

安全色规定为红、蓝、黄、绿 4 种颜色。其用途和含义见表 1-4。

表 1-4 安全色的用途和含义

颜色	含义	用途举例
红色	禁止、停止	禁止标志； 停止信号，如机器、车辆上的紧急停止手柄或按钮，以及禁止人们触动的部位； 红色也表示防火

颜色	含义	用　途　举　例
蓝色	指令、必须遵守的规定	指令标志，如必须佩戴个人防护用具； 道路指引车辆和行人行驶方向的指令
黄色	警告、注意	警告标志； 警戒标志，如危险作业场所和坑、沟周边的警戒线； 行车道中线； 机械上齿轮箱的内部； 安全帽
绿色	提示、安全状态、通行	提示标志； 车间内的安全通道； 行人和车辆通行标志； 消防设备和其他安全防护装置的位置

注：1. 蓝色只有与几何图形同时使用时，才表示指令。

　　2. 为了不与道路两旁绿色树木相混淆，道路上的提示标志用蓝色。

对比色是使安全色更加醒目的反衬色。对比色规定为黑、白两种颜色，如安全色需要使用对比色，应符合表 1-5 的规定。

表 1-5　安全色与对比色的共同应用

安全色	对比色	安全色	对比色
红色	白色	黄色	黑色
蓝色	白色	绿色	白色

在运用对比色时，黑色用于安全标志的文字、图形符号和警告标志的几何图形。白色既可以用做红、蓝、绿色的背景色，也可以用做安全标志的文字和图形符号。

另外，红色和白色、黄色和黑色的间隔条纹是两种较醒目的标志，其用途见表 1-6。

表 1-6　间隔条纹表示的含义和用途

颜色	含义	用　途　举　例
红白相间	禁止超过	道路上用的防护栏杆
黑黄相间	警告危险	工矿企业内部的防护栏杆、吊车吊钩的滑轮架、铁路和道路的交叉道口的防护栏杆

1.4.2　安全标志

1.4.2.1　安全标志的定义和作用

安全标志由安全色、几何图形和图形符号所构成，用以表达特定的安全信息。补充标志是安全标志的文字说明，必须与安全标志同时使用。

安全标志的作用，主要在于引起人们对不安全因素的注意，预防发生事故。它不能代替安全操作规程和防护措施。

1.4.2.2 安全标志的类别

安全标志分为禁止标志、警告标志、指令标志和提示标志 4 类。

（1）禁止标志。禁止标志是禁止人们不安全行为的图形标志，其图形和含义如图 1-7 所示。

图 1-7 禁止标志

（2）警告标志。警告标志是提醒人们对周围环境引起注意的图形标志。其图形和含义如图 1-8 所示。

图 1-8 警告标志

（3）指令标志。指令标志是强制人们必须做出某种动作或采取防范措施的图形标志，其图形和含义如图 1-9 所示。

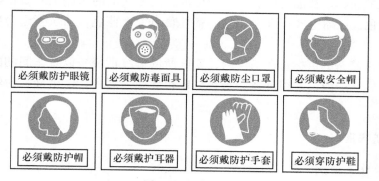

图 1-9 指令标志

（4）提示标志。提示标志是向人们提供某种信息的图形符号，其图形和含义如图 1-10 所示。

图 1-10　提示标志

1.4.2.3　其他与安全有关的色标

除了上述规定的安全色和安全标志外，在工厂里还有一些与安全有关的色标。常见的色标有气瓶、气体管道和电器供电汇流条等方面的漆色。这些漆色代表一定的含义，一见到它们，人们就能迅速加以判别。这对预防事故、保证安全是有好处的。

（1）气瓶的色标。为了能迅速地识别气瓶内盛装的介质，原国家劳动总局颁发的《气瓶安全监察规程》对气瓶外表面的颜色和气瓶上字样的颜色作出了规定，见表1-7。

表 1-7　气瓶漆色表

气瓶名称	外表面颜色	字样	字体颜色
氢	深绿	氢	红
氧	天蓝	氧	黑
氨	黄	液氨	黑
氯	草绿	液氯	白
压缩空气	黑	空气	白
氮	黑	氮	黄
二氧化碳	铝白	液化二氧化碳	黑
氩	灰	氩	绿
乙炔	白	溶解乙炔	红
石油气	铝白	液化石油	红

（2）管道的色标。目前还没有统一的标准，但习惯上的用法主要是：蒸汽管道（指水蒸气）为红色，压缩空气管道为黄色，氧气管道为天蓝色，乙炔管道为白色，自来水管道为黑色。

（3）供电汇流条的色标。在工厂内，变电所的母线汇流条以及车间的配电箱的汇流条等都漆有色标。一般，A 相母线为黄色，B 相母线为绿色，C 相母线为红色，地线为黑色。

1.4.3　防火防爆常识

1.4.3.1　基本常识

燃烧三要素：燃烧是可燃物质与氧或氧化剂剧烈化合而放出光和热的物理化学反应。发生燃烧必须同时具备的条件是：有可燃物质，如煤气等；有助燃物质，如空气中的氧等；有点火源，如明火、静电、电火花、冲击摩擦热、雷电化学反应热、高温物体及热辐射等。

爆炸三要素：爆炸是系统内一种非常迅速的物理或化学的能量释放过程，系统内物质所含的能量迅速转变为机械能以及热和光的辐射。爆炸具有放热性、瞬时性和产生大量气体三大特征。发生爆炸必须同时具备的条件是：有可燃气体（或蒸汽）、可燃气体与空气混合达到爆炸极限、有点火源。

爆炸极限：可燃气体、可燃液体蒸汽或可燃粉尘与空气混合，能够产生爆炸的浓度范围通常称为爆炸范围或爆炸极限，其最低浓度称为爆炸下限，最高浓度称为爆炸上限。煤气爆炸范围较宽，焦炉煤气爆炸极限为 4.5%~35.8% 时，遇点火源就会发生爆炸；高炉煤气爆炸极限为 30.0%~75.0%；苯爆炸极限为 1.2%~8.0%；硫化氢爆炸极限为 4.0%~46.0%；氨爆炸极限为 15.0%~28.0%。爆炸极限范围越宽，爆炸下限越低，爆炸危险性越大。

按形成爆炸火灾危险性的可能性大小将火灾场所分级，其目的是有区别地选择电气设备和采取预防措施，达到生产安全、经济合理的目的，我国将爆炸火灾危险场所分为 3 类 8 区。对爆炸性物质的危险场所具体划分见表 1-8。

表 1-8　爆炸和火灾危险场所的区域划分

类别	场所	分级	特　征
1	有可燃气体或易燃液体蒸汽爆炸危险的场所	0 区	正常情况下，能形成爆炸性混合物的场所
		1 区	正常情况下不能形成，但在不正常情况下能形成爆炸性混合物的场所
		2 区	不正常情况下整个空间形成爆炸性混合物可能性较小的场所
2	有可燃粉尘或可燃纤维爆炸危险的场所	10 区	正常情况下，能形成爆炸性混合物的场所
		11 区	仅在不正常情况下，才能形成爆炸性混合物的场所
3	有火灾危险性的场所	21 区	在生产过程中，生产、使用、储存和输送闪点高于场所环境温度的可燃液体，在数量上和配置上能引起火灾危险性的场所
		22 区	在生产过程中，不可能形成爆炸性混合物的可燃粉尘或可燃纤维在数量上和配置上能引起火灾危险性的场所
		23 区	有固体可燃物质在数量上和配置上能引起火灾危险性的场所

1.4.3.2　防火安全

由于钢铁企业易燃、易爆物品较多，发生火灾后影响范围较大，后果严重，主要可能造成人员灼烫伤害、中毒窒息、设备损坏、环境污染等事故。

预防火灾事故时，应注意以下几点。

（1）应加强防火的场所：油库、木模间、油漆间、变压器间、电磁房、化验室、材料库房。

（2）消防制度：三级动火管理制度，内容包括一级动火范围、二级动火范围、三级动火范围、动火批准权、动火申请手续、动火责任制、动火安全措施 7 个方面。

（3）常用灭火方法：

1）发现火势较大，不能自行补救时，要立即报告消防部门。

2）电器灭火方法。断电灭火，这是常用的方法。在切断电源以后，可用普通的方法灭火。在不能停电的情况下，用"1211"、二氧化碳、化学干粉等灭火剂灭火。

严禁使用水和泡沫灭火器，因为它们都有导电的危险，会造成触电事故。

3）油管、油门阀、地面起火，可用黄沙灭火。

4）乙炔着火，应首先关闭阀门，同时将黄沙或其他阻燃物盖在着火处。如不能扑灭，应使用二氧化碳或干粉灭火器灭火，严禁使用"1211"灭火器。

5）因氧气助燃引起着火，应先关闭氧气阀门，切断气源，然后救火。

1.4.4　防中毒基本常识

焦炉煤气是无色、有臭味、有毒的易燃易爆气体，其CO含量达6%（体积分数）；高炉煤气是无色、无味、有毒的易燃易爆气体，其CO含量达30%，两者比较，高炉煤气的毒性比焦炉煤气的毒性大得多，一旦泄漏极易发生煤气中毒事故。另外，煤气回收净化过程中NH_3、H_2S、C_6H_6等一旦泄漏，极易发生中毒事故。

一氧化碳（CO）具有非常强的毒性，当通过肺泡进入血液后，与血红蛋白结合而生成碳氧血红蛋白，阻碍血液输氧，造成人体急性缺氧中毒，严重时可致人死亡。车间空气中，CO短时间接触容许浓度为$30mg/m^3$，使用高炉煤气加热，其设备及管道等场所应重点防中毒。

氨气（NH_3）是一种有强烈刺激性气味的气体。轻度中毒能引起鼻炎、咽炎、气管炎和支气管炎，患者有咽痛、咳嗽、咳痰或咯血、胸痛等症状；严重中毒时可引起窒息。吸入高浓度NH_3时，还可引起急性化学性水肿，进而使人昏迷而死亡。车间空气中，NH_3短时间接触容许浓度为$30mg/m^3$，循环氨水槽、循环氨水中间槽、剩余氨水槽、剩余氨水中间槽、机械化氨水澄清槽及蒸氨塔、脱硫塔、再生塔均存在NH_3，应加强保护。

硫化氢（H_2S）是一种可燃、无色、有臭蛋味的有毒气体，对人体神经有强烈刺激作用，同时对眼角膜、呼吸道黏膜有损害，可能出现眼炎、支气管炎和肺炎。吸入高浓度H_2S时可使人昏迷而死亡。车间空气中，H_2S的最高容许浓度为$10mg/m^3$。脱硫工段的脱硫塔、反应槽、泡沫槽中含有H_2S，应重点防护。

高浓度的苯（C_6H_6）对中枢神经系统具有麻醉作用，会引起急性中毒，长期接触高浓度苯对造血系统引起慢性中毒的损害。对皮肤和黏膜有刺激、致敏作用，可引起白血病。急性中毒：轻者有头痛、头晕、轻度兴奋等；重者出现明显头痛、恶心、呕吐、神志模糊、知觉丧失、昏迷、抽搐等，可因呼吸中枢麻痹死亡。慢性中毒：病人出现神经衰弱综合征；造血系统改变，白细胞、血小板、红细胞减少，重者出现再生障碍性贫血等。车间空气中，苯的短时间接触容许浓度为$10mg/m^3$，脱苯、蒸馏、粗苯储槽和中间槽等场所应重点防护。

1.4.5　安全用电常识

1.4.5.1　电气事故分类

随着科学技术的发展，钢铁企业的电气化程度不断提高。如果电气设备的结构和装置不完善或者操作不当就会引起电气事故，影响生产，甚至危及人身安全，所以工作人员应该认真学习掌握一定的电气安全技术，确保用电设备使用安全。

根据电能的不同作用形式，电气事故可分为电击、电伤、射频电磁场危害、雷电灾害、电磁场危害、静电伤害和电气系统故障危害事故等，其中最常见的是电击和电伤事故。

（1）电击。电击是指电流通过人体内部，使肌肉产生突然收缩效应，并出现痉挛、血压升高、心律不齐、心室颤动等症状，这不仅使触电者无法摆脱带电体，而且还会造成机械性损伤。电流对人体损伤的程度与电流通过人体时的大小、持续时间、途径和人体电阻及人体状况等因素有关。

（2）电伤。电伤是指电流的热效应、化学效应、机械效应给人体造成伤害，并在肌体表面留下伤痕。电伤包括电烧伤、电烙印、皮肤金属化、机械损伤、电光眼等。

1.4.5.2 触电事故的产生原因

（1）现场环境复杂，潮湿、高温，移动式设备和携带式设备多，现场金属设备多等不利因素。

（2）工人是设备操作的主体，他们直接接触电气设备，部分人缺乏电气安全的知识。

（3）用电条件较差，设备简陋，技术水平低，管理不严，电气安全知识缺乏等。

（4）防止误操作的技术措施和管理措施不完备造成的。

（5）设备不合格，带病运行，触电事故多。

（6）规章制度不严，误操作触电多。

1.4.5.3 预防触电事故注意事项

（1）冶炼车间的电气设备，电压较高，电流较大，如电动机、变压器、配电盘以及裸露的粗电线或涂有红、黄、绿色的扁形金属条，都带有高压电流，绝对不能触摸。例如，某厂电炉工段一名炼钢工人不听旁人劝告，擅自攀登竹梯放瓦斯。但因该梯上面二档损坏，够不到瓦斯阀门，他随即从另一边铁扶梯爬到变压器顶上。由于他不懂得涂有红、黄、绿颜色的扁形金属条（俗称高压铜排）都带有高压电流，当他跨过扁形金属条的瞬间，即被高压电击倒死亡。

（2）电气设备发生故障和损坏（如刀闸、电灯开关的绝缘或外壳破裂），应立即报告值班室领导，请电工检修，不要擅自摆弄。非电工不准装拆电气设备。

（3）任何电气设备在验明无电以前，应一律认为有电，不要盲目触碰。所有标示牌（如"禁止合闸"、"有人操作"等标牌），非有关人员不得随意移动。

（4）在生产中常会遇到电灯泡坏了，熔丝断了的情况。调换灯泡，应切断电源后再拧动灯泡，装灯泡时，手要握在玻璃部分，不要和金属螺钉部分接触，以免触电。更换熔丝，粗细要适当，不能随意调大或调小，更不能用铁丝或钢丝代替。

（5）车间里的电器开关箱必须保持整洁，内部和周围不要堆放杂物，要随时关闭箱门。上锁的电器开关箱，不要用手从箱底空挡处伸进去拨开关。清洗电器开关箱时，不要用手去冲洗，更不要用碱水去揩拭，以免触电或设备受潮受蚀造成短路事故。

（6）在使用电钻、电焊机等移动电具时，必须经过全面、仔细的检查。这些设备经常移动，容易受外力碰撞、摩擦，同时电线很长，经常缠绕、压碾，绝缘体容易损坏。因此，在操作时要使用绝缘手套等防护用品，以免触电。使用移动电具时，电线不要在地面上拉，以免磨损漏电；电线被物体压住时，不要硬拉，防止将电线拉断。如发现手麻的情况，应马上断电。电焊时绝缘电线不要搭在身上或踏在脚下；电焊设备运行时，不准直接触摸导电部分；更换焊条或推拉电源闸刀时，要戴绝缘手套。

（7）搬动风扇、照明灯时，一定要先切断电源，拔去插头。

（8）使用各种电动工具时，若人离开工作现场或暂时停用，均应拔去插头。

（9）移动照明行灯的电压不可超过 36V，在特别危险的地方，如潮湿的地方作业，行灯电压不可超过 12V。行灯应有绝缘手柄和金属护罩，灯泡不准外露。

（10）在雨、雾及恶劣的气候条件下，一般应停止检修架空线和室外带电作业。

（11）电气作业应加强电气安全组织管理工作，严格执行工作票制度、监护制度和恢复送电制度。

1.4.6 压力容器安全常识

压力容器就是内部有压力的密闭容器，钢铁企业中常用的压力容器有氧气瓶（外表为天蓝色）、二氧化碳气瓶（外表为铝白色）、乙炔瓶（外表为白色）。

如果使用压力容器的方法不当可能发生爆炸、火灾、中毒窒息等事故，可能造成人员伤亡和财产损失。

使用压力容器时，预防事故发生应注意以下几点：

（1）使用压力不能超过设计压力，否则，会使容器发生破裂。

（2）压力容器必须定期检查内外焊缝有无裂纹，如存在裂纹，需及时处理。

（3）安全阀、压力表、防爆泄压片等安全装置要加强保养，保持灵敏、可靠。没有安全装置的压力容器不得使用。发现安全装置失灵，要及时修理或更换。压力容器的表面要经常保持清洁。

（4）容器变形，有严重缺陷时（不太严重的局部凹陷除外），不宜继续使用。

（5）气瓶禁止猛烈敲击、碰撞，以免引起应力集中，发生爆炸事故。

（6）禁止把气瓶放在烈日下暴晒，或靠近火炉及其他高温热源。钢瓶内的气体受热后膨胀，钢瓶内的压力增大，有爆炸的危险。例如，某厂一名冷冻机修理工被派去参加一项检修工程，因施工时需要用氟利昂，一时又联系不到运输车辆，他便将氟利昂钢瓶扛在肩上送往施工地。时逢酷暑，烈日当空，沿途约 1km 路均没有蔽日之物，当他走到施工地时，氟利昂钢瓶突然爆炸，人当场被炸死。

（7）瓶内气体不能用空，须留 0.1~0.15MPa 压力余气，不能充装其他气体。

（8）开阀时，先慢慢开启，放掉水汽，吹净灰尘，再关闭阀门待用。手上或工具上沾有油脂时，不能操作氧气瓶。

（9）各种气瓶要有专用的减压器。氧气和可燃气体的减压器不能互换。

（10）乙炔气瓶使用时严禁横放。瓶体温度不能超过 40℃。遇瓶冻结时，严禁用火烤，可用 40℃ 以下的温水解冻。

1.4.7　防暑降温与劳动防护用品

1.4.7.1　防暑降温

A　中暑的症状

高温车间，不注意防暑降温就会发生中暑，尤其是在夏天。中暑初期征兆，首先是感觉头晕、眼花、耳鸣、心慌、乏力，严重的体温会急速上升，出现突然晕倒或肌肉痉挛等现象。

B　预防措施

防止中暑的措施有：

（1）加强车间通风；建立冷气休息室，使职工能在工作间休息好，体力及时得到恢复。

（2）供应含盐的清凉饮料。

（3）设立一定床位的高温临时宿舍，供路远或家庭环境差的高温工人临时住宿，保证充分睡眠。

（4）组织医疗人员现场巡回医疗，发给防暑备用药等。入暑前进行体检，患有心血管系统器质性疾病、持久性高血压、溃疡病、活动性肺结核、肺气肿、肝肾疾病、明显的内分泌疾病、中枢神经系统器质性疾病、明显的贫血、急性传染病、重病症状患者及体弱者，不能从事高温作业。

以上这些都是在高温季节里预防工人中暑行之有效的办法。但要使这些措施起到更大作用，还要有工人同志紧密配合。注意做好以下几件事：

（1）要正确合理地使用个人劳动防护用品。这是因为防护用品能遮挡或反射侵袭体表的热辐射，使衣服与体表之间空气层的温度低于外界温度，有利于体温的扩散。有人感觉穿工作服太热，就解开衣扣，甚至脱掉衣服，这样会使裸露的部位直接受到热辐射，使体温突然增高而中暑，或被浇铸的钢锭、铸件溅出的火花烧伤皮肤。所以，为了自身安全健康，要养成穿好工作服的习惯。

（2）要及时补充盐分和水分。高温下作业的工人大量出汗后，体内排出很多盐和水，因此，每人每班喝含盐饮料不要少于 4~5L。有的人片面追求口味，不喝含盐的饮料，宁愿喝不含盐的凉水，结果水喝多，出汗多了，盐分损失也多了，这是有损健康的。同时，不要暴饮，以免冲淡胃液，影响健康，要做到每次饮量少一些，次数多一些。

（3）大量出汗后，不要站在大风量风扇前久吹或马上用冷水冲洗，以防寒气从扩张的皮肤毛孔进入体内，引起感冒等病。

（4）在密闭设备或狭小仓库内作业时，需有专人监护。同志之间要相互关心，发现中暑先兆，立即将中暑的同志移到阴凉通风场所，解开衣扣腰带，平卧休息，并口服人丹、十滴水、解暑片、藿香正气片等类解暑药品。经上述处理后仍未恢复时，应送医院治疗。

（5）夏天出汗多，容易疲劳，食欲较差，睡眠不足，易引起中暑。因此，要注意个人营养，吃好睡足，增强对高温的抵抗力。

1.4.7.2　劳动防护用品

劳动防护用品是保护劳动者在劳动过程中的安全和健康所必需的一种预防性装备，是免遭或减轻事故伤害和职业危害的个人随身穿（佩）戴的用品，一般是指个人防护用品，也称个体防护用品。

劳动防护用品的种类很多，根据 LD/T 75—1995《劳动防护用品分类与代码》的规定，我国实行以人体保护部位划分的分类标准，可分为头部防护用品、呼吸器官防护用品、眼面部防护用品、听觉器官防护用品、手部防护用品、足部防护用品、躯干防护用品、防坠落用品、护肤用品 9 大类。

（1）头部防护用品。头部防护用品是为防御头部不受外来物体打击和其他因素危害而配备的个人防护装备。根据防护功能要求，目前头部防护用品主要有一般防护帽、防尘帽、防水帽、防寒帽、安全帽、防静电帽、防高温帽、防电磁辐射帽、防昆虫帽 9 类。

（2）呼吸器官防护用品。呼吸器官防护用品是为防御有害气体、蒸气、粉尘、烟、雾从呼吸道吸入，直接向使用者供氧或清洁空气，保证在尘、毒污染或缺氧环境中作业人员正常呼吸的防护用品。呼吸器官防护用品主要有防尘口罩和防毒口罩（面罩）。

1）防毒口罩、面罩的使用。防毒口罩、面罩可分为过滤式和隔离式两类。过滤式防毒用具是通过滤毒罐、盒内的滤毒药剂滤除空气中的有毒气体再供人呼吸。劳动环境中的空气含氧量低于 19.5%（体积分数）时不能使用。通常滤毒药剂只能在确定了毒物种类、浓度、气温的条件下在一定的作业时间内起防护作用，因此，过滤式防毒口罩、面具不能用于险情重大、现场条件复杂多变和有两种以上毒物的作业。隔离式防毒用具是依靠输气导管将无污染环境中的空气送入密闭防毒面具内供作业人员呼吸，它适用于缺氧、毒气成分不明或浓度很高的污染环境。

2）空气呼吸器的使用。

①使用前检查。打开气瓶阀，检查各连接部位是否漏气，检查气瓶压力应为 25～30MPa。如气瓶未装满，使用时间会缩短。当气瓶压力在 10MPa 以下时不得使用呼吸器，应更换气瓶。关闭气瓶阀门，并观察压力表，1min 内的压降不得高于 2MPa。按下需求阀的按钮，使管路中的空气慢慢释放，并观察压力表。在压力低于（5±0.5）MPa 的时候报警哨必须响起。如果报警哨不发声或压力不在规定范围内，呼吸器必须维修后才能使用。

②操作方法。提起呼吸器，使其垂直，气瓶阀朝下。将肩带尽可能松开，先将左肩穿过有压力表的肩带，然后背上呼吸器。调整肩带，扣紧腰带。

松开面罩后的松紧头带，先将下额收进面罩，由下向上戴入。拉紧耳朵上方的两条头带，拉紧下边的两条头带。如有必要，调整好头顶的头带。

用手捂住需求阀接口，呼吸，检查面罩是否密闭，面罩应紧贴面部。

将气瓶阀全开，再回一圈，观察压力表，检查充气压力。再次确认面罩是否密闭。如有漏气，调整面罩头带。如果仍然漏气，必须检查呼吸器。

在最接近必须使用呼吸器的地方，将需求阀插入面罩卡口，待呼吸正常后即呼吸均匀、毫不费力，方可进入污染区域工作。

使用中应经常观察压力表，当气瓶压力低于 5MPa 或报警哨开始报警时，应立即撤离危险区域。使用中应随时注意中、高压软管不被挤压。

使用结束后，同时按压需求阀上的两个按钮，卸下需求阀，此时自动中断供气。卸下面罩，关闭气瓶。按下"by-pass"按钮，排空整个系统。松开腰带和肩带，把呼吸器卸下。

③维护和保管。呼吸器应摆放在固定位置，保证完好。要保持清洁干净，避免油类物品。压力低于15MPa时，要及时更换气瓶，气瓶使用或搬运时严禁碰撞。面罩可以用中性清洁剂清洗，晾干。避免强光或太阳光的直接照射，并远离热源。气瓶每5年进行一次定期检定。

（3）眼面部防护用品。预防烟雾、尘粒、金属火花和飞屑、热、电磁辐射、激光、化学飞溅等伤害眼睛或面部的个人防护用品称为眼面部防护用品。眼面部防护用品的种类很多，根据防护功能，大致可分为防尘、防水、防冲击、防高温、防电磁辐射、防射线、防化学飞溅、防风沙、防强光9类。

（4）听觉器官防护用品。能够防止过量的声能侵入外耳道，使人耳避免噪声的过度刺激，减小听力损失，预防由噪声对人身引起不良影响的个人防护用品，称为听觉器官防护用品。听觉器官防护用品主要有耳塞、耳罩和防噪声头盔三大类。

（5）手部防护用品。具有保护手和手臂的功能，供作业者劳动时戴用的手套称为手部防护用品，通常人们称为劳动防护手套。手部防护用品按照防护功能分为12类，即一般防护手套、防水手套、防寒手套、防毒手套、防静电手套、防高温手套、防X射线手套、防酸碱手套、防油手套、防振手套、防切割手套、绝缘手套。每类手套按照材料又能分为许多种。

（6）足部防护用品。足部防护用品是防止生产过程中有害物质和能量损伤劳动者足部的护具，通常人们称为劳动防护鞋。足部防护用品按照防护功能分为防尘鞋、防水鞋、防寒鞋、防冲击鞋、防静电鞋、防高温鞋、防酸碱鞋、防油鞋、防烫脚鞋、防滑鞋、防穿刺鞋、电绝缘鞋、防振鞋13类。

（7）躯干防护用品。躯干防护用品就是我们通常讲的防护服。根据防护功能，防护服分为一般防护服、防水服、防寒服、防砸背心、防毒服、阻燃服、防静电服、防高温服、防电磁辐射服、耐酸碱服、防油服、水上救生衣、防昆虫服、防风沙服14类产品。每一类产品又可根据具体防护要求或材料不同分为不同品种。

（8）防坠落用品。防坠落用品是防止人体从高处坠落，通过绳带，将高处作业者的身体系接于固定物体上，或在作业场所的边沿下放张网，以防不慎坠落。这类用品主要有安全网和安全带。

安全带是高处作业工人预防坠落伤亡的用具，由带子、绳子和金属配件组成。日本和我国都发生过因安全绳被尖物磨断或失效造成的人身伤亡事故。为了避免事故的发生，在使用安全带时，应注意以下几点：

1）应当使用经检验合格的安全带。

2）每次使用安全带时，必须做一次外观检查，在使用过程中，还应注意查看。在半年至一年内要试验一次，以主部件不损坏为要求。如发现有破损变质情况，应及时反映并停止使用，以确保操作安全。

3）高处作业人员必须扎好安全带方可工作。

4）安全带应高挂低用，注意防止摆动碰撞，使用3m以上的长绳应加缓冲器。缓冲器、速差式装置和自锁钩可串联使用。

5）不准将绳打结使用，也不准将钩直接挂在安全绳上使用，应挂在连接环上使用。

6）安全带上各种部件不得任意拆掉，使用前应仔细检查各部分构件无破损时才能佩系。更换新绳时要注意加绳套。

7）使用过程中，应防止摆动、碰撞，避开尖刺和不接触明火。

8）作业时应将安全带的钩、环牢挂在母线上，各卡子要扣紧，以防脱落。

9）使用后应将安全带、安全绳卷成盘放在无化学试剂、阳光、酸碱及化学溶剂的场所中，切不可折叠，在金属配件上可涂些机油，以防生锈。

10）安全带的使用期限一般为 3~5 年，在此期间安全绳磨损时应及时更换，如果带子破裂应提前报废。

（9）护肤用品。护肤用品用于防止皮肤受化学、物理等因素的危害。按照防护功能，护肤用品分为防毒、防腐、防射线、防油漆及其他类。

1.4.8　伤害急救常识

在生产过程中，可能会发生各种工伤事故。为了及时正确地做好事故现场急救工作，每个工作岗位都应制订一些最常用的急救办法。

钢铁企业常见伤害的类型有碰伤、骨折、碎屑入眼、灼烫伤、煤气中毒、触电、中暑等。急救原则是：先救命，后救伤。急救步骤为：止血→包扎→固定→救运。

急救使用的绷带必须清洁，以免伤口感染。轻伤伤口要立即包扎，伤口不要用水冲洗。如伤口大量出血，要用折叠多层的绷带盖住，并用手帕或毛巾（必要时可撕下衣服）扎紧，直到流血减少为止。钢铁企业常见伤害的急救方法如下。

（1）碰伤。轻微的碰伤，可将冷湿布敷在伤处。较重的碰伤，应小心地把伤者安置在担架上，在医生到来或送医院之前，要解开衣服，用冷湿布敷在伤处。

（2）骨折。手骨或腿骨折断，应将伤者安放在担架上或地上，用两块长度超过上下两个关节、宽度不小于 10cm 的木板或竹片绑在肢体外侧，夹在骨折处，并扎紧。这样，可使折骨末梢不再移动，也就减轻了伤者的痛苦和伤势。

（3）碎屑入眼。当眼睛被碎屑所伤，要立即去医院治疗，不要用手、手帕、毛巾、火柴及别的东西揩擦眼睛。

（4）灼烫伤。伤员身上燃着的衣服一时难以脱下时，可让伤员在地上打滚，或用水喷洒，或用棉被、毯子、大衣等包裹，以扑灭火焰。不要奔跑、大声叫喊和用手拍打，以免助长火势，加剧伤害程度。灼伤时，要用清洁布覆盖创面后包扎，不要弄破水泡，以免创面感染。伤员口渴时，可适量饮水或含盐饮料。经现场处理后伤员要迅速送医院治疗。

（5）煤气中毒。煤气中毒是由于连续吸入有毒气体所致。发现中毒者，要立刻将其移到空气新鲜的地方，让其仰卧并解开衣服，勿使其受冷或做无益的移动。如呼吸停止，要进行人工呼吸。

（6）触电。有人触电时，应立即关闭电门或用干木材等绝缘物把电线从触电者身上拨开。进行抢救时，千万勿使自己的身体与电源接触。如触电者已失去知觉，应将其仰卧地上，解开衣服，使其呼吸不受阻碍，在医生未到达之前，先进行人工呼吸。

（7）中暑急救。将病人搬到阴凉通风的地方仰卧，解开衣领，同时用浸湿的冷毛巾敷在头部，并快速扇风。有条件的可用酒精擦身以加快散热。轻者一般经过上述处理会逐渐好转，之后再服一些人丹或十滴水即可。重者除上述降温方法外，还可用冰块或冰棒敷其头部、腋下和大腿腹股沟处，同时用井水或凉水反复擦身、扇风进行降温。上述降温处理时间不宜过长，只要病人体温下降并清醒过来即可。在积极进行上述处理的同时，应将其尽快送往医院抢救。

 ## 复习思考题

1-1　钢铁企业生产的特点有哪些？

1-2　何为事故，它具有哪些特性？

1-3　事故按照严重程度分为哪四类？对每一类事故进行简要说明。

1-4　钢铁企业事故的类型主要包括哪些？

1-5　何为安全生产责任制，建立与落实安全生产责任制应遵循的要求有哪些？

1-6　什么是危险源，钢铁企业危险源的种类有哪些？

1-7　简述钢铁企业危险源的辨识方法。

1-8　危险源分为哪几级，其对应的后果分别是什么？

1-9　简要叙述安全色的含义及用途。

1-10　安全标志有哪些，其具体含义是什么？并举例说明。

1-11　常用的灭火方法有哪些？

1-12　触电事故产生的原因有哪些，预防触电事故有哪些注意事项？

1-13　中暑的症状有哪些，如何预防？

1-14　什么是劳动保护用品，有哪些常用的劳动防护用品？

1-15　钢铁企业常见伤害的类型有哪些？简述其急救方法。

2 焦化生产安全技术

2.1 焦化生产基本工艺及安全生产特点

2.1.1 焦化生产基本工艺

根据不同要求，把不同性质的煤混合在一起，在隔绝空气的条件下进行加热，经过干燥、热解、熔融、黏结、固化、收缩等过程最终制得，这一过程称为高温炼焦。由高温炼焦得到的焦炭可作为燃料或原料供高炉冶炼、铸造等。炼焦过程中生成的焦炉煤气和煤焦油经过净化、回收精制可得到各种芳香烃和杂环化合物，供合成纤维、染料、医药、涂料和国防等工业做原料。经净化后的焦炉煤气既是高热值燃料，也是合成氨、合成燃料和一系列有机合成工业的原料。高温炼焦既是煤综合利用的重要方法之一，也是钢铁企业的重要组成部分。

钢铁联合企业中焦化生产一般由备煤、炼焦、筛焦、煤气净化回收和公辅设施等组成，生产基本工艺流程如图2-1所示。

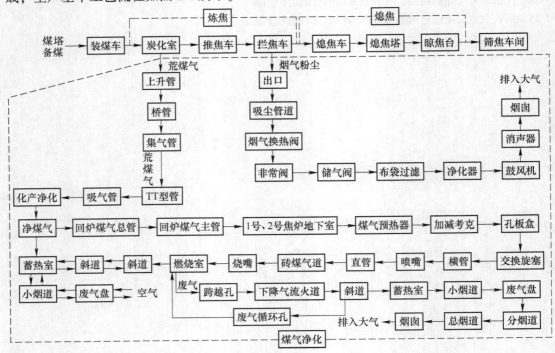

图 2-1 焦化生产的工艺流程

备煤车间的任务是为炼焦车间及时供应合乎质量要求的配合煤。

炼焦车间是焦化厂的主体车间。炼焦车间的生产流程是：装煤车从储煤塔取煤后，运送到已推空的炭化室上部将煤装入炭化室，煤经高温干馏变成焦炭，并放出荒煤气由管道输往回收车间；用推焦机将焦炭从炭化室推出，经过拦焦车后落入熄焦车内送往熄焦塔熄焦；之后，从熄焦车卸入晾焦台，蒸发掉多余的水分并进一步降温，再经输送带送往筛焦炉分成各级焦炭。

回收车间负责抽吸、冷却煤气及回收荒煤气中的各种初级产品。

2.1.2　焦化安全生产的特点

焦化是钢铁联合企业的一个重要组成部分，焦化生产既具备钢铁企业生产的特点，又具备化工生产的特性。生产过程接触的焦炉煤气与高炉煤气属易燃、易爆、有毒气体；煤气净化回收过程产生硫化氢、氨水及氨气、粗苯等易燃、有毒气体或液体；作业场所存在着火灾、爆炸、中毒窒息、机械伤害、物体打击、高处坠落、灼烫、触电、起重伤害、车辆伤害、高温、粉尘、噪声及辐射等危险有害因素。

2.2　焦化生产安全技术

2.2.1　备煤安全技术

2.2.1.1　备煤生产的安全特性及常见事故

备煤包括原料煤的装卸、储存、输送、配煤、粉碎等工序。备煤车间运煤车辆多，装卸设备多，运输皮带多，事故多为机械伤害事故。机械伤害主要包括以下几个方面。

（1）碰撞伤害：机械零部件迅速运动使在运动途中的人受到伤害。

（2）夹挤伤害：机械零部件的运动可以形成夹挤点或缝，如手臂被两辊之间的辊隙夹挤等。

（3）接触伤害：机械零部件由于其锋利、有腐蚀性、热、冷、带电等，而使与其接触的人受到伤害。这可以是运动的也可以是静止的机械。

（4）缠结伤害：运动的机械零部件可以卷入头发、环状饰品、手套、衣服等而引起缠结伤害。

（5）抛射伤害：机械零部件或物料被运转的机械抛射出而造成伤害。

机械设备的安全运转首先应基于机械本身的安全设计，对于可以预见的危险和可能的伤害，应该有适当的安全防护措施。高质量机械防护罩的应用，并附以定期检查和维护、管理控制，如安全培训制度的建立是预防机械危险的有效方法。

另外，煤是可燃性固体燃料，易发生自燃，且在处理中易于产生煤尘，煤尘在一定条件下还能爆炸。储煤槽和煤塔又深又陡，清扫时容易发生事故。

2.2.1.2　煤的储存安全

煤堆容易自燃，其原因是由于煤堆内部接触空气发生氧化反应。氧化反应产生的热量不能散发出来，因而又加速了煤的氧化。这样使热量逐渐积聚在煤堆里层，促使煤堆内部温度不断升高，当温度达到煤的燃点时，煤堆就会自行着火。另一种自燃原因就是煤与水蒸气相遇，由于煤本身有一种吸附能力，水蒸气能在它表面凝结变成液体状态，并析出大量的热量，当煤堆温度达到一定的温度后，因氧化作用，温度就会继续升高达到煤的自燃点，发生自行着火。

这两种情况在煤堆的自行着火过程中是相互进行的，因此，在储存煤时要采取安全措施，不可麻痹大意。

储存煤的防火要求如下：

（1）煤堆不宜过高过大。

（2）煤堆应层层压实，减少与空气的接触面，减少氧化的可能性，或用多洞的通风孔散发煤堆内部的热量，使煤堆的温度经常保持在较低的状态。

（3）较大的煤仓中，煤块与煤粉应分别堆放。

（4）经常检查煤堆温度，自燃一般发生在离底部 1/3 堆高处，测量温度时应在此部位进行，如发现煤堆温度超过 65℃，应立即进行冷却处理。

（5）室内储煤最好用非燃烧材料建造的库房，室内通风要良好，煤堆高度离房顶不得小于 1.5m。

（6）为使煤堆着火之初能及时扑灭，煤仓应有专用的消防水桶、铁铲、干沙等灭火工具。

（7）如发现煤堆已着火，不能直接往煤堆上浇水进行扑灭，因这样水往往浸透不深，并可产生水蒸气，会加速燃烧。如果有大量的水能将煤淹没，可用水扑救。一般都是将燃烧的煤从煤堆中挖出后，再用水浇火。此外，还可用泥浆水灌救，泥浆可在煤的表面糊上一层泥土，阻止煤堆继续燃烧。在进行扑灭煤堆火时，应注意防止煤堆塌陷伤人的事故。

2.2.1.3 备煤机械设备安全

A 卸煤及堆取煤机械

焦化厂卸煤一般采用翻车机、螺旋卸煤机或链斗卸煤机等机械，堆取煤采用堆取料机、门式起重抓斗机、桥式起重抓斗机、推土机等。为防止机械伤人等事故的发生，应遵循下列安全规定。

（1）翻车机操作安全。翻车机应设事故开关、自动脱钩装置、翻转角度极限信号和开关以及人工清扫车厢时的断电开关，且应有制动闸。翻车机转到 90°时，红色信号灯熄灭前禁止清扫车底。翻车时，其下部和卷扬机两侧禁止有人工作和逗留。

（2）螺旋卸煤机和链斗卸煤机操作安全。严禁在车厢撞挂时上下车，卸煤机械离开车厢之前，禁止扫煤人员进入车厢内工作。螺旋卸煤机和链斗卸煤机应设夹轨器。螺旋卸煤机的螺旋和链斗卸煤机的链斗起落机构，应设提升高度极限开关。在操作链斗卸煤机时，要由机车头或调车卷扬机进行对位作业，必须避免碰撞情况的发生。

（3）堆取料机操作安全。堆取料机应设风速计、防碰撞装置、运输胶带联锁装置、与煤场调度通话装置、回转机构和变幅机构的限位开关及信号、手动或具有独立电源的电动夹轨钳等安全装置。堆取料机供电地沟，应有保护盖板或保护网，沟内应有排水设施。

（4）门式或桥式起重机操作安全。门式或桥式起重机抓斗具有运行灵活可靠的优点，但操作不当或违章作业也有发生伤害事故的可能。为避免事故，门式或桥式抓斗起重机应设夹轨器和自下而上的扶梯，从司机室能看清作业场所及其周围的情况。门式或桥式抓斗起重机应设卷扬小车作业时大车不能行走的联锁装置、卷扬小车机电室门开自动断电联锁装置或检修断电开关、抓斗上升极限位装置、双车间距限位装置等。大型门式抓斗起重机应设风速计、扭斜极限装置和上下通话装置。抓斗作业时必须与车厢清理残煤作业的人员分开进行，至少保持 1.5m 的距离。尤其是抓斗故障处理必须在停放指定位置进行，切不可将抓斗停放在漏斗口上处理，以免滑落引起重大伤害事故。应禁止推土机横跨门式起重机轨道。

B 破碎机及粉碎机

破碎机是破碎过程中的关键机械，用于破碎大块的煤料。破碎后的煤料采用粉碎机进行粉碎。焦化厂采用的粉碎机有反击式、锤式和笼形等几种形式。

破（粉）碎机必须符合下列安全条件：加料、出料最好是连续化、自动化，产生的粉尘应尽可能少。对各类破（粉）碎机，必须有紧急制动装置，必要时可迅速停车。运转中的破碎机严禁检查、清理和检修，禁止打开其两端门和小门。破（粉）碎机工作时，不准向破（粉）碎机腔内窥视，不要拨动卡住的物料。如破（粉）碎机加料口与地面一般平或低于地面不到 1m 均应设安全格子。

为保证安全操作，破（粉）碎装置周围的过道宽度必须大于 1m。如破（粉）碎机安装在操作台上，则台与地面之间高度应在 1.5~2m。操作台必须坚固，沿台周边应设高 1m 的安全护栏。

颚式破碎机应装设防护板，以防固体物料飞出伤人。为此，要注意加入破碎机的物料粒度不应大于其破碎性能。当固体物料硬度相当大，且摩擦角（物料块表面与颚式破碎机之间夹角）小于两颚表面夹角的一半时，有可能将未破碎的物料甩出。当非常坚硬的物料落入两颚之间，会导致颚破碎，故应设保险板。在颚破碎之前，保险板先行破裂加以保护。

对于破碎机的某些传动部分，应用安全螺栓连接，在超负荷情况下，弯曲或断掉以保护设备和操作人员。粉碎机前应设电磁分离器，用来吸出煤中的铁器，破（粉）碎机应有电流表、电压表及盘车自动断电的联锁。

C 皮带运输机

皮带运输机是焦化厂备煤和筛焦系统常用的输送设备，它由皮带、托辊、卷筒、传动装置和张紧机组组成。皮带运输机具有结构简单、操作可靠、维修方便等优点。虽然皮带运输机是一种速度不高、安全问题不大的设备，但许多厂矿尤其是备煤工序的实践经验说明，皮带轮和托辊绞碾伤亡是皮带运输机的多发性和常见的事故，必须引起足够重视。

a 皮带输送机的安全要求

从传动机构到墙壁的距离，不应少于 1m，以便检查和润滑传动机构时能自由出入。输送机的各个转动和活动部分，务必用安全罩加以防护。传动机构的保护外罩取下后，不准进行工作。输送机的速度过高时，应加栏杆防护。输送机应设有联锁装置，防止事故的发生。皮带机长度超过 30m 应设人行过桥，超过 50m 应设中间紧急停机按钮或拉线开关，紧急停机的拉线开关应设在主要人行道一侧。启动装置旁边，应设音响信号，在未发出工作信号之前，运输装置不得启动。运输机的启动装置，应设辅助装置（如锁）。为防止检修时被启动，应在启动装置处悬挂"机器检修，禁止开动"的小牌；倾斜皮带机必须设置止逆、防偏、过载、打滑等保护装置。

b　皮带运输机安全操作规程

皮带运输机操作应执行以下的安全操作规程：

（1）开车前应对皮带机所属部件和油槽进行检查，检查传动部分是否有障碍物，齿轮罩和皮带轮罩等防护装置是否齐全，电器设备接地是否良好，发现问题及时处理。听到开车信号，待上一岗位启动后再启动本岗位。听到停车信号，待皮带上无料时方可停车。捅溜槽、换托辊，必须和上一岗位取得联系，并有专人看护。

（2）开车后，要经常观察轴瓦、减速器运转是否正常，特别要注意皮带跑偏、负载量大小，防止皮带破裂。运行中禁止穿越皮带。

（3）运行中没有特殊情况不允许重负荷停车。

（4）物料挤住皮带机时，必须停止皮带机后方可取出，禁止在运行中取出。

（5）禁止在运行中清理滚筒，皮带两侧不准堆放障碍物和易燃物。

（6）运转过程中严禁清理或更换托辊、机头、机尾、滚筒、机架，不允许加油，不准站在机架上铲煤、扫水，机架较高的皮带运输机，必须设有防护遮板方可在下面通过或清扫。

（7）清理托辊、机头、机尾、滚筒时必须办理停电手续，必须切断电源，取下开关保险，锁上开关室。

（8）输送机上严禁站人、乘人或者躺着休息。

D　配煤槽和煤塔

配煤槽是用来储存配煤所需的各单种煤的容器，其位置一般是设在煤的配合设备之上。为防止坠落事故发生，煤槽上部的人孔应设金属盖板或围栏。为防止大块煤落入煤槽，煤流入口应设算子，受煤槽的算格不得大于 0.2m×0.3m，翻车机下煤槽算格不得大于 0.4m×0.8m，粉碎机后各煤槽算缝不得大于 0.2m。煤槽的斗嘴应为双曲线形，煤槽应设振煤装置，以加快漏煤。煤槽地下通廊应有防止地下水浸入的设施，其地坪应坡向集水沟，集水沟必须设盖板。煤塔顶层除胶带通廊外，还应另设一个出口。

煤槽、煤塔要定期清扫，当溜槽堵塞、挂煤或改变煤种时也需清扫。由于煤槽、煤塔深度较深，清扫时不仅有坠落陷没的危险，还有可能发生挂煤坍塌被埋窒息死亡事故，所以对清扫煤塔工作安全应十分重视，清扫煤槽、煤塔工作必须有组织、有领导地进行。要履行危险工作申请手续，采取可靠的安全措施，经领导批准，在安全员的监督下进行。在清扫过程中还必须遵守下列安全事项：

（1）清扫工作应在白天进行，病弱者不准参加作业。

（2）清扫中的煤塔、煤槽必须停止送煤，并切断电源。

（3）设专人在塔上下与煤车联系，漏煤的排眼不准清扫，清扫的排眼不准漏煤。

（4）进入塔槽作业的人员必须穿戴好防护用具。

（5）进入塔槽者，必须系好安全带，安全带要有专人管理，活动范围不可超过1.5m，以防煤层陷塌时被埋。

（6）上下煤塔，禁止随手携带工具材料，必须由绳索传递。

（7）清扫作业，必须从上而下进行，不准由下而上挖捅，以免挂煤坍落埋人。

（8）清扫所需临时照明，应用 12 V 的安全灯，作业中严禁烟火。

（9）清扫中应遵守高空作业的有关安全规定。

2.2.2 炼焦安全技术

2.2.2.1 炼焦生产的安全特性及常见事故

焦炉生产工艺、机械设备及生产组织有着区别于其他生产工艺的特性。焦炉本身具有高温、明火、露天、高位、多层交叉、连续作业的特点，还没有多少回转余地，环境条件较差。用于焦炉加热的煤气有易燃、易爆、易中毒的特性。四大车是焦炉生产的重要设备，这些设备既有车辆的特点又不同于车辆，在移动中作业，一机多用，协作性很强，互相制约，稍有配合不当，易出问题。这些特点决定了焦炉作业具有较大的危险性和发生事故的可能性，焦炉常见的事故如下。

（1）碰撞、挤压事故。炼焦生产过程的完成，主要是通过焦炉机械运行和部分人工操作来实现的。焦炉机械操作的全过程存在以下几个不足：自动化协调程序差，60%的岗位操作靠人工实现，多数程序靠人工指挥；四大车车体笨重，运行频繁且视线不开阔；机械运行与人工活动空间狭窄，极易造成碰、撞、挤、压事故的发生。

（2）坠落、滑跌事故。焦炉岗位系多层布局，基本上形成地下室、走廊、平台、炉顶、走台五层作业。焦炉四大车车体也是由多层结构组成，故楼梯分布多、高层作业多。每层高度均在 3m 左右，易导致滑跌、坠落、被下落物件碰砸事故的发生。

（3）烧伤、烫伤事故。炼焦工艺的主要条件是高温，焦炉内的温度在 1000℃ 以上，而炼焦原料煤及其产生的焦炭、煤气都是燃料，因此其多数岗位及操作人员的作业条件均处在高温、明火的环境中，易导致烧伤、烫伤事故的发生。

（4）煤气爆炸、中毒事故。炼焦过程产生大量煤气，部分经净化后的煤气送回焦炉加热，由于煤气大量集中，加上通风条件不好（地下室），极易导致中毒和爆炸事故的发生。

（5）电击、触电事故。焦炉机械四大车的动力线均系无绝缘层钢轨或钢铝导线，沿焦炉长向分别排布于炉台下部和顶部、炉顶顶部侧面等处，而出焦操作与检修时多有铁制长工具或钢、铁长材料使用，全部设备均系露天作业，遇阴雨天稍不留意极易导致电击、触电事故的发生。

（6）防护品穿戴不齐全。焦炉操作的特殊条件决定了焦炉岗位所配备的各种劳动保护用品，如上岗不能正确使用，也易导致事故的发生。如某焦化厂上升管工陈某在对上升管进行检查时，未将手中的面罩及时戴上就探身对上升管进行观察，由于压力突然波动火焰喷出将面部、头发烧伤。

由以上六个方面不难看出，焦炉安全技术有其特定的内涵和特点，进入车间的人员必须熟悉和掌握这些知识，严格执行车间安全制度，才能保证安全生产。

2.2.2.2 焦炉机械伤害事故及其预防

A　焦炉机械种类

焦炉机械设备主要是四大机车，推焦车除了整机开动，还有推焦、摘炉门、提小炉门和平煤等多种功能；拦焦车则有开启炉门和拦焦等功能。四大车必须在同一炭化室位置上工作，推焦时，拦焦车必须对好导焦槽，熄焦车做好接红焦的准备，装煤车装煤时必须在推焦车和拦焦车都上好炉门以后进行。如果四大车中任何一个环节失控或指挥信号失误，都有可能造成严重的事故。除了四大车，焦炉机械设备还有捣固机、交换机、余煤提升机、熄焦水泵、防暑降温风扇、焦粉抓斗机、皮带机、炉门修理站卷扬机等。

　　B　焦炉机械伤害事故

　　焦炉机械伤害事故主要是四大车事故。四大车常见的事故有挤、压、碰、撞和倾覆引起的伤害事故，拦焦车、熄焦车倾覆事故，四大车设备烧坏事故。据不完全统计焦炉四大车事故中拦焦车事故最高，约占 1/2 以上，其次装煤车事故约占 1/5，熄焦车事故占 1/10，推焦车事故不到 1/10。

　　C　机械伤害的原因分析

　　产生四大车事故的原因是多方面的，既有人为原因，也有管理原因，还有设备缺陷和环境的不良因素。原因虽复杂多样，但主要是违规操作，其次是思想麻痹。这充分说明，要不断地提高全员的安全思想素质。另外，新工人技术不熟和非标准化操作引起的事故也不少，也应值得重视。

　　D　防范措施

　　(1) 四大车安全措施。

　　1) 推焦车、拦焦车、熄焦车、装煤车开车前必须发出音响信号；行车时严禁上下车；除行走外，各单元宜按程序自动操作。

　　2) 推焦车、拦焦车和熄焦车之间，应有通话、信号联系和联锁。

　　3) 推焦车、装煤车和熄焦车，应设压缩空气压力超限时空压机自动停转的联锁。司机室内，应设风压表及风压极限声、光信号。

　　4) 推焦车推焦、平煤、取门、捣固时，拦焦车取门时以及装煤车落下套筒时，均应设有停车联锁。

　　5) 推焦车和拦焦车宜设机械化清扫炉门、炉框以及清理炉头尾焦的设备。

　　6) 应沿推焦车全长设能盖住与机侧操作台之间间隙的舌板，舌板和操作台之间不得有明显台阶。

　　7) 推焦杆应设行程极限信号、极限开关和尾端活牙或机械挡。带翘尾的推焦杆，其翘尾角度应大于 90°，且小于 96°。

　　8) 平煤杆和推焦杆应设手动装置，且应有手动时自动断电的联锁。

　　9) 推焦中途因故中断推焦时，熄焦车和拦焦车司机未经推焦组长许可，不得把车开离接焦位置。

　　10) 煤箱活动壁和前门未关好时，禁止捣固机进行捣固。

　　11) 拦焦车和焦炉焦侧炉柱上应分别设安全挡和导轨。

　　12) 熄焦车司机室应设有指示车门关严的信号装置。

　　13) 寒冷地区的熄焦车轨道应有防冻措施。

　　14) 装煤车与炉顶机、焦两侧建筑物的距离，不得小于 800mm。

　　(2) 余煤提升机安全措施。

　　1) 单斗余煤提升机应有上升极限位置报警信号、限位开关及切断电源的超限保护装置。

2）单斗余煤提升机下部应设单斗悬吊装置。地坑的门开启时，提升机应自动断电。

3）单斗余煤提升机的单斗停电时，应能自动锁住。

（3）炉门修理站安全措施。

1）炉门修理站旋转架上部应有防止倒伏的锁紧装置或自动插销，下部应有防止自行旋转的销钉。

2）炉门修理站卷扬机上的升、降开关应与旋转架的位置联锁，并能点动控制；架的上升限位开关必须准确可靠。

2.2.2.3　焦炉坠落事故及其预防

A　焦炉作业特点与坠落事故

坠落事故是焦炉五害之一，据不完全统计约占焦炉事故的1/6。这是由焦炉生产作业特点决定的。因为焦炉炉体作业各部位至炉底均有一定高度，炉顶至炉底距离，小焦炉有5~6m，大焦炉近10m，大容积焦炉更高，机、焦两侧平台离地面至少也在2m以上，均符合国家高处作业的规定。由于机侧有推焦车作业，焦侧有拦焦车运行，不可能设防护栏杆，而两侧平台场地狭窄，炉顶、炉台、炉底又是多层交叉作业，加上烟尘蒸汽大，稍不留心就可能引起坠落伤亡事故。从已发生的焦炉坠落事故看，坠落事故有人从高处坠落、煤车从炉顶坠落和物体坠落打击伤害等三种情况。

B　焦炉坠落事故分析

从过去的焦炉坠落事故可以看出，装煤车坠落事故，轻者为轻、重伤，重者可死亡，而且造成设备严重损坏影响生产。人员在装煤车和平合上坠落和落物砸伤、砸死人员的事故也屡见不鲜。造成坠落事故的原因主要是违章，其次是设备、设施有缺陷，还有是安全措施不力或思想麻痹。

C　防范措施

（1）装煤车坠落的防范措施。

1）在炉端台与炉体的磨电轨道设分断开关隔开。平时炉端台磨电道不送电，煤车行至炉端台，因无电源，而自动停车，从而避免坠落事故，也便于煤车在炉端台停电检修。分断开关送电后，煤车仍可返回炉顶。

2）设置行程限位装置。

3）煤车制动装置要保持有效好使，无制动装置的煤车要调节好走行电动机的电磁抱闸，保证停电后及时停车。

4）安全挡一定要牢固可靠。

5）提高煤车司机的素质。必须由经培训合格的司机驾驶。非司机严禁操作，严格执行操作规程，不准超速行驶。司机离开煤车必须切断电源。

（2）防止人物坠落伤害事故的措施。

1）焦炉炉顶表面应平整，纵拉条不得突出表面。

2）设置防护栏。单斗余煤提升机正面（面对单斗）的栏杆，不得低于1.8m，栅距不得大于0.2m；粉焦沉淀池周围应设防护栏杆，水沟应有盖板；敞开式的胶带通廊两侧，应设防止焦炭掉下的围挡。

3）凡机焦两侧作业人员必须戴好安全帽，防止落物砸伤。

4）禁止从炉顶、炉台往炉底抛扔东西。如有必要时，炉底应设专人监护，在扔物范围内禁止任何人停留或通行。

5）焦炉机侧、焦侧消烟梯子或平台小车（带栏杆），应有安全钩。

6）在机、焦两侧进行扒焦、修炉等作业时，要采取适当安全措施，预防坠落。如焦炉机侧、焦侧操作平台不得有凹坑或凸台，在不妨碍车辆作业的条件下，机侧操作平台应设一定高度的挡脚板。

7）由于焦炉平台，特别是焦侧平台，距熄焦塔和焦坑较近，特别在冬季熄焦、放焦时，蒸汽弥漫影响视线，给操作和行走带来不便，易于引起坠落，应特别注意防范。

8）为防止炉门坠落，要加强炉门、炉门框焦油石墨的清扫，使炉门横铁下落到位，上好炉门、拧紧横铁螺丝后，必须上好安全插销，以防横铁移位脱钩而引起坠落。

9）上升管、桥管、集气管和吸气管上的清扫孔盖和活动盖板等，均应用小链与其相邻构件固定。

10）清扫上升管、桥管宜机械化，清扫集气管内的焦油渣宜自动化。

2.2.2.4 焦炉烧、烫伤害事故及其预防

A 焦炉作业特点与烧烫事故

赤热的焦炭和燃烧的煤气使整个焦炉生产处于高温中，而且上升管、装煤口在推焦装煤时经常有火焰、火星、明火外喷，燃烧室看火孔以及两侧炉门冒烟、冒火都可能给操作者带来烧伤、烫伤的危险。在 20 世纪 50~60 年代，由于经验不足，管理不善，炉顶作业曾多次发生大面积烧伤引起的重伤甚至死亡事故。

B 烧、烫伤事故分析

烧烫伤害事故大多发生在上升管或装煤口附近。在过去，由于操作人员在操作中穿戴劳动保护品不当或因操作技术不熟练违反操作规程引起的烧烫伤害事故经常发生。现在随着管理的加强、操作技术的提高，此类事故趋向减少。

焦化企业采用高压氨水无烟装煤新工艺，消灭了上升管和装煤口冒烟冒火，从而为杜绝烧烫伤害事故创造了条件。

C 防范措施

（1）不断改进防护用品款式质量，做到上班职工劳动防护用品必须穿戴齐全。

（2）推广高压氨水无烟装煤新工艺，为防止烧烫事故提供工艺技术保证。

（3）焦炉应采用水封式上升管盖、隔热炉盖等措施。

（4）清除装煤孔的石墨时，不得打开机焦两侧的炉门，防止装煤孔冒火引起烧烫伤害。

（5）清扫上升管石墨时，应将压缩空气吹入上升管内压火，防止清扫中被火烧伤。

（6）打开燃烧室测温孔盖时，应侧身、侧脸，防止正压喷火局部烧伤。

（7）所有此类操作都必须站在上风侧进行。

（8）禁止在距打开上升管盖的炭化室5m 以内清扫集气管。

2.2.2.5 煤气事故及其预防

A 焦炉生产特点与煤气事故

现代焦炉主要由炭化室、燃烧室、蓄热室、斜道区、炉顶、基础和烟道等组成。炭化

室中煤料在隔绝空气条件下，受热干馏放出荒煤气变焦炭。煤气在燃烧室中燃烧提供炼焦所需热量，因此还有焦炉加热煤气设备和荒煤气导出设备，这就是说在焦炉生产过程中既生产煤气又使用煤气。由于煤气具有易燃、易爆和中毒的性质，这就存在着煤气着火、爆炸和中毒的危险性。尤其是复热式焦炉使用高炉煤气加热，中毒的危险性更大。

B　煤气事故的原因分析

煤气设备缺陷，特别是阀门泄漏是造成煤气着火事故的主要原因。煤气与空气混合达到爆炸极限，又遇火源是造成爆炸事故的根本原因。违章作业或违章指挥是引起煤气中毒事故的重要原因。

C　煤气事故防范措施

（1）焦炉机侧、焦侧操作平台，应设灭火风管。

（2）集气管的放散管应高出走台5m以上，开闭应能在集气管走台上进行。

（3）地下室、烟道走廊、交换机室、预热器室和室内煤气主管周围，严禁吸烟。

（4）地下室应加强通风，其两端应有安全出口。

（5）地下室煤气分配管的净空高度不宜小于1.8m。

（6）地下室煤气管道的冷凝液排放旋塞，不得采用铜质的。

（7）地下室煤气管道末端应设自动放散装置，放散管的根部设清扫孔。

（8）地下室焦炉煤气管道末端应设防爆装置。

（9）烟道走廊和地下室，应设换向前3min和换向过程中的音响报警装置。

（10）用一氧化碳含量高的煤气加热焦炉时，若需在地下室工作，应定期对煤气浓度进行监测。

（11）要定期组织煤气设备管道阀门的维修，消除设备缺陷。禁止在烟道走廊和地下室带煤气抽、堵盲板。

（12）交换机室或仪表室不应设在烟道上。用高炉或发生炉煤气加热的焦炉，交换机室应配备隔离式防毒面具。

（13）煤气调节蝶阀和烟道调节翻板，应设有防止其完全关死的装置。

（14）交换开闭器调节翻板应有安全孔，保证蓄热室封墙和交换开闭器内任何一点的吸力不低于5Pa。

（15）高炉煤气因低压而停止使用后，在重新使用之前，必须把充压的焦炉煤气全部放散掉。

（16）出现下列情况之一应停止焦炉加热：煤气主管压力低于500Pa；烟道吸力下降，无法保证蓄热室、交换开闭器等处吸力不小于5Pa；换向设备发生故障或煤气管道损坏，无法保证安全加热。

2.2.2.6　焦炉触电事故及其预防

A　焦炉电气的特点与触电事故

焦炉机械设备都由电动机驱动，加上电气照明，电源线路遍布焦炉上下，特别是四大车必须敷设裸露滑触线，而推焦车和熄焦车的滑触线就在人高度范围之内。虽设有防护网，这些线路仍有一定的危险性。移动设备振动磨损大，加上焦炉高温露天作业，烟尘蒸汽大的条件下，对绝缘影响较大，电气设备和线路易出故障，经常需要维修或突击抢修。

焦炉电气的这些特点导致了触电事故的发生。

B　焦炉触电事故分析

焦炉触电事故大部分是由于违章而引起的，且其大部分发生在电气检修抢修或检查中。另外，违章指挥和操作人员缺乏电气安全知识也值得重视。

C　焦炉触电事故的防范措施

（1）滑触线高度不宜低于 3.5m；低于 3.5m 的，其下部应设防护网，防护网应良好接地。

（2）烟道走廊外没有电气滑触线时，烟道走廊窗户应用铁丝网防护。

（3）车辆上电磁站的人行道净宽不得小于 0.8m。裸露导体布置于人行道上部且离地面高度小于 2.2m 时，其下部应有隔板，隔板离地应不小于 1.9m。

（4）推焦车、拦焦车、熄焦车、装煤车司机室内，应铺设绝缘板。

（5）电气设备（特别是手持电动工具）的外壳和电线的金属护管，应有接零或接地保护以及漏电保护器。

（6）电动车辆的轨道应重复接地，轨道接头应用跨条连接。

（7）抓好焦炉电气设备检修中的安全。不论检修或抢修都必须可靠地切断电源，并挂上"有人作业，禁止合闸"的警告牌。要认真测电确认三相无电，并做临时短路接地后，方可开始作业。带电作业必须采取有效的安全保护措施，电气检修必须由电工担任，禁止司机处理电气故障，并应坚持使用绝缘防护用品和工具。

2.2.2.7　其他安全防护措施

为防止火灾的发生，晾焦台应设水管；运焦胶带应为耐热胶带，皮带上宜设红焦探测器、自动洒水装置及胶带纵裂检测器；严禁向胶带上放红焦。筛焦楼下运焦车辆进出口应设信号灯。禁止使用未经二级（生物）处理的酚水熄焦。

干法熄焦应采取相应的安全防护措施。干熄焦装置必须保证整个系统的严密性，投产前和大修后均应进行系统气密性试验。干熄炉排出装置外应通风良好，运焦胶带通廊宜设置一氧化碳检测报警装置。干熄焦装置最高处，应设风向仪和风速计，风速大于 20m/s 时，起重机应停止作业。起重机轨道两端应设置固定装置、横移牵引装置、提升机和装入装置，应设限位和位置检出装置。惰性气体循环系统的一次除尘器、锅炉出口和二次除尘器上部应设防爆装置。干熄焦装置应设循环气体成分自动分析仪，对一氧化碳、氢和氧含量进行分析记录。进入干熄炉和循环系统内检查或作业前，应关闭同位素射线源快门。进行系统内气体置换和气体成分检测，一氧化碳浓度在 50×10^{-5} 以下、含氧量大于 19.5%（体积分数），方可进入。进入时，应携带检测仪器和与外部联络的通信工具。

2.2.3　煤气净化安全技术

2.2.3.1　煤气净化的作用与工艺

煤气净化除净化煤气外，还回收焦油、粗苯、粗酚盐、粗吡啶、硫、硫酸、硫酸铵以及无水氨等，同时进行相应的污水处理。

煤气必须经过净化，因为煤气中除含氢、甲烷、乙烷和乙烯等成分外，其他成分含量虽少，却会产生有害的作用。例如，萘会以固体结晶析出，堵塞设备及煤气管道；氨水会腐蚀设备和管路，生成的铵盐也会引起堵塞；硫化氢及硫化物会腐蚀设备，生成的硫化亚铁会引起堵塞且易自燃引起事故；一氧化氮及过氧化氮能与煤气中的丁二烯、苯乙烯及环戊二烯等聚合成复杂的化合物——煤气胶，不利于煤气的输送和使用；不饱和碳氢化合物在有机硫化物的触媒作用下能聚合生成"液相胶"而引起危害。对上述会产生危害的物质，根据煤气的不同用途而有不同程度的清除要求，因而从煤气中回收化学产品的净化方法和流程也有不同。

在钢铁联合企业中，焦炉煤气只用作本企业冶金燃料时，除回收焦油、氨、苯族烃和硫等外，其余杂质只需要清除到煤气在输送和使用中都不发生困难的程度即可。

2.2.3.2 煤气净化主要装置与设备

煤气净化设备主要由煤气排送装置、煤气脱硫装置、煤气中氨和粗吡啶的回收装置、粗苯回收与制取装置、水道装置以及废水处理装置等组成。煤气排送装置主要设备有煤气鼓风机、焦油氨水分离装置、塔、泵、槽以及煤气冷却装置等。煤气脱硫装置主要设备有吸收塔和再生塔等塔类设备、循环液冷却器和加热器等换热器、硫浆离心机、空压机以及各类泵、槽设备等。煤气中氨和粗轻吡啶的回收装置主要设备有硫氨吡啶装置、无水氨装置、溶剂脱酚装置、氨水蒸馏装置等。粗苯回收与制取装置主要设备有终冷塔、洗苯塔、脱苯塔等塔类设备，管式加热炉、粗苯冷凝冷却塔、终冷水冷却器等换热器以及各类泵、槽设备等。废水处理装置主要设备有预曝、曝气处理设备，脱氰、脱氟、混凝处理设备以及污泥脱水处理设备等。水道装置主要设备有冷却塔轴流风机以及各类泵等。

煤气净化设备中发生着气体、液体反应，因此仪表、压力阀等在流量控制、管线、发信装置等场合使用时均应具有耐高温、耐高压、耐腐蚀的性能，如流量计采用电磁式流量计，高压管线的调节阀采用高压角阀，对强腐蚀性管线的压力、压差的检出端采用隔膜式发信器等。

2.2.3.3 煤气净化装置中的危险化学品

煤气净化装置中存在的危险化学品较多，详见表2-1。

表2-1 煤气净化装置中存在的危险化学品

装置名称	危险化学品名称
煤气排送装置	粗苯、氨水、焦炉煤气、焦油、氢氧化钠溶液
煤气脱硫装置	焦炉煤气、硫酸、硝酸、粗吡啶、氨气、粗苯、脱硫液、硫酸铵母液、二氧化硫、苦味酸、硫化氢、硫氨和粗轻吡啶
无水氨装置	氢氧化钠溶液、焦炉煤气、液体无水氨、磷酸
硫铵吡啶回收装置	焦炉煤气、硫酸、氨气
蒸氨装置	氨水、浓氨水、氢氧化钠溶液
溶剂脱酚装置	氨水、苯、酚、10%氢氧化钠
粗苯回收装置	焦炉煤气、粗苯、洗油、轻油、苯、甲苯、二甲苯
废水处理装置	废氨水

从表中不难看出在煤气净化加工的过程中存在的显著特点是易燃、易爆、有毒、有害。

2.2.3.4　化产回收安全技术

A　鼓风冷凝

鼓风冷凝工段的主要设备有初冷塔、鼓风机、电捕焦油器、氨水槽和焦油槽等。

鼓风冷凝主要是对煤气进行冷却并分离焦油,用鼓风机对煤气加压。为防止煤气火灾爆炸事故的发生,鼓风冷凝应采取以下安全措施。

(1) 鼓风冷凝工段应有两路电源和两路水源,采用两台以上蒸汽透平鼓风机时,应采用双母管供汽。

(2) 鼓风机的仪表室宜设在主厂房两侧或端部。应设有下列仪表和工具:煤气吸力记录表、压力记录表、含氧表、油箱油位表、油压表、电压表、电流表、转速表、测振仪和听音棒,并宜有集气管压力表、初冷器前后煤气温度表。采用蒸汽透平鼓风机时,还应有蒸汽压力表和温度表。

(3) 鼓风机室应设下列联锁和信号:鼓风机与油泵的联锁;鼓风机油压下降、轴瓦温度超限、油冷却器冷却水中断、鼓风机过负荷、两台同时运转的鼓风机故障停车等报警信号;通风机与鼓风机的联锁;通风机停车的报警信号;焦炉集气管煤气压力上、下限报警信号。

(4) 通风机供电电源和鼓风机信号控制电源,均应能自动转换。

(5) 鼓风机室应有直通室外的走梯,底层出口不得少于两个。

(6) 每台鼓风机应在操作室内设单独控制箱,其反馈电线宜设零序保护报警信号。

(7) 鼓风机轴瓦的回油管路应设窥镜。

(8) 鼓风机煤气吸入口的冷凝液出口与水封满流口中心高度差不应小于 2.5m;出口排冷凝液管的水封高度,应超过鼓风机计算压力(以 mmH_2O 计)500mm(室外)或 1000mm(室内)。初冷器冷凝液出口与水封槽液面高度差不应小于 2m。水封压力不得小于鼓风机的最大吸力。

(9) 鼓风机冷凝液下排管的扫汽管,应设两道阀门。清扫鼓风机前煤气管道时,同一时间内只准打开一个塞堵。

(10) 蒸汽透平鼓风机应有自动危急遮断器。其蒸汽入口应有过滤器,紧靠入口的阀门前应安装蒸汽放散管,并有疏水器和放散阀,蒸汽调节阀应设旁通管。其蒸汽冷凝器出入口的阀门,不应关闭。

B　电捕焦油器

电捕焦油器是捕集焦油雾的装置,其常见的事故多为火灾爆炸事故,因此应采取相应的防火防爆措施。

电捕焦油器应设泄爆阀。电捕焦油器内煤气侧电瓷瓶周围宜用氮气保护,其绝缘箱保温应采用自动控制方式,并设有自动报警装置。温度低于 100℃ 时,发出报警信号;低于 90℃ 时,自动断电。电捕焦油器应设煤气含氧量超过 0.8% 时发出报警信号及含氧量超过 1% 时自动断电的联锁;若无自动测氧仪表,应定期测定分析。电捕焦油器的变压器等电气设备应有可靠的屏护。

C 硫铵、粗轻吡啶及黄血盐生产

（1）硫酸高置槽与泵房之间，应有料位报警信号或设大于进口管管径的满流管。

（2）硫铵饱和器母液满流槽的液封高度，应大于鼓风机的全压。

（3）半直接法饱和器生产时，禁止用压缩空气往饱和器内加酸或从饱和器抽取母液。

（4）从满流槽捞酸焦油时，禁止站在满流槽上。

（5）进入吡啶设备的管道，应设高度不小于1m的液封装置。

（6）吡啶的生产、计量储存装置应密闭。其放散管应导入鼓风机前的吸气管道，以保证吡啶装置处于负压状态；放散管应设吹扫蒸汽管。

（7）吡啶装桶处应设有通风装置和围堰，其地面应坡向集水坑。

（8）吡啶产品的保管、运输和装卸，应防止阳光直射和局部加热，并防止冲击和倾倒。

（9）黄血盐吸收塔尾气通过冷凝器和气液分离器后，应导入鼓风机前负压管道。

（10）吸收塔进口管道上应装设防爆膜。

D 粗苯回收

（1）粗苯储槽应密封，并装设呼吸阀和阻火器，或采用其他排气控制措施。人孔盖和脚踏孔应有防冲击火花的措施。

（2）粗苯储槽放散气体，应有处理措施。

（3）粗苯储槽应设在地上，不宜有地坑。

E 脱硫脱氰

（1）常压氧化铁法脱硫。氧化铁法脱硫为干法脱硫。脱硫箱应设煤气安全泄压装置，且宜采用高架式，装卸脱硫剂应采用机械设备。废脱硫剂应在当天运到安全场所妥善处理。停用的脱硫箱拔去安全防爆塞后，当天不得打开脱硫剂排出孔。未经严格清洗和测定，严禁在脱硫箱内动火。

（2）HPF法。采用该法脱硫应遵守下列安全规定：应设溶液事故槽，且其容积应大于脱硫塔和再生塔的容积之和。脱硫塔、再生塔和溶液槽等设备的内壁，应进行防腐处理。进再生塔的压缩空气管和溶液管，必须高于再生塔液面，且溶液管上应设防虹吸管或采取其他防虹吸措施。再生塔与脱硫塔间的溶液管，必须设U形管，其液面高度应大于煤气计算压力（以 mmH_2O 计）500mm。除沫器排水器的冷凝液排管，应采用不锈钢制作，且不宜有焊缝。熔硫釜排放硫膏时，周围严禁明火。

（3）Takahax-Hirohax 法。用该法脱硫脱氰应遵守下列安全规定：进氧化塔的空气管液封应高于氧化塔的液面，防止溶液进入压缩空气机，并设防虹吸管；进吸收塔的溶液管液封高度应大于煤气压力；吸收塔底部必须设有溶液满流管。

2.2.3.5 粗苯加工安全技术

A 精苯生产

（1）精苯生产区域宜设高度不低于 2.2m 的围墙，其出入口不得少于两个，正门应设门岗。禁止穿带钉鞋或携带火种者以及无有效防火措施的机动车辆进入围墙内。

（2）精苯生产区域，不得布置化验室、维修间、办公室和生活室等辅助建筑。

（3）金属平台和设备管道应用螺栓连接。

（4）洗涤泵与其他泵宜分开布置，周围应有围堰。

（5）洗涤操作室宜单独布置，洗涤酸、碱和水的玻璃转子流量计，应布置在洗涤操作室的密闭玻璃窗外。

（6）封闭式厂房内应通风良好，设备和储槽上的放散管应引出室外，并设阻火器。

（7）苯类储槽和设备上的放散管应集中设洗涤吸收处理装置、惰性气体封槽装置或其他排气控制设施。

（8）苯类管道宜采用铜质盲板。

（9）禁止同时启动两台泵往一个储槽内输送苯类液体。

（10）苯类储槽宜设淋水冷却装置。

（11）各塔空冷器强制通风机的传动皮带，宜采用导电橡胶皮带。

（12）初馏分储槽应布置在库区的边缘，四周应设防火堤，堤内地面与堤脚应做防水层。

（13）初馏分储槽上应设加水管，槽内液面上应保持 0.2～0.3m 水层。露天存放时，应有防止日晒措施。

（14）禁止往大气中排放初馏分。

（15）送往管式炉的初馏分管道，应设汽化器和阻火器。

（16）处理苯类的跑冒事故时，必须戴隔离式防毒面具，并应穿防静电鞋或布底鞋，且宜穿防静电服。

B　古马隆生产

（1）古马隆蒸馏釜宜采用蒸汽加热，若采用明火加热，距离精苯厂房和室外设备应不小于 30mm。

（2）用氯化铝聚合重苯的室内，禁止无关人员逗留。

（3）热包装仓库应设机械通风装置，热包装出口处应设局部排风设施。

C　苯加氢

（1）反应器的主要高温法兰，应设蒸汽喷射环。

（2）主要设备及高温高压重要部位，应设固定式可燃性气体检测仪。

（3）莱托尔反应器器壁应涂变色漆，以便发现局部过热。

（4）制氢还原态催化剂，严禁接触空气及氧气，停工时应处于氮封状态。

（5）取样时应装好静电消除器。

（6）加热炉和管式炉烟道废气取样，应用防爆的真空泵。

（7）加热炉操作时，炉膛内应保持负压。

（8）二硫化碳泵与其电气开关的距离，应大于 10m。

（9）各系统必须用氮气置换，经氮气保压气密性试验合格，其含氧量小于 0.5%，方可开工。

2.2.3.6　焦油加工安全技术

A　焦油蒸馏

（1）蒸馏釜旁的地板和平台，应用耐热材料制作，并应坡向燃烧室对面。

（2）蒸馏釜的排沥青管，应与燃烧室背向布置。

（3）管式炉二段泵出口，应设压力表和压力极限报警信号装置。焦油二段泵出口压力不得超过 1.6×10^6 Pa。

（4）焦油蒸馏应设事故放空槽，并经常保持空槽状态。

（5）各塔塔压不得超过 6×10^4 Pa。

（6）洗涤厂房、泵房和冷凝室的地板、墙裙以及蒸馏厂房地板，宜砌瓷砖或采取其他防腐措施。

B　沥青冷却及加工

（1）不得采用直接在大气中冷却液态沥青的工艺。沥青冷却到200℃以下，方可放入水池。

（2）沥青系统的蒸汽管道，应在其进入系统的阀门前设疏水器。

（3）沥青高置槽有水时，禁止放入高温的沥青。

（4）沥青高置槽下应设防止沥青流失的围堰。

（5）凡可能散发沥青烟气的地点，均应设烟气捕集净化装置。净化装置不能正常运行时，应停止沥青生产。

（6）不宜采用人工包装沥青；特殊情况下需要人工包装时，应在夜间进行，并应有防护措施。

C　工业萘、精萘及萘酐生产

（1）萘的结晶及输送宜实现机械化，并加以密封。

（2）开工前，工业萘的初、精馏塔及有关管道，应用蒸汽进行置换，并预热到100℃左右。

（3）萘转鼓结晶机传动系统、螺旋给料器的传动皮带和皮带翻斗提升机，均应采取防静电积累的措施；若系皮带传动，应采用导电橡胶皮带。

（4）萘转鼓结晶机的刮刀，应采用不发生火花的材料制作。

（5）萘蒸馏釜应设液面指示器和安全阀。

（6）禁止使用压缩空气输送萘及吹扫萘管道。

（7）脱酚洗油、轻质洗油蒸馏塔的塔压，应控制在 $5 \times 10^5 \sim 7 \times 10^5$ Pa 之间。

（8）热油泵室地面和墙裙应铺瓷砖，泵四周应砌围堰，堰内经常保持一定的水层。

（9）热风炉和熔盐炉应设有温度计和防爆孔。

（10）输送液体萘的管道，应有蒸汽套或蒸汽伴随管以及吹扫用的蒸汽连接管。

D　粗酚、轻吡啶、重吡啶生产与加工

（1）分解酚盐时，加酸不得过快，若分解器内温度达90℃，应立即停止加酸。

（2）粗酚、轻吡啶、重吡啶的蒸馏釜，必须设有安全阀、压力表（或真空表）和温度计。

（3）轻吡啶的装釜操作，必须在常温下进行。

（4）吡啶产品装桶的极限装满度，不得大于桶容积的90%。

（5）酚、吡啶产品装桶处应设抽风装置。

（6）分解器和中和器应设放散管。

（7）酸槽应集中布置。

（8）室外储槽与主体厂房的净距，应不小于6m。

（9）接触吡啶产品的设备、管道及隔断阀类配件，应采用耐腐蚀材料制作。

E　粗蒽、精蒽生产

（1）蒽的结晶及输送宜实现机械化，并加以密闭。

（2）粗蒽生产中，严禁敞开溶解釜人孔加热。

（3）二蒽油配渣，必须远离配渣槽进行；水分过大时，严禁配渣。

（4）蒸发器运行时，严禁打开预热人孔盖。

2.2.3.7　机械设备安全

化产回收与精致车间的各类机械主要包括各种泵体、槽体、塔体及一些大型设备的配套电机、鼓风机等。固定的槽体、塔体等机械的安全隐患较小，泵、离心机、鼓风机、电机等运转机械的安全隐患较大，需加以防范。

A　塔器

（1）塔器经试压合格后，才能投产。

（2）蒸馏、精馏塔应设压力表、温度计。塔底液体引出管应设保证塔内汽（气）体不逸出的液封。

（3）窥镜、液面计等玻璃应能耐高温、严密不漏。

（4）以蒸汽为热源的加热器、洗油再生器等压力容器，均应装有压力表和安全阀。

（5）各塔器、容器的对外连接管线，均应设可靠的隔断装置。

（6）建（构）筑物内设备的放散管，应高出其建（构）筑物2m以上；室外设备的放散管，应高出本设备2m以上，且应高出相邻有人操作的最高设备2m以上。

（7）拟放散的气体、蒸汽宜按种类分别集中，并经净化处理后再放散。

（8）甲、乙类生产场所的设备及管线，其保温应采用不燃或难燃保温材料，应防止可燃物渗入绝热层。

B　管式炉

（1）管式炉应布置在散发可燃气体区域的主导风向的上风侧，并位于该车间的边缘。如有困难，应设防火墙。

（2）管式炉应设煤气压力表、煤气低压警报器、煤气流量表、物料压力表、物料流量表和温度表。

（3）管式炉应设防爆门，防爆门不得面对管线和其他设备。高观察孔处应设梯子和平台。

（4）炉管回弯头箱应用带有隔热内衬的金属门严密关闭。

（5）管式炉点火前，必须确保炉内无爆炸性气体。

（6）管式炉出现下列情况之一，应立即停止煤气供应：煤气主管压力降到500Pa以下，或主管压力波动危及安全加热；炉内火焰突然熄灭；烟筒（道）吸力下降，不能保证安全加热；炉管漏油。

C　泵

泵出口应有压力表，并设有吹扫蒸汽管。输送酸、碱、酚和易燃液体的泵应用机械密封，如用填料盒密封时应加保护罩。酸、碱、酚泵房内部或外部应设洗手盆、冲洗眼睛用的小喷泉和沐浴装置。泵房地坪及墙裙应砌上瓷砖，地坪应有坡向集水坑的坡度，并设冲洗水管。

泵的安全操作有如下规定：

（1）开泵前，检查泵的进排出阀门的开关情况，泵的冷却和润滑情况，压力表、温度计、流量表等是否灵敏，安全防护装置是否齐全。

（2）盘车数周，检查是否有异常声响或阻滞现象。

（3）按要求进行排气和灌注。如果是输送易燃、易爆、易中毒介质的泵，在灌注、排气时，应特别注意勿使介质从排气阀内喷出。如果是易腐蚀介质，勿使介质喷到电机或其他设备上。

（4）应检查泵及管路的密封情况。

（5）启动泵后，检查泵的转动方向是否正确。

（6）停泵时，应先关闭出口阀，使泵进入空转，然后停下原动机，关闭泵入口阀。

（7）泵运转时，应经常检查泵的压力、流量、电流、温度等情况，应保持良好的润滑和冷却，应经常保持各连接部位、密封部位的密封性。

（8）如果泵突然发出异声、振动、压力下降、流量减小、电流增大等不正常情况，则应停泵检查，找出原因后再重新开泵。

（9）结构复杂的离心泵必须按制造厂家的要求进行启动、停泵和维护。

2.3　焦化生产主要安全事故及案例分析

2.3.1　备煤系统常见事故

（1）机械设备部件或工具直接与人体接触。机械设备部件或工具直接与人体接触可能引起夹击、卷入、割刺等危险。备煤堆取料机、螺旋卸煤机、煤粉粉碎、皮带机等操作过程中由于违章作业、防护不当或在检修时误启动可能造成机械伤害事故。如皮带机机头与机尾、拉紧装置无防护罩或防护罩防护不到位；机旁未设事故紧急停车开关和拉绳或失效；作业人员抄近路在停机状态下钻、跨皮带机或在皮带机上行走时皮带机突然启动；皮带机运转时发生跑偏、打滑后在不停机情况下单独一人用铁棍等进行调整被卷入；皮带机运转时发生煤落料后不停机清理被带入；工作服的衣扣和袖扣未扣住被运转的皮带机卷入；操作时疏忽大意，可能被煤仓的可逆皮带机、煤塔回转皮带机走行轮压伤脚趾；检修皮带机未停电、未挂牌、无专人监护或启动前没有检查确认等，均可能发生机械伤害。备煤、筛焦系统是发生机械伤害事故概率较高的部位，主要有皮带机的头轮、尾轮、改向轮、减速机传动轴、配重拉紧装置、尾轮的溜槽口等，产生的后果多为重伤，甚至死亡。

（2）外力或重力作用下打击人体。物体在外力或重力作用下，打击人体会造成人身伤害事故。高处物体固定不牢，排空管等固定不牢，因腐蚀或大风造成断裂，检修时使用工具飞出击打到人体上；高处作业或在高处平台上作业工具和材料使用、放置不当，造成高空落物等，发生爆炸产生碎片飞出等，造成物体打击事故。

（3）触电伤害。人体接触高、低压电源会造成触电伤害，雷击也可能产生类似后果。电气设备、电气材料本身存在缺陷，或设备保护接地失效，操作失误，思想麻痹，个人防护缺陷，不使用绝缘工具，或非专业人员违章操作等，易发生人员触电事故。备煤系统地下通廊较多，由于渗水或排水不畅，容易积水，潮湿场所较多，如果电气线路或接头裸露，积水坑使用水泵抽排水时泵体外壳未接地或漏电，使用水泵时电气控制系统没有安装漏电断路器，易发生触电事故。

（4）自我保护意识差。备煤车间配煤厂房、煤塔、溜槽等设置了大量钢梯、操作平台，作业人员巡检或检修时，因楼梯、平台护栏锈蚀或脱焊，临时脚手架缺陷；高处作业未正确使用安全带，思想麻痹，身体、精神状态不良；人员习惯性背靠平台安全栏杆均易发生高处坠落事故。配煤仓地面盖板缺失，人员易掉入煤仓被煤压埋而窒息死亡。

备煤机溜槽部位因堵料，作业人员缺乏自我保护意识，无人监护和未采取可靠安全措施冒险进入溜槽清理作业，当煤松动后人越陷越深被煤压埋，导致窒息死亡；煤塔、配煤室煤仓因煤斗、煤仓挂料结板，进行清理作业时由于措施、操作或防护不当，被垮塌煤压埋，导致窒息死亡。

（5）燃烧。煤在储存过程中自身发生氧化放热，热量积聚造成煤自燃。煤场堆煤因长时间不用，易发生自燃；动火检修作业过程中被切割的高温铁渣掉入皮带上未及时发现，导致引燃发生火灾等。

2.3.2　炼焦系统常见事故

推焦过程中红焦落在电机车头上；运焦时红焦刮入皮带可引起着火。焦炉煤气设备由于不严密发生泄漏；操作不当或误操作、压力过大引发泄漏；集气管压力控制不当，导致负压管道吸入空气；煤气设备与管道停止生产时未及时保压，长时间停用没有切断煤气、未彻底吹扫；高炉煤气与焦炉煤气倒换加热作业前，未置换或不彻底；送煤气前没有进行煤气爆发实验或实验不合格等，与空气混合形成爆炸性气体，遇火源或高温发生爆炸；停低压氨水后，集气管温度升高会造成氨水管道和集气管拉裂，甚至引发爆炸；干熄焦循环气体中可燃成分浓度超标存在爆炸的危险；压力容器（锅炉等）、压力管道安全附件不全或不可靠，工艺控制不当造成超压，可能发生物理爆炸。

（1）泄漏。焦炉地下室煤气管道、阀门、旋塞、孔板等不严密；压力过大引起泄露；煤气水封缺水或压力过大冲破液位；单独一人进入机焦侧烟道或进入地下室检查作业时未携带便携式 CO 检测报警仪；地下室通风不良，集气管清扫作业时荒煤气窜出，人员站在下风向；煤气放散时人员没有及时撤离；干熄焦循环气体泄漏可引起人员中毒和窒息。

（2）灼烧。高温介质的设备、管道的隔热效果不良或无警示标志，造成人体接触高温物体表面，或高温介质泄漏，可能造成灼伤事故。焦炉炉顶、上升管及集气管操作走台、机焦侧走台温度高，出焦过程红焦撒落，干熄焦在接焦、提升过程中因操作或设备故障发生红焦落地；低压氨水管泄漏，易造成人体烫伤。熄焦后由于水温高，雾气大，水池盖板、安全护栏缺失，人员进入检修粉焦抓斗易掉入水池导致灼伤甚至死亡事故。

（3）机械伤害。焦炉机械设备较多，推焦停电后采用手摇装置退出推焦杆、平煤杆检修焊接、余煤单斗检修过程中，电源未切断或误操作；推焦车、拦焦车移门、导焦栅对位等作业过程中，人员违章作业极易造成人员机械伤害；晾焦台人员站位不当，被刮板机伤害。

（4）触电。装煤过程中煤斗下料不畅，操作人员使用铁棍对煤斗捅煤时，装煤车顶部或焦侧电源滑触线未设置防护网罩，铁器碰触电源滑触线而触电；人员在机焦侧作业时不慎碰触推焦车或熄焦车电源滑轨线而触电。

（5）安全意识差。炉顶安全栏杆腐蚀、脱焊，人员背靠安全栏杆；机焦侧铁件和弹簧调整或测量时，使用的梯子部件损坏或架设滑动或无人看护；在焦炉车辆上处理小炉门等作业时未站稳或动车；下雪天因楼梯结冰而跌滑；吊装孔等孔洞无盖板或栏杆；人员在机焦侧二层平台边缘作业或行走时由于疏忽等，高处作业不系安全带易造成高处坠落事故。

作业人员坐在炉顶装煤车轨道上休息；炉顶作业人员避让煤车不及；熄焦车行进过程中人员从焦侧平台上下车辆；焦炉四大车开动前未瞭望和鸣喇叭；烟尘大、雾大易造成人员被车辆伤害。

（6）起重。焦炉炉台安装电动葫芦或卷扬机，修理炉门起吊作业时由于挂掉不牢、钢绳断丝、卷筒钢绳压块螺丝钉松动、限位失效、制动失效、吊物下站人或人员站位不当、操作不当等，可能发生起重伤害事故。

2.3.3 熄焦系统常见事故

根据熄焦设备的运行状况，熄焦装置要不定期地进行月修和年修，其中包括大量的高空立体交叉作业。上述特点决定了熄焦在运行及检修过程中具有多种危险因素，需要采取有效的控制措施。

（1）湿熄焦。我国大部分焦化厂熄焦方式一般为湿熄焦，它是利用喷水将红焦冷却降低到300℃以下。湿熄焦产生的水蒸气夹带残留在焦炭内的酚、氰、硫化物等腐蚀性物体而侵蚀周围物体，造成大面积空气污染，随着熄焦水的循环使用，这种污染越发严重。湿熄焦产生的蒸汽夹带大量粉尘，通常达 $200 \sim 400g/t$，严重污染环境。粉焦沉淀池周围和水沟附近可能会发生坠落事故。

（2）干熄焦。干熄焦使用的循环气体主要成分是 N_2，但同时含有 H_2、CO、CH_4 等可燃成分。当 H_2、CO 浓度达到一定程度，会在气体循环系统负压段与漏入的空气混合形成爆炸性气体而发生爆炸。因此，从安全的角度考虑，必须有效控制循环气体中可燃成分浓度。一般采用"导入空气法"或"导入 N_2 法"来进行控制。

干熄焦正压段循环气体泄漏使大量焦粉、循环气体喷出而污染环境，严重时对干熄焦作业人员造成伤害。负压段漏入空气与循环气体中可燃成分混合有发生爆炸的危险。负压段漏入的空气随循环气体进入干熄炉会导致焦炭烧损，焦炭灰分上升，成焦率下降。负压段漏入的空气进入干熄炉，由于燃烧反应加剧，会造成干熄炉斜道区域循环气体温度过高，严重时会导致斜道区域耐火材料膨胀加剧甚至损坏。

干熄焦气体循环系统漏水有5种情形，即锅炉炉管破损（也称锅炉爆管）漏水，给水预热器漏水，炉顶水封槽漏水，炉顶放散管水封槽漏水，紧急放散阀水封槽漏水。气体循环系统漏水，水蒸气进入干熄炉与红焦反应产生大量的 H_2，如不及时处理会在气体循环系统内产生爆炸事故，严重时会损坏设备。当大量水蒸气进入干熄炉，会对干熄炉耐火材料特别是最薄弱的斜道立柱造成非常大的危害。如果锅炉爆管，尤其是高压锅炉爆管，如不及时对锅炉采取降温降压处理，喷出的水（汽）柱会对相邻的炉管造成严重影响，甚至是灾难性损坏。

2.3.4　煤气净化常见事故

　　荒煤气具有易燃易爆和有毒的性质，存在着煤气着火、爆炸和中毒的危险，尤其是复热式焦炉使用高炉煤气加热中毒的危险性更大。从荒煤气中回收的氨、苯和焦油具有易燃、可燃的特性。炼焦过程产生的煤气，部分经净化后送回焦炉加热，由于煤气大量集中，加上通风条件不好（地下室），极易导致中毒和爆炸事故的发生。设备在运行过程中，由于疲劳损伤、磨损以及操作不当，结构和材料的缺陷，均会发生故障，特别有可能产生穿孔泄漏等事故，因此带来火灾、爆炸的危险。煤气设备缺陷，阀门泄漏是造成煤气着火事故的主要原因，煤气与空气混合达到爆炸极限，又遇火源是造成爆炸事故的根本原因，违章作业或违章指挥是引起煤气中毒事故的主要原因。

　　鼓风机房和加压机房属于焦炉煤气存在的区域，易发生火灾、爆炸、泄漏、中毒等危及生产与生命安全的事故。

　　终冷洗脱苯装置区属于焦炉煤气、粗苯存在区域。粗苯主要含有苯、甲苯、二甲苯等成分，而苯的爆炸极限为 1.2%~8.0%，甲苯的爆炸极限为 1.2%~7.0%，二甲苯的爆炸极限为 1.2%~7.6%，爆炸下限越低，危险性越大，稍有泄漏就容易进入下限范围，且苯属于Ⅰ级毒物，一旦泄漏就极有可能引起人员中毒，故终冷洗脱苯装置区易发生火灾、爆炸、泄漏、中毒等危及生产和生命安全的事故。

　　初冷器、电捕焦油器、脱硫塔为产品（或原料）收发场所，若操作不当或其他意外情况发生时，会发生泄漏、引起火灾爆炸，污染周边环境等危害性事故。

　　粗苯、煤焦油、洗油等均为有毒、有害的物质，且具有易燃易爆的特性，若由于违章操作或腐蚀等原因而发生泄漏，极易引起火灾、爆炸、中毒等危害性事故。

2.3.5　焦化生产事故案例分析

2.3.5.1　皮带机机械伤害事故

　　事故经过：2001 年 6 月 14 日 15 时，某焦化厂备煤 3 号皮带输送机岗位操作工郝某从操作室进入 3 号皮带输送机进行交接班前检查清理，约 15 时 10 分，捅煤工刘某发现离机尾约 5~6m 处有折断的铁锹把在尾轮北侧而未见到郝某，意识到情况严重，随即将皮带机停下，并报告有关人员。随后，现场发现郝某面朝下趴在 3 号皮带机尾轮下，头部伤势严重而死亡。从现场勘查推断，郝某是在清理皮带机尾上黏煤时，铁锹被运行中的皮带卷入，又被皮带甩出，碰到机尾附近硬物折断，郝某本人未迅速将铁锹脱手，被惯性推向前，头部撞击硬物后致死。

　　事故原因：事故直接原因是操作工郝某不停机处理机尾轮黏煤，违反了该厂"运行中的机器设备不许擦拭、检修或进行故障处理"的规定。重要原因是皮带机没有紧急停车装置，机尾无防护栏杆，安全防护设施不完善。另一个原因是该厂安全管理不到位，对职工安全教育也不够。

2.3.5.2　煤粉坍塌死亡事故

　　事故经过：2009 年 2 月 4 日下午，宣钢公司焦化厂混合高塔内原料下流不畅，当班工人竟从塔口下到原料上方，通过反复跳起下蹲疏通原料，结果5000t煤粉突然塌陷出十余米的深井状漩涡，该工人随原料下流被埋入漩涡之中而死亡。

事故原因：事故直接原因是工人在煤仓内清理煤粉时煤粉坍塌所致。间接原因在于有关单位安全培训、安全管理不到位以及死者本人的安全带没有锁好等所致。

2.3.5.3　操作失误导致炉门掉落事故

事故经过：2010年2月11日10点20分左右，某炼焦车间2号炉门站3名炉门修理工在修理炉门过程中，出现了炉门在起吊过程中掉落到机侧大车跑道上，砸坏了机侧平台并摔断炉门的严重违章事故，损失一套炉门，所幸无人员伤亡。

事故原因：现场3名操作工梅某、王某和刑某工作马虎，在炉门起吊前未进行安全检查确认。事故直接原因是梅某在未得到确切安全检查结果前擅自启动按钮。主要原因是王某在未确认炉门是否达到安全起吊条件就擅自离开工作岗位。刑某现场操作过程中参与检修工作并进行了自我保护，但未检查炉门起吊工作，应承担连带责任。车间和班组管理松懈，岗位责任混淆，不能保证维修工程安全受控，应负管理责任。

2.3.5.4　熄焦车落红焦烧坏驾驶室事故

事故经过：山东某焦化厂发生一起熄焦车落红焦烧坏驾驶室事故。熄焦车司机杨某在未接到推焦车司机发出的"推焦完毕"口令的情况下，自认为推焦完毕，违章启动熄焦车去熄焦塔熄焦，造成大量正在推出的红焦落在熄焦车驾驶室周围，红焦燃烧致使驾驶室及大部分电器烧坏，造成严重损失。

事故原因：熄焦车司机严重违章操作，负责监护的熄焦车副司机工作不到位。大车未配备定位联锁保护装置，不能有效起到意外情况下的联锁保护。车间管理人员巡查不及时，对员工的安全操作意识教育、培训工作不到位，造成员工安全意识不强。公司生产系统各级管理人员安全管理意识不强，管理力度不够，对生产管理中的安全隐患没有预见性。

2.3.5.5　化产车间5号焦油槽满流事故

事故经过：2009年8月11日凌晨，某焦化车间冷凝泵工郝某从澄清槽放油至焦油中间槽，约4时10分左右开焦油泵送向5号焦油槽，在开泵前检查焦油槽液位约为槽位一半，启动泵后约5min巡检时发现5号槽漏液，停泵后立即汇报给班长。班长到槽顶检查液位，发现浮标卡死。此时公司调度周某路过，发现事故墙排水阀门外流液体，通知风机工郑某，郑某同郝某一起立即关闭排水阀。排水阀因前几天下雨没有关，造成满流的液体流出事故墙。班长把这一情况反映给段长和主任，并组织风机工清理现场，用沙子封堵下水道入口，主任和段长来后检查下水道并组织人员把少量流入下水道的液体收集到地下槽内。事故发生后，车间组织人员把事故墙内的液体全部回收，并清理现场。

事故原因：主要原因是当班操作工郝某开启焦油泵后，以为浮标显示焦油槽有足够的可用储存量，违反操作规程，未进行现场跟踪检查、看护。次要原因是5号焦油槽液位计浮标卡住，不能真实显示液位，车间日常管理和检查不彻底，浮标也未拴拉绳。事故发生后，班长未及时向生产调度汇报和彻查现场，致使氨水夹带焦油流出防溢堤，造成事故扩大。当班操作人员郝某进场仅1个月，经验和技术不足，本操作违反"新员工作业必须在老员工的监护下进行"的规定。

2.3.5.6　电捕焦油器爆炸事故

事故经过：某焦化厂回收车间电捕焦油器在停煤气检修时发生爆炸。检修前煤气进口没堵盲板，当关闭煤气进出口阀门，打开顶部放散管，用蒸汽清扫40h之后，在顶部放散管上两次取样做爆发实验都合格。1h后打开底部人孔盖和顶部4个绝缘箱人孔盖，发现人孔盖内壁仍挂有萘结晶和黄褐色结晶体。在绝缘箱人孔处，沿石棉板密封垫周边有闪闪的火星。立即盖上绝缘箱人孔盖，但未盖严。半小时后电捕焦油器发生爆炸。

事故原因：由于没有堵盲板煤气阀门漏气，电捕焦油器内有煤气，底部人孔盖打开后进入空气形成爆炸气体。电捕焦油器内有硫化铁，绝缘箱内的温度达80~85℃，在这一条件下硫化铁遇空气自燃成为火源，火源引燃爆炸气体而爆炸。

2.3.5.7　硫铵离心机爆炸事故

事故经过：2009年5月27日14时，某焦化厂化产作业区乙班当班操作工发现硫铵工段煤气饱和器下部母液热电偶根部腐蚀严重，发生母液泄漏。维修时需要把饱和器的母液液位降至热电偶下部，才能拆下热电偶。16时丙班接班后将母液液位逐渐下降准备维修。19时15分左右，硫铵工段离心机操作工付某按正常工作程序停机后，刚走进休息室被爆炸冲击波破坏的门击倒。经现场勘查，爆炸产生于工程未完工的4号离心机和结晶槽，爆炸将厂房窗户震碎，爆炸后起火将部分塑料介质管道烧坏。

事故原因：事故的根本原因是所有离心机电动机不是增安型电机，运转中产生火花，引爆混合气体造成爆炸。直接原因是工程未完工，4号离心机和结晶槽连接煤气饱和器的回流管阀门关闭不严，没有按照规程规定堵盲板，造成煤气、氨气混合气体从饱和器反窜回流管扩散至离心机和结晶槽，聚集在离心机和结晶槽内，并逸散至三、四楼。间接原因是设计有缺陷，热电偶的位置应该安装在回流管的上方。

2.3.5.8　违章操作引起的爆炸

事故经过：2010年7月26日上午8时，涟源市汇源焦化厂位于锅炉上方的脱硫反应槽漏水，安排戴某和曾某对设备进行维修。检查发现，部门零件严重腐蚀，必须更换。约9时，在更换零件时工作人员对反应槽进行第二次注水，当水还没注满时，戴某未接到动火的指示就开始动火，安全员毛某正准备制止，反应槽里的氨气突然喷发，反应槽顶盖被炸开，造成2人死亡，1人受伤。

事故原因：事故是一名维修技术工在检修设备时，因违章操作引发反应槽爆炸。这是老师傅自恃经验足，麻痹大意，凭经验行事而造成的悲剧。

2.3.5.9　储煤斗设备检修事故

事故经过：某焦化厂备煤车间检修工石某，对储煤斗进行设备检修，进入之前没有对内部气体进行分析，也没有对设备内气体进行置换，并且没有采取任何的防护措施，煤斗中的氮气没有排干净，氧气含量不够，致使石某在储煤斗中窒息死亡。

事故原因：违反操作规程，进入有限空间作业要对内部气体进行置换、气体分析合格之后或者佩戴防护用具才能进入；车间管理人员思想麻痹，安全意识不强，管理混乱。

2.3.5.10 辊式破碎机破碎试验事故

事故经过：某研究所王某、李某，用小型对辊式破碎机破碎试验用煤，因煤块较大，下料不畅，二人决定停车清理。王某断电后，李某立即打开上盖，用手拨对辊上的煤块。由于惯性，对辊还没有停下来，李某的手连同手套被卷入辊间，以致李某的中指、无名指被绞断。

事故原因：违章操作，机械设备没有完全停下来，不能进行操作；安全意识淡薄。

2.4 焦化生产岗位安全技术规程

焦化岗位安全规程包括炼焦车间、回收车间、备煤车间、机动科、生产技术科、化验室、维修工等岗位安全规程。以下仅对主要岗位安全规程进行阐述。

（1）焦化岗位安全通则。

1）遵守厂部或车间各项安全规定，工作前按规定穿戴好劳动保护用品。正确、熟练使用防护器材。

2）严格执行门禁制度。

3）照明、应急灯、消防器材和安全防护装置应保持齐全、有效。

4）开车前应发信号，并注意前方及轨道上是否有人或障碍物，无信号装置禁止开车。

5）熟练掌握空气呼吸器和防毒面具佩戴使用，带煤气操作要佩戴空气呼吸器。

6）进入煤气区域严禁携带易燃易爆物品，严禁在煤气区域吸烟和休息。

7）煤气区域作业，两人（或两人以上）同去同归，携带报警仪。

8）机械运转时，禁止用手触摸、擦拭运转部位，检查、加油、清扫、检修转动部位必须停车，切断电源。禁止用湿布擦拭电机和电气开关。

9）非岗位人员未经允许，不得进入岗位操作。

10）凭证操作机车，严禁将机车交给无证者操作。

11）停车时，应将机车所有机构部位处于零位；离车时，必须拉下主电闸。

12）车辆用完后停放指定地点，把控制器放于零位，按安全开关，切断电源。

13）禁止在轨道上坐卧休息或放置工具、铁器等杂物。

14）配合其他作业时，应听从统一指挥。

15）严禁酒后开车。

（2）推焦车司机岗位安全规程。

1）开车前必须确认推焦杆、平煤杆，对门机构处于零位。

2）作业时，严禁同时操作推焦、走行、摘门机构中的任何两个机构。摘对炉门、吊小炉门、启动推焦杆推焦时，注意炉台附近是否有人。

3）行车时，不得在平煤杆、操作室顶部站立或作业；严禁从机车上、下炉顶。

4）使用推焦杆、平煤杆手动装置时，必须切断机构电机的电源。

5）操作时司机手不准离开控制器，不准手压或脚踩零位开关，不准与他人讲话。

6）推焦杆、平煤杆接近限位时，应减速；出现二次推焦，应立即汇报，不得擅自二次推焦。

7）机车上的安全设备不得擅自停用。

8）煤饼差少许不到位时，应组织人工扒煤，禁止用推焦杆硬顶。

9）禁止开车或平煤时打倒轮。推焦、平煤行车时要注意标志，到标志前开车慢行，防止电器失灵，发生事故。

10）设备检修时，必须听从维修人员指令进行动手操作，并且配合检修，熟悉机械设备内部结构，掌握机械性能。

11）未得到准确推焦信号，禁止推焦，听到哨音，看准手势后方可进行推焦。

12）还有10条岗位安全规程见焦化岗位安全通则中1）、4）、8）~15）项。

（3）拦焦车司机岗位安全规程。

1）开车前必须确认摘门机构，导焦机构处于零位。

2）严禁将头伸出炉柱侧的观察窗，严禁同时操作走行、摘门、导焦机构中的任何两个结构。

3）行车时，不得在车顶上作业，严禁把身体任何部位露出车体外面或上、下车。严禁从机车上、下炉顶。

4）检修保养机车或排除机车故障时，应将机构退到零位，切断电源，不得在带压的情况下强行检修。

5）机车上的除尘设备不得擅自停用。

6）摘门后因故不能对导焦槽或导焦槽没对好位时，应立即通知推焦工长和推焦车司机，禁止推焦车推焦。

7）开车操作时手不准离开控制器，不准与他人讲话，推焦联系按规定执行。

8）司机室内必须铺设绝缘板。

9）只有当出炉工发出信号，并确认其他人已让开，才能开车上炉门。

10）当煤饼不到位需摘焦侧炉门时，摘门后，待拦焦车及焦侧人员撤离后，侧装煤车方可继续装煤操作。

11）烟大、汽大时，车应慢行并连续鸣号。

12）推焦时，司机禁止留在车上，并要观察出焦情况。

13）禁止在炉台和熄焦车之间无通道处上下。

14）还有10条岗位安全规程分别见焦化岗位安全通则中1）、4）、8）~15）项。

（4）装煤车司机岗位安全规程。

1）不准从机车上、下集气管操作台。

2）检修、机车保养或排除机车故障时，应将机构退到零位，切断电源后进行；不得在风路、油路带压情况下强行检修。

3）车辆进入煤塔前须减速慢行，防止与另一辆正进行捣固的装煤推焦车相撞。

4）装煤前确保前挡板、活动壁关紧，后挡板在零位，煤箱对位正确。

5）若是捣固装煤车，在捣固或平煤时严禁启动车辆走行。

6）行车时，不得在车顶上作业，严禁把身体任何部位露出车体外面或上、下车。严禁从机车上、下炉顶。

7）还有 10 条岗位安全规程见焦化岗位安全通则中 1）、4）、8）～15）项。

（5）熄焦车司机岗位安全规程。

1）发出接焦信号后，不得再将车离开接焦的位置，严禁将机车头停到已对好导焦槽的炉号下边。

2）清熄焦车道作业时应面对熄焦车，清道时，严禁在电道下，焦台边躲避行驶的熄焦车。

3）试车、换车时，应听从统一指挥。

4）发出准许推焦信号后，熄焦车禁止离开，接焦时手不准离开控制器，注视导焦槽情况，发现问题后立即发出信号制止推焦。

5）熄焦车头禁止正对导焦槽停车。

6）在粉焦池、熄焦塔附近工作应注意避免烫伤，清扫喷洒水管工作时要有安全措施。

7）禁止行车时打倒轮，禁止车厢内同时接两炉焦。

8）煤饼推不到位时，拦焦车摘下焦侧炉门后，熄焦车应将车厢正对装煤炉号，防止煤饼倒塌掉入熄焦车轨道。

9）非检修时间任何人不准私自进入熄焦塔或留在附近，必要时应事前做好联系。

10）禁止从熄焦车滑线下穿行。

11）操作时司机手不准离开控制器，不准手压或脚踩零位开关，不准与他人讲话。

12）还有 13 条岗位安全规程见焦化岗位安全通则中 1）、4）、8）～15）项及拦焦车司机岗位安全规程中 3）、4）、11）项。

（6）出炉工岗位安全规程。

1）遵守厂部或车间各项安全规定，工作前按规定穿戴好劳动保护用品。正确、熟练使用防护器材。

2）不得在机车行走时上、下车，严禁扒车、跳车或利用机车上、下炉顶。

3）作业时，应站在安全的位置；严禁站在机车各机构运行轨迹范围作业，严禁在已运行机构的前方或下方通过。

4）清扫焦侧炉框炉门上部时，防止触电伤害，使用大铲的长度应小于 2.5m，小铲的长度应小于 1.5m。

5）严禁向炉下扔东西，严禁在机焦两侧从炉下向上吊、钩物品。

6）作业时，炉门横铁必须下到规定位置、严禁横铁不到位就指挥司机开车。

7）严禁依靠炉门、炉柱。

（7）测温工岗位安全规程。

1）遵守厂部或车间各项安全规定，工作前按规定穿戴好劳动保护用品。正确、熟练使用防护器材。

2）在炉顶测温时，若有导烟车应注意其行驶方向，不准脚踩炉盖和脚踢看火孔盖。

3）在机焦两侧测蓄热室温度时，应事先通知推焦车和拦焦车司机，并注意机车的行驶方向，防止被机车伤害。

4）不得在装煤时测量炉口相邻的火道温度，防止着火烧伤。

5）用高炉煤气加热时，禁止一个人到地下室处理温度，检查孔板、喷嘴或四通的堵塞情况时，必须用有机玻璃遮挡住观察孔后观察。

6）严禁坐靠机车轨道和炉顶周围的防护栏杆休息。

（8）调火工岗位安全规程。

1）炉顶作业时，应注意煤车行驶方向，不准脚踩炉盖或脚踢看火孔盖。

2）检修交换设备时，必须在交换前 3min 停止作业。严禁在交换和停送煤气时，进行煤气系统、空气、废气系统的设备检修工作。不得将工具、四通、堵塞、喷嘴等物品放在高处，以防落下伤人。

3）检查孔板、喷嘴、四通、立火道堵塞情况时，必须用有机玻璃遮住观察孔后再观察。

4）使用高炉煤气时，严禁一个人进入地下室进行煤气设备的检查与检修作业。

5）带煤气作业，必须向车间主管主任或安全部报告，得到同意后方可进行；煤气作业使用不产生火花的工具。

6）地下室煤气管道应严密；水封保护满流；溢流管、放散管必须保持畅通；地下室煤气浓度超标时，应用防爆排风扇通风。

7）地下室及烟道走廊、走台上禁止堆放易燃易爆物，禁止开会、吸烟和休息。

8）在煤气管道及交换机系统工作时，应由专人与交换机工联系确认，拉下自动交换电源开关并挂上警告牌，交换前 3min 停止工作，必要时切断电源。

9）煤气管道着火时，严禁调负压或将开闭器关闭灭火。

10）拆装交换、加减考克或孔板、煤气喷嘴等煤气设备时，均不得正面操作，未关加减考克严禁打开该号其后煤气设备。转动加减考克，应防止扳把打手碰脚。

11）测量调节需使用各种车辆时，由专人负责与司机联系确认好。调节煤气压力翻板时，应注意限位装置，防止自动关死。

12）清扫孔盖必须有安全链。清扫集气管时必须避开出炉操作。清扫时禁止钎子、清扫孔盖及其他工具掉下。

13）在停送煤气时禁止动火；停止加热时，必须停止出焦。

14）在炉顶、机焦两侧操作时要正确躲避车辆，不得坐卧铁道休息。

15）炉顶测温、看火时注意防止装煤口喷火烧伤，并注意不得踩大炉盖。

16）在上升管附近工作时，要防止上升管及水封水烫伤。

17）打炉盖和测温时要站在上风侧，测温火钩有安全横梁，并注意打开的加煤孔和除尘车的行驶方向。

18）用长工具工作时，应注意来往车辆，煤气设备和其他行人的动向，工具用毕放到规定地点。

19）在炉顶作业时，应注意躲避车辆和炉上导烟车行驶方向，严禁往焦侧躲车，不要踩大炉盖。

20）严禁坐靠机车轨道和炉顶周围的防护栏杆休息。

21）另 5 条岗位安全规程见焦化岗位安全通则中 1）、3）、5）~7）项。

（9）运焦中控工岗位安全规程。

1）遵守厂部或车间各项安全规定，工作前按规定穿戴好劳动保护用品。正确、熟练使用防护器材。

2）巡回检查途经铁路时，应"一停二看三通过"；沿铁路旁行走时应在道轨 1.5m 以上；严禁在两轨间行走或从车厢连接处爬越。

3）巡回检查上下斜梯、平台时，应扶好栏杆，途径照度小于 3lx 时以手电辅助照明。

4）发生生产事故时，第一要防止事故扩大，第二要排除故障，第三要恢复生产；严禁带头或强迫工人冒险进入危险场所作业。

5）应熟知和遵守所辖岗位的安全技术操作规程和焦化厂各项安全生产管理制度。

（10）除尘工岗位安全规程。

1）遵守厂部或车间各项安全规定，工作前按规定穿戴好劳动保护用品。正确、熟练使用防护器材。

2）巡回检查设备运转情况时，上下斜梯应把好扶手，防止摔伤。

3）进行布袋室检查及更换布袋时，必须制定好安全措施，以防触电，同时布袋内严禁动火。

4）需要到除尘管道上部检查设备时，必须经推焦车司机同意，方可进行。

5）检查、清扫或检修除尘管道，工作结束后必须清点人数，确认无误后方可封闭人孔门。

6）严禁湿手操作电器设备，以防触电及损坏设备。严禁从高空扔东西，以防伤人。

7）机械运转时，禁止用手触摸、擦拭运转部位，检查、加油、清扫、检修转动部位必须停车，切断电源。禁止用湿布擦拭电机和电气开关。

8）严禁坐靠防护栏，在操作室的窗台上休息。

（11）炉门修理工岗位安全规程。

1）遵守厂部或车间各项安全规定，工作前按规定穿戴好劳动保护用品。正确、熟练使用防护器材。

2）每天上岗时应检查所属炉门横铁及炉钩、安全针是否齐全，旋转架上下安全插销、起落的限位极限等安全装置保证齐全好使。

3）启落炉门时，严禁在下方通过或作业，竖炉门时，必须插好安全针及旋转架上的锁子。

4）修理炉门时，炉门应落放平稳，不得在炉门悬空时作业。

5）倒门、换炉框时，应由当班司机或有机车操作证的人开车。配合更换炉柱、炉框作业时，应同机车司机联系，注意机车的行驶方向，防止被车辆挤伤。

6）使用砂轮机及从事焊工作业时，应遵守相应的安全操作规程。

7）开卷扬前要事先检查离合器是否正常，安全装置是否完好，安全销是否插好，开机时集中思想注意设备运行情况，工作后应将离合器拉到零位，切断电源。

8）炉门旋转架起落时，不准有人在下面停留或通过，工作人员应站在侧面，防止砸伤。

9）推修门用小车时禁止脚踏在滑道上，防止小车压脚。

10）在焦侧不准在导焦槽一边的炉台上工作，禁止坐卧铁轨休息，注意熄焦车红焦蒸气伤人。

11）调修炉门时，要与司机联系好，注意车辆行走方向，使用的梯子应带安全钩并放稳，防止滑倒摔伤。

12）所用工具应完好，使用电钻及大锤时禁止戴手套，用砂轮时必须站在侧面。

13）在炉体上拆装小炉门，固定销子，下面不准站人。

14）使用气、电焊时，要遵守气、电焊操作规程和安全规程。

15）使用的工具应完好，不得使用锤头移动的手锤和开度不能固定的扳子。

16）机械运转时，禁止用手触摸、擦拭运转部位，检查、加油、清扫、检修转动部位必须停车，切断电源。禁止用湿布擦拭电机和电气开关。

17）严禁湿手操作电器设备，以防触电及损坏设备。严禁从高空扔东西，以防伤人。

（12）配煤工岗位安全规程。

1）遵守厂部或车间各项安全规定，工作前按规定穿戴好劳动保护用品。正确、熟练使用防护器材。

2）配煤时调节煤盘上套筒，煤量过大或过小要及时调节，防止设备伤人事故。

3）检修时配合维修人员进行检修，注意人员互保制度。

4）跑盘不要靠近皮带，动作迅速准确，与配煤盘运转保持一定距离，不要用力过猛，严防被皮带挂着发生事故。跑盘完毕后及时将皮带防护栏恢复。

5）电器设备发生事故时应及时报告班长，并找有关人员处理，严禁私自修理。

6）发现煤盘中含水量大，要远离配煤盘，防止喷煤发生人身伤亡事故。

7）每天对放射源放射剂量进行检测，发现超标及时处理，防止辐射对人体造成伤害。

8）必须坚持班前点名制；做好班前安全教育及安全注意事项教育；讲解设备操作规程、设备保养、检查及岗位清理事项；交代本班、本日生产任务、指标、注意事项；交代各项指令及各项临时工作，如何完成事项；做好班后点名考勤工作；做好班后生产任务、指标完成分析情况汇报；做好当班发生的各类事故分析汇报；检查各岗位交班情况是否符合规定要求。

（13）漏煤工岗位安全规程。

1）遵守厂部或车间各项安全规定，工作前按规定穿戴好劳动保护用品。正确、熟练使用防护器材。

2）严禁班前班中饮酒、睡岗，操作、走路时注意大炉盖和打开的大炉口，防止掉入大炉口内。

3）在炉顶操作应站在上风侧，清扫炉口余煤、石墨、勾炉盖时注意喷火以防烧伤。

4）不得脚踩炉盖，炉盖翻了禁止用脚蹬正，平煤时严禁用铁钎捅煤。

5）禁止在炉门打开或上升管关闭时清扫炉口。

6）装煤操作、躲避爆鸣时注意碰伤。

7）注意煤车及导烟车行走方向，严禁往焦侧躲车；车辆行驶时，禁止上下或乘坐在梯子上。

8）烟大、汽大时要慢走，注意打开炉盖的炉口和车辆。

9）炉盖上禁止压重物，禁止把工具乱放或放在轨道上。

10）清扫桥管和上升管时，禁止在上升管根部逗留和通过。

11）不准从炉顶跨上推焦车、拦焦车。

12）关闭有水封的上升管盖时，要缓缓进行，以免烫伤。

13）禁止过早打开无烟装煤高压氨水。

14）严禁在铁轨上坐卧休息。

15）不准从炉顶随意往下扔东西，如确有必要，需专人瞭望监护。

（14）皮带工岗位安全规程。

1）严禁在皮带机上跨越行走，严禁非操作人员开机，如有必要跨越皮带时，必须断电挂牌或关掉事故开关。运煤皮带工开机前必须先打警铃，回铃后再开机，防止绞入皮带伤人事故。运焦皮带工正常情况下，不准负载启动，超载运行，防止皮带断裂伤人。

2）不允许伸手或用任何工具在运转中的皮带机尾轮清扫刮料，不允许在皮带走廊的另一侧行走和停留。

3）发现皮带跑偏时应迅速调整，严禁用铁棍、锹、耙乱拨皮带。

4）捅漏斗时应站在侧面，以防被皮带上大块杂物打伤。

5）进行检查、清理卫生时，应防止衣服、手脚被运转部位绞住。

6）返矿皮带、成品皮带在巡检、清理时应戴好防尘帽。

7）皮带运转中清扫时，若铁锹或扫把等物卷入时应立即松手，不得强拉硬拽。

8）设备维修必须同有关人员联系好，切断电源，接上警示牌，检修结束后，接到检修负责人通告，检查无误后方可启动。非维修人员严禁拆卸电气设备、开关，电气着火时，严禁用水扑灭。

9）发现下列情况，操作人员应迅速切断事故开关。发生人身事故时；皮带跑偏，调整无效时；有撕坏皮带的危险，或皮带接头裂开要断时；堵漏斗或皮带被撕，打滑时；电机冒烟，传动齿轮损坏等设备故障。

10）清煤仓时须与煤车联系好，站人的地方不能漏煤，必要时拴好安全带。

11）皮带两侧撒落的煤粉和焦炭要及时清理，防止打滑摔伤。

12）焦仓上满时，要及时用铁盖把焦仓口盖好，防止坠落焦仓内。

13）定期检查事故开关和紧急停车装置，保持其处于正常完好状态。

14）另3条岗位安全规程分别见焦化岗位安全通则中1）、8）、9）项。

（15）天车工岗位安全规程。

1）操作指令控制时，操作手柄必须缓慢进行，保证天车运行平稳。接近零位时稍快，以防弧光过长烧坏接点，在机械完全停止运转后，才允许反向操作。

2）天车作水平运动时，吊物应提至可阻碍物 0.5m 以上，以防止撞坏吊物或其他设备而发生事故。

3）正在运转时禁止用终点开关和极限开关来切断电源，接近终点时速度减慢。

4）操作时应随时注意制动器的良好性能。

5）任何人员上下天车，必须在指定地点上下，严禁从天车桥架翻越，在运行中任何人发出停车信号，都必须停车。

6）除修理、定期检查大车轨道人员，任何人不得沿大车轨道行走。

7）开车前必须打铃，不得随意移动、破坏、拆除安全设施和各种保护。

8）作业吊物时做到"十不吊"，即"超负荷不吊、无人指挥不吊、手势不清不吊、物件上站人不吊、危险物品无措施不吊、埋在地下的物件情况不明不吊、冒险作业不吊、吊运工具不符合要求不吊、捆扎不牢不吊、吊物不从人头上越过"。

9）另3条岗位安全规程分别见焦化岗位安全通则中1）、8）、9）项。

（16）煤气柜岗位安全规程。

1）气柜区动火，必须事先办理动火证，经有关部门批准，并采取可靠措施后，方能动火。

2）当进入气柜内部检查时，必须携带氧气呼吸器，操作室内必须有人值班，气柜柜顶平台有人监护，并有防护人员监护，才允许到活塞平台。

3）操作者不得擅自脱离岗位，每小时对设备、仪表进行一次巡检，并做好值班记录，发现问题及时处理。

4）电梯、吊笼专人操作，作用前必须进行各种限位限速检查，吊笼载人必须空载一次，电梯、吊笼运行时严禁超载。

5）严禁在煤气设施上拴拉临时线。

6）操作电梯、吊笼及检修设备，实现工作票，挂牌制。

7）非工作人员禁止乱动气柜区域内的开关及阀门。

8）作业时必须首先进行 CO 浓度测定，并辨明风向，当柜顶上有人作业时，严禁放散煤气。

9）进行柜底煤气放散时柜上不许站人，并放好警戒线，40m 区域内严禁火源。

10）进入煤气设备内部工作时，所用照明电压不得超过 12V。

11）另2条岗位安全规程分别见焦化岗位安全通则中1）、7）项。

 复习思考题

2-1　简述焦化生产的基本工艺及各车间的任务。

2-2　备煤生产的常见事故有哪些？

2-3　焦炉常见事故有哪些？简要叙述。

2-4　简述焦炉机械伤害事故的原因及防范措施。

2-5　简述焦炉烧、烫伤害事故的防范措施。

2-6　煤气净化装置中存在的危险化学品有哪些？

2-7　备煤系统常见的事故有哪些？并针对某一事故详细阐述。

2-8　炼焦及熄焦系统常见的事故有哪些？

2-9　简述焦化岗位安全通则的主要内容。

2-10　调火工岗位安全规程主要包括哪些内容？

3 烧结球团生产安全技术

3.1 烧结球团生产基本工艺

天然富矿开采和处理过程中产生的富矿粉以及贫矿富选后得到的精矿粉，都不能直接入炉，为了满足冶炼要求，必须将其制成具有一定粒度的块矿。铁矿石造块技术是基于采矿过程中产生的粉矿，破碎作业中产生的粉矿，以及选矿过程中产生的精矿，粒度都太细，不能满足高炉冶炼对料柱透气性的要求，所以必须造块以增大粒度。同时，高炉炼铁时为了保证炉内料柱良好的透气性，要求原料粒度大小适宜且均匀、粉末少、机械强度高，且具有良好的软化和熔滴性能。为了降低炼铁焦比，还要求原料含铁品位高，有害杂质（S、P等）少，且具有一定的碱度和良好的还原性能。这些指标要求完全可通过烧结、球团高温造块实现。烧结、球团除能改善铁矿石上述冶金性能外，对于含碳酸盐和结晶水较多的矿石，以及某些难还原和含有有害成分的矿石，均可通过烧结、球团高温造块法使有用成分富集和脱除大部分有害或无用成分。钢铁厂内的各种含铁废料，如含铁尘泥与钢渣的综合利用，也可通过烧结、球团造块法返回再利用，充分回收含铁金属；而且有试验表明，随着钢渣等利用还可提高烧结矿强度和还原性能，并改善环境质量。

目前粉矿造块方法很多，应用最广泛的是烧结法和球团法。

（1）烧结法：是将富矿粉和精矿粉进行高温加热，在不完全熔化的条件下烧结成块的方法。所得产品称为烧结矿，外形为不规则多孔状。烧结所需热能由配入烧结料内的燃料与通入过剩的空气经燃烧提供，故又称氧化烧结。烧结矿主要依靠液相黏结。

（2）球团法：是细精矿粉在造球设备上经加水润湿、滚动而成生球，然后再焙烧固结的方法。所得产品称为球团矿，呈球形，粒度均匀，具有较高强度和还原性。球团矿液相黏结相很少，固相黏结起主要作用。高温氧化焙烧时的热源主要由外部气体的燃烧来提供。

烧结、球团法不仅使粉料成块，还对高炉原料起着火法预处理作用，熔剂也提前加入，高炉冶炼基本不直接加石灰石，使高炉冶炼容易实现高产、优质、低耗、长寿。高炉冶炼效果随熟料的使用而提高，提高的程度不仅表现在随炉料中熟料率增加而增加，而且还随熟料质量的提高而提高。

3.1.1 烧结生产基本工艺

烧结生产工艺是指根据原料特性所选择的烧结方法、加工程序和烧结工艺制度。它对烧结矿的产量和质量有着直接而重要的影响。烧结生产必须依据具体原料、设备条件以及对产品质量的要求，按照烧结过程的内在规律，合理确定生产工艺流程和操作制度，并充分利用现代科学技术成果，采用新工艺新技术，强化烧结生产过程，提高技术经济指标，实现高产、优质、低耗、长寿。

选择烧结工艺流程时，要考虑原料的性质和准备情况，混料的条件和次数，点火所用燃料和点火条件，烧结时合适的真空度，烧结矿的处理和运输储存情况以及环境保护等因素。上述各点是互相关联的，要进行多方面比较，以保证技术上先进可靠，经济上合理可行。

目前较先进的烧结工艺为带式烧结机工艺，大体上分为原料准备和烧结两个部分。带式抽风烧结工艺流程如图 3-1 所示，具体描述为：将经过必要准备处理（破碎、混匀和预配料）的烧结原料（包括燃料、熔剂及含铁原料）运至配料室，按一定比例进行配料，然后再配入一部分返矿，并送到混合机进行加水润湿、混匀和制粒，便得到可以烧结的混合料。混合料由布料器铺到烧结台车上进行点火烧结。烧结过程是靠抽风机从上向下抽进的空气，燃烧混合料层中的燃料，自上而下，不断进行。烧结中产生的废气经除尘器除尘后，由风机抽入烟囱，排入大气。烧成的烧结矿，经单辊破碎机破碎后筛分，筛上物为成品热烧结矿送往高炉，筛下物为返矿，返矿配入混合料重新烧结。在生产冷烧结矿的流程中，经破碎筛分后的热烧结矿再经冷却机冷却，通过二次筛分筛去粉末（有时无二次筛分）便得到冷的成品烧结矿。

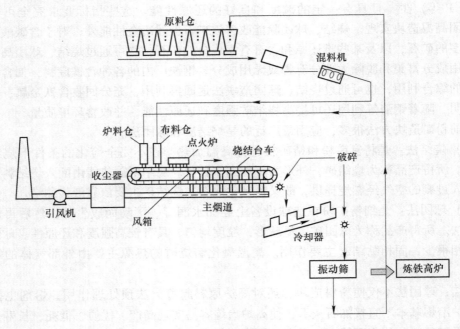

图 3-1　烧结工艺流程

原料准备包括含铁料准备、熔剂破碎和燃料粉碎。含铁原料（混匀矿等）、石灰石、蛇纹石、硅砂和焦粉等原料从矿石堆场、副原料堆场、杂料堆场和焦炭破碎设备等处，用带式输送机运送到储矿槽中储存。生石灰由专用的密封槽车运入厂内，经压缩空气压送到专用的生石灰槽中待用。

烧结主作业线是从配料开始，包括配料、混料、烧结、冷却及成品烧结矿整粒四个主要环节，作业线长达数百米。在烧结机上进行的烧结过程持续时间不长，在 20~40min 内可完成点火、燃料燃烧、传热和各种液相生成及冷却和再结晶过程。在烧结机上对烧结料层内进行的各种反应没有直接进行干预的手段，因此，原料准备、配料和混料过程具有特别重要的意义。

配料矿槽所储存的粉矿、熔剂、焦粉和返矿等烧结原料按一定比例，由定量给料机定量排出，汇集到配料输送带上，送一次混合机加水充分混匀，然后送二次混合机加雾状水进行制粒造球。混合好的烧结生料由带式输送机送混合料槽，经槽下圆辊给料机（布料器）铺到烧结机台车上。

烧结机由宽 1~5m、深度为 300~700mm、底部为金属箅条排列的无端链台车构成，经轨道上两端的星轮驱动运行。为了防止箅条间隙漏料和保护箅条不被烧结矿黏结，延长箅条使用寿命，在箅条上面铺一层厚 30~50mm 成品烧结矿作为铺底料，然后再由圆辊给料机将混合料均匀地布在台车上，并设有整厚板用以刮平料面。

从机头开始铺底料和混合料在烧结台车上移动，经过点火炉使料层表层燃料点燃，同时台车下部风箱强制抽风，使烧结过程继续向下进行。点火炉使用煤气或重油烧嘴燃烧。台车到达机尾时，燃烧层达到料层底部，混合料变成烧结饼，并因台车在机尾处倾翻而被卸落。烧结饼经机尾单辊破碎机（一次热破）破碎后，用固定筛或热振筛筛分，筛上物送冷却机冷却，筛下物作返矿送往原料槽。20 世纪 70 年代后期投产的烧结机也有不设置热振筛或热矿固定筛的，经热破机破碎的烧结饼直接进入冷却机。烧结矿需冷却到不烧损下道工序输送带的温度，即低于 150℃。冷却方法有水冷和风冷。前者由于使烧结矿急冷而造成龟裂，使强度降低，所以目前很少使用。目前多采用风冷方法。为了综合利用余热，可将冷却机排出的废气余热加以回收，用作点火炉煤气燃烧的助燃空气。

冷却后的烧结矿经二次破碎机破碎和数次筛分后，按粒度分成成品矿、铺底料和返矿。成品矿送往高炉，铺底料送铺底料槽，返矿则送返矿槽参加配料，再度在上述系统中循环。同时，烧结过程中产生的废气由主抽风机通过下部风箱吸往主排气管，废气经除尘后从烟囱排出。烧结废气中含粉尘 0.2~0.7g/m³，从环境保护和防止抽风机叶片磨损角度考虑，设置了除尘器除尘。过去一般采用旋风除尘器，因其除尘效率较低和为使从烟囱排出的废气粉尘浓度达到标准要求，最近多采用电除尘器。此外，还要设置脱硫设施。

烧结厂计测装置有定量给料装置（配料）、风箱压力计、废气温度计、煤气流量计和主排风机风量计、负压计和温度计、混合料中子水分计、矿槽料位计等。这些计量和检测装置及仪表的使用有助于实现烧结生产过程的自动化。

3.1.2　球团生产基本工艺

球团生产是细磨铁精矿或其他含铁粉料造块的又一方法。它是将精矿粉、熔剂（有时还有黏结剂和燃料）的混合物，在造球机中滚成直径为 8~15mm（用于炼钢则要大些）的生球，然后经干燥、焙烧、固结成型，成为具有良好冶金性质的优良含铁原料，满足钢铁冶炼需要。球团生产的主要工序包括原料准备、配料、混合、造球、干燥和焙烧、冷却、成品和返矿处理等工序，其生产工艺流程如图 3-2 所示。

球团生产的原料主要是精矿粉和若干添加剂，如果用固体燃料焙烧则还有煤粉或焦粉。各种铁矿粉从内料场由抓斗按一定配比中和后送入储矿槽，通过槽下的定量给料装置排出，送圆筒烘干机进行混匀和脱水。烘干料经过缓冲仓后进入圆盘造球机，添加雾状水

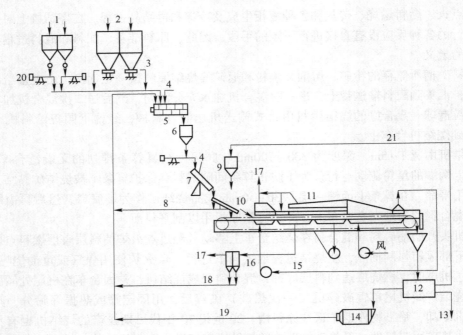

图 3-2　球团生产工艺流程

1—添加剂；2—粉矿和精矿；3—圆盘给料机；4—加水；5—混合调湿机；6—混合料槽；7—圆盘造球机；
8—筛下返料；9—料槽；10—辊式布料器；11—带式焙烧机；12—筛分站；13—成品球团；14—磨机；
15—风机与气流控制；16—多管除尘；17—废气；18—粉尘；19—返矿；20—配料皮带秤；21—铺底、铺边料

和滴状水后进行造球，形成生球。生球经过泥辊筛筛分，筛上的生球送入竖炉，筛下的粉末返回烘干机前的配料皮带上再进入烘干机。

生球经布料小车均匀分布在竖炉本体上部的炉算条（干燥床）上进行干燥和预热，预热好的生球随炉下排料而滑入炉内，经过火道口被点火后开始在炉内焙烧，焙烧完后经过齿辊咬碎黏结团（葡萄球）后经振动给料机排出竖炉进入链算机。点火是使用高压煤气在燃烧室燃烧后经火道口喷入炉内。炉内焙烧时需要的大量空气，由主风机以鼓风方式送入竖炉中下部，气流经导风墙导流而往上走，到达炉顶已成高温热气，从而可将热量带到炉算条上干燥和预热生球。

炉内排出的热球通常大部分是火红色，温度很高，需冷却到不烧损下道工序输送带的温度，即低于 150℃。按冷却介质的不同，冷却方法有水冷和风冷。前者由于使球团矿急冷而造成龟裂，使强度降低，所以目前很少使用。目前多采用风冷方法。风冷法按进风方式可分为抽风式和鼓风式两种，按设备结构形式还可分为环冷、带冷和格式冷却三种。实际运转的形式主要有抽风环冷式、鼓风环冷式、抽风带冷式和鼓风格式冷却四种。为了综合利用余热，可将冷却机排出的废气余热加以回收。冷却后的球团矿一般不需要筛分处理就可进入成品仓，随时送往高炉。

目前国内外球团矿氧化焙烧工艺有三种焙烧方法：带式焙烧机法、链算机-回转窑和竖炉法。这三种方法的原料处理、生球制备工艺和设备都是相同的。带式焙烧机法的产量占的比例最大，链算机-回转窑次之，竖炉法最小。

竖炉焙烧工艺是世界上最早采用的球团焙烧方法。其生球的干燥、预热、焙烧、冷却

都在一个矩形竖炉内来完成。这种方法工艺简单、结构紧凑、投资便宜，但也存在一定问题（产品质量差，单炉规模很难大型化，对原料的适应性差），而且只能使用气体燃料，冷却和除尘问题需进一步解决。目前竖炉多用于焙烧磁铁矿生球，焙烧赤铁矿和褐铁矿生球尚有困难。

带式焙烧工艺是受带式烧结机的启示而发展起来的。从外形上看，带式焙烧机和带式烧结机十分相似，但在设备结构上却存在很大的区别，如台车的结构和支架的承受力、风箱的分布和密封的要求、上部炉罩的设置和密封、风流的走向（不像烧结机那样是单一的抽风，而是既有抽风又有鼓风）、布料方式、成品的排出和台车运行速度等都不相同，特别是本体的材质更是完全不同。为了能长期安全地承受最高焙烧气体的温度（不小于1300℃），带式焙烧机采用耐高温性能极好的特殊合金钢。

链算机-回转窑法出现较晚，但由于它具有一系列的优点，所以发展较快，今后很可能成为主要的球团矿焙烧法。链算机-回转窑在链算机上实现生球的干燥和预热，在回转窑中进行高温焙烧，在冷却机中进行冷却。其优点如下：按照不同的温度要求，使设备比较容易实现既定的热工制度并得到保证；对原料的适应性更强；燃料不但可用煤气和重油，而且可以100%地使用煤粉，也可混合使用两种燃料；产品的质量高且更为均匀；实现了球团生产的大型化。其缺点是基建费用高，在窑内滚动摩擦、落下等会产生粉末，操作不当还会产生结圈而影响正常生产。根据我国的具体情况，一般原料来源的稳定性较差，而且燃气和油的来源有限，需要直接用煤作燃料，在设备质量、材质难以保证的情况下，近几年来采用链算机-回转窑工艺较多。

三种焙烧方法的比较见表3-1。

表 3-1　三种球团焙烧方法比较

项目	带式焙烧机	链算机-回转窑	竖炉
主要特点	（1）便于操作、管理维护； （2）可处理各种矿石； （3）焙烧周期比竖炉短，各段长度易于控制； （4）可处理易结圈的原料； （5）上下层球团质量不均； （6）台车、算条需要耐高温合金钢； （7）要加铺底料和边料； （8）焙烧时间短	（1）设备结构简单； （2）焙烧均匀，产量高质量好； （3）可处理各种矿石；可生产自熔性球团矿； （4）回转窑不用耐高温合金钢，链算机仅用低合金钢； （5）回转窑易"结圈"； （6）环冷机冷却效果不好，不适于易"结圈"物料； （7）维修工作量大； （8）大型部件运输、安装困难	（1）结构简单； （2）材质无特殊要求； （3）炉内热利用好； （4）焙烧不够均匀； （5）单机能力小； （6）原料适应性差，主要用于磁铁矿
产品质量	良好	良好	较差
基建投资	中	较高	低
经营费用	稍高	低	一般
电耗	较高	较低	高

3.2　烧结球团安全生产的特点

烧结生产是把含铁废弃物与铁精矿粉烧结成块（团）成为炼铁原料的过程。其工艺过程是按炼铁的要求，将细粒含铁原料与熔剂和燃料进行配比，经混合、点火、燃烧，所得成品再进行破碎、筛分、冷却、整粒后送往高炉炼铁。球团生产是把铁精矿粉造成"铁丸子"作为炼铁原料的过程。

现代烧结球团安全生产具有以下特点：

（1）连续性作业。从原料准备到烧结球团（原料准备包括含铁料准备、熔剂破碎和燃料粉碎）是一条作业线。烧结主作业线是从配料开始，包括配料、混料、烧结、冷却及成品烧结矿整粒四个主要环节；球团从配料、烘干、造球、焙烧、冷却及成品入仓，基本都是一条龙的连续作业，作业线长达数百米。原料系统及烧结球团系统的设备均为联锁操作，任意一个环节的故障都将造成整个生产系统的中断。

（2）集中控制程度高。原料系统、烧结球团系统实行集中控制是当代烧结球团生产的一个重要特点。集中控制大大降低了人力资源与成本，提高了劳动生产率，但由于现场的监控区域范围太大，受场所及设施、气候、粉尘、蒸汽、监控角度等影响，监控仍存在盲区，集中控制操作台的人员一旦注意力不集中或出现误操作就会造成事故，甚至引起事故扩大。

（3）员工操作、点检、维护作业环境差。一方面存在许多露天作业，露天及通廊内的生产，受天气气候影响大：雨天、冰雪天行走困难，设备运行易打滑、垮料；冰冻时设备结冰影响运行，天冷影响员工的安全操作；夏天高温，堆取料机等操作室受太阳照射的影响，温度高，员工易中暑，同样影响员工的安全操作。另一方面，作业现场的扬尘大（特别是露天料场、破碎、筛分、石灰粉的输送、膨润土的输送等系统），烧结系统噪声大，存在高温设备与物质，经常有输送的物料撒落在宽度有限的通道内，这也是作业环境差的一个重要原因。

（4）运转设备多，作业线长，危害因素多。如烧结、球团厂大量使用带式输送机，有的带式输送机长达上千米，其运转的头轮、尾轮、换向轮、增面轮等，均存在咬入口，若员工不慎触及，就可能造成伤害。由烧结厂的伤亡事故统计数据可以发现，带式输送机致人伤残、死亡所占的比例很大。堆取料机、布料机、烧结机、带冷机、环冷机的运行可能造成挤压伤害；高速运行的电机联轴器或热力偶、风机叶轮等可能造成机械伤害；堆取料机上存在高空坠落危害；起重设备使用存在起重伤害；车辆倒运原料、矿石等存在车辆伤害等。

3.3　烧结球团生产安全技术

3.3.1　生产工艺安全技术

选择、采用满足国家或行业安全标准和规范的，技术上先进、合理的生产工艺，是烧结球团安全生产的前提条件和重要措施。一方面，在设计时应充分考虑安全需求并予以保证；另一方面，在生产过程中应根据安全生产的发展，对原有的生产工艺及设施予以完善与改进，充分采用先进的安全生产工艺技术，从而确保烧结球团安全生产的需要。

3.3.1.1　带式烧结机原理

带式烧结机（见图3-3）抽风烧结的工作过程如下：当空台车运行到烧结机头部的布

料机下面时，铺底料和烧结混合料依次装在台车上，经过点火器时混合料中的固体燃料被点燃。与此同时，台车下部的真空室开始抽风，使烧结过程自上而下的进行，依次出现烧结矿层、燃烧层、预热层、干燥层和过湿层。点火后五层相继出现，不断往下移动，最后全部变为烧结矿层。控制台车速度，保证台车到达机尾时，全部料都已烧结完毕，粉状物料变成块状的烧结矿。当台车从机尾进入弯道时，烧结矿被卸下来。空台车靠自重或尾部星轮驱动，沿下轨道回到烧结机头部，在头部星轮的作用下，空台车被提升到上部轨道，又重新进行布料、点火、烧结、卸矿等工艺环节。

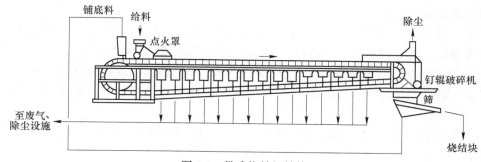

图 3-3　带式烧结机结构

3.3.1.2　竖炉原理

球团竖炉属于逆流热交换设备。炉料自上而下，气流自下而上运动。竖炉两侧设有燃烧室，燃烧室废气流通过喷火口喷入炉内，并向下运动与下降的球团进行热交换加热球团，使生球得到干燥、预热、焙烧。竖炉下部设有冷却风进风口，冷却风在炉内自下而上运动，将焙烧好的球团矿冷却。与此同时，冷却风被加热，通过导风墙上升到干燥床，并穿透干燥床将生球干燥。因此，球团在炉内下降过程中完成生球的干燥、预热、焙烧、均热及冷却全过程，冷却后的球团矿由竖炉下部排出炉外。竖炉工作原理如图 3-4 所示。

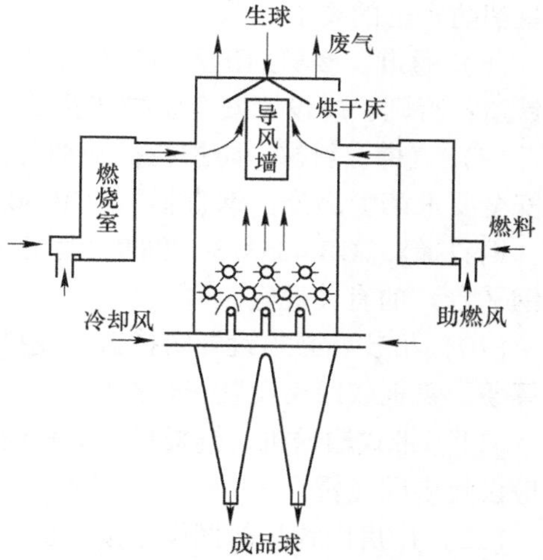

图 3-4　竖炉工作原理

3.3.1.3　厂区选址、布置

厂区建设前应进行合理的选址、厂房布置，以确保其符合国家及行业规定的安全作业环境的要求。

（1）选址应考虑当地的气象地质条件，避免洪水、海潮、飓风、地震等危害，避开断层、流沙层、淤泥层、滑坡层、天然溶洞等不良地质地段，特别是主要厂房及烟囱等高、大建筑，应有良好的工程地质条件。

（2）厂房应位于附近居民区及工业场区常年最小频率风向的上风侧，厂区边缘与居民区应保持安全距离。

（3）烧结室和球团焙烧室的主厂房，应建于空气流通处，并与常年季风向垂直。厂区办公、生活设施应设在烧结机或球团焙烧机（窑）常年季风向上风侧。

3.3.1.4　厂房建筑、安全设施

厂房建筑是企业生产设施的载体，确保其满足安全生产的标准是企业安全生产的基础和基本要求。

（1）建筑物的结构强度应满足设备振动、温度、生产及检修载荷的要求，具备抵御当地最高地震强度的能力。

（2）厂房建筑的高度与宽度应满足设备运行、人员通行的基本要求。严禁其他物件占用安全通道。安全通道应及时清扫，防止员工踩到撒落的物料而摔倒。

（3）带式输送机通廊净空高度一般不应小于 2.2m，热返矿通廊净空高度一般不应小于 2.6m。通廊倾斜度为 8°~12° 时，检修道及人行道均应设防滑条；超过 12° 时，应设踏步。

（4）厂房内、转运站、带式输送机通廊，均应设有洒水清扫或冲洗地坪和污水处理等设施。

（5）采用热振筛的机尾返矿站和环冷机、带冷机的尾部均应设在 0.0m 平面以上。

（6）所有作业场所均应设置符合国家安全规范的人行通道、检修运输通道。

（7）厂区道路尽可能为环形，主厂房、员工休息室、会议室等应有两个出入口，以满足消防安全的要求。

（8）通道、楼梯的出入口应设于交通安全位置，不得位于吊车运行频繁的地段或靠近铁道；否则，应设置安全防护装置。

（9）直梯、斜梯、防护栏杆和平台，应分别符合 GB 4053.1—2009《固定式钢梯及平台安全要求第 1 部分：钢直梯》、GB 4053.2—2009《固定式钢梯及平台安全要求第 2 部分：钢斜梯》、GB 4053.3—2009《固定式钢梯及平台安全要求第 3 部分：工业防护栏杆及钢平台》的有关规定。

（10）吊装孔必须设置防护盖板或栏杆，并应设警告标志。所有沟、井、池上应设安全算条、盖板或四周设置安全栏杆。

（11）带式输送机、链板机需要跨越的部位应设置过桥，烧结面积在 $50m^2$ 以上的烧结机应设置中间过桥。

（12）厂房内物品的摆设应按 "6S" 的要求，划分功能区，实行定置管理，确保安全通道畅通无阻。现场临时检修或占用场地作业应设置警戒带、警示标志并尽可能封闭。

（13）现场主要危险源或危险场所，应设有 "禁止接近"、"禁止通行" 或其他安全标志。安全色和安全标志应分别符合 GB 2893—2008《安全色》和 GB 2894—2008《安全标志及其使用导则》的规定。

（14）主抽风机室应设有监测烟气泄漏、一氧化碳等有害气体及其浓度的信号报警装置；煤气加压站和煤气区域等存在高毒物品的岗位，应设置监测煤气泄漏显示和报警装置、职业危害告知牌。

（15）在有粉尘、潮湿或有腐蚀性气体的环境下工作的仪表，应选用密闭式或防护型的，并安装在仪表柜（箱）内。

（16）厂区道路（特别是交叉路口、弯道、窄道、出入口）应设置相应的安全警示标志和提示性标识；必要时，应设置反光镜、路面阻车器。

（17）铁路道口应设置明显的标志和声光信号，有关道岔应锁闭并设置路挡。特别是翻车机作业区域与溜车线，不仅要设置明显的标志和声光信号，还应尽可能封闭。

（18）油品、可燃物品、危险化学品的存放必须有专门的库房，配备必要的消防、通风、防盗设施；化学性质相抵触的物品不得混储混运。

3.3.1.5 自动化集中控制

尽可能地采用自动化集中控制生产工艺，尽量减少作业人员暴露在危险场所（环境）中的频率，是实现烧结球团安全生产的重要手段。

（1）各生产岗位尽可能采用红外线自动扫描、电视摄像以及温度、振动、液位、料位、有毒气体浓度检测的感应仪表等，设置原料主控室、烧结主控室，应用工业电视集中监控。

（2）应用先进的计算机控制系统与先进的控制软件，在主控室建立各作业环节的全过程自动化生产控制系统。

（3）控制软件和控制系统应有相应的安全报警子系统，设置合理报警阈值，并确保在事故紧急情况下能自动调控流量、运行速度，能快速切断，以控制事态的发展，防止事故扩大。

（4）主控室的计算机控制系统与各生产设备要联锁，实行顺序启动、上行设备与下行设备的操作联锁；现场岗位设置事故应急开关。

（5）岗位之间及与控制室应设置无线通信系统，确保信息的及时沟通。

（6）设备的启动，应设置预告和启动信号（声、光）。

（7）主控室的计算机控制系统设置双网路独立供电电源。

（8）建立操作牌和检修牌制度，停送电工作票制度，凭牌作业。检修时，必须与上下岗位联系好，停电并挂上"有人作业、禁止启动"的标志牌，设专人监护。

3.3.1.6 能源介质

（1）厂内各种气体管道应架空敷设。易挥发介质的管道及绝缘电缆，不得架设在热力管道之上。

（2）各燃气管道在厂入口处，应设总管切断阀；燃气管道不得与电缆同沟敷设，并应进行强度试验及气密性试验。

（3）应有蒸汽或氮气吹扫燃气的设施，各吹扫管道上必须设置逆止阀，防止窜气。

（4）厂内使用表压超过 10^5 Pa 的油、水、煤气、蒸汽、空气和其他气体的设备和管道系统，应安装压力表、安全阀等安全装置，并应采用不同颜色的标志，以区别各种阀门处于开或闭的状态。

（5）管道的涂色，应符合 GB 7231—2003《工业管道的基本识别色、识别符号和安全标识》的规定。

（6）使用煤气，应根据生产工艺和安全要求，制定高、低压煤气报警限量标准。

（7）煤气管道应设有大于煤气最大压力的水封和闸阀；蒸汽、氮气闸阀前应设放散阀，防止煤气反窜。

（8）煤气设备的检修和动火、煤气点火和停火、煤气事故处理和新工程投产验收，必须执行 GB 6222—2005《工业企业煤气安全规程》。

（9）厂内供水应有事故供水设施。

（10）水冷系统应按规定要求试压合格，方可使用。水冷系统应设流量和水压监控装置，使用水压不得低于 10^5Pa，出口水温应低于 50℃。

（11）最低气温在 0℃ 以下的场所，对间断供水的部件必须采取保温措施。

3.3.1.7　照明与采光

（1）厂房自然采光和照明，应能确保作业人员工作和行走的安全需要；消防通道、员工应急通道应设置应急照明。

（2）厂区道路的照明应能满足员工通行及车辆通行的需要。

（3）设置一般事故照明的工作场所，应符合表 3-2 的规定。

（4）车间工作场所照明器的选用，应遵守下列规定：在有腐蚀性气体、蒸汽或特别潮湿的场所，露天照明应采用封闭式灯具或防水灯具；在易受机械损伤和振动较大的场所，灯具应加保护网和采取防振措施。

（5）需要使用行灯照明的场所，行灯电压一般不得超过 36V，在潮湿地点和金属容器内，不得超过 12V。

（6）现场应设置相应的检修电源箱和安全电压供电电源，以满足检修安全供电的需要。

表 3-2　设置一般事故照明的工作场所

车间（工序）	设置一般事故照明的工作场所
原料	原料仓库、堆取料机、龙门吊车、卸车机
配料	混合配料室、配料矿槽、混合料矿槽
烧结	烧结机平台、主抽风机室
造球	造球机平台、烘干机平台
球团	油库、煤粉室、重油罐区、煤粉罐区、造球机室、竖炉仪表室、回转窑、焙烧机平台
其他	主要通道及主要出入口、主控室、操作室、高压配电室、低压电磁站、液压泵房、煤气加压站、调度室

3.3.1.8　防火、防爆

（1）厂区内应设有完整的消防水管路系统，确保消防供水。

（2）主要的火灾危险场所，应设有与消防站直通的报警信号或电话。

（3）厂房建筑的防火要求，必须符合 GB 50016—2006《建筑设计防火规范》的有关规定，生产的火灾危险性分类应符合表 3-3 的规定。

（4）各类建（构）筑物所配置小型灭火装置的数量应符合表 3-4 的规定。

（5）配电室、电缆室（电缆垂直通道）、地下电缆室、油库和磨煤室，应设有烟雾火灾自动报警器、监视装置及灭火装置，火灾报警系统宜与强制通风系统联锁；应采取防火墙、防火门间隔和遇火能自动封闭的电缆穿线孔等建筑措施。新建、改扩建的大型烧结球团的主控室，应设有集中监视和显示火警信号的装置。

（6）在有爆炸危险的场所，必须选用防爆或隔离火花的保安型仪表。

（7）有爆炸危险的气体或粉尘的工作场所，应采用防爆型电气设备、设施。

（8）机头电除尘器应设有防火防爆装置。

（9）煤气加压站、液压泵室、油罐区、磨煤室及煤粉罐区周围 10m 以内，严禁明火；在上述地点动火，必须征得主管部门批准、同意，并采取有效的防护措施。

（10）双烟道烟囱底部应设隔墙，防止窜烟。

表 3-3 生产的火灾危险性分类

类别	原料与仓库	烧结球团	动力设施
甲	乙炔瓶库	煤粉车间	
乙	氧气瓶库	主控室，变电所，变压器室，电缆沟，电磁站，煤、焦炭筛分，转运，配电室（每台装油量大于 60kg 的设备）	煤气加压站，煤气、氧气、氨气及管道设施
丙	重油罐区、煤粉罐区	—	油库、液压泵房、润滑站、液压站、空压机房
丁	—	球磨机、棒磨机、混合机回转窑高压油箱，热作业区操作室，热返矿皮带通廊，成品皮带操作室，配电室（每台装油量小于 60kg 的设备）	—
戊	煤场	胶带库	—

表 3-4 各类建（构）筑物所配置小型灭火装置的数量

类 别	配置数量	类 别	配置数量
甲、乙类建（构）筑物	1/50	甲、乙类仓库	1/80
丙类建（构）筑物	1/80	丙类仓库	1/100
丁、戊类建（构）筑物	1/100～1/50	丁、戊类仓库	1/150

3.3.2 主要设备安全技术

生产设备既是生产的工具，也是能量的载体。如果生产设备出现故障，将会出现异常的能量释放，甚至会造成重大人身与设备事故，尤其是现代高速运转的设备，一旦失控，后果不堪设想。因此，提高设备的本质安全化程度，有效地防止设备能量的异常释放，是确保安全生产的基本途径。

烧结球团生产的设备通常有原料堆（取）料机、一次混合机、二次混合机、除尘器、主抽风机、点火炉、烧结机、一次破碎机、热筛、冷却机、冷却风机、一次筛、二次破碎机、二次筛、三次筛、四次筛、成品环保除尘器、粗焦筛、循环水泵、三次混合机、带式输送机、天车、烘干机、圆盘造球机、竖炉、齿辊、振动给料机、链板机、带（环）冷机等。其主体设备为原料堆（取）料机、混匀机、烧结机、冷却机、振动筛、带式输送机、烘干机、主风机、链箅机等。

（1）一般要求。

1）设备裸露的运转部分，应设有防护罩、防护栏杆或防护挡板；活动式防护设施应有联锁；机械设备的防护装置，应满足 GB/T 8196—2003《机械安全防护装置固定式和活动式防护装置设计与制造一般要求》的要求。

2）烧结机、圆辊给料机、反射板和带式输送机，均应设有机械清理（清扫）装置。

3）行车及布料小车等在轨道上行走的设备，两端应设有缓冲器和清轨器，轨道两端应设置电气限位器和机械安全挡。

4）载人电梯不得作为起重工具。

5）运转中的破碎、筛分设备，禁止打开检查门和孔；检查和处理故障，必须停机并切断电源和事故开关。

6）设备启动前确认设备各部位（特别是安全防护装置和操作按钮）正常，确认设备运转部位无人和无杂物，运转设备的危险区域如正前方无人；必要时应在现场设专人监护；启动前应给信号。

7）设备跳闸原因未查清、故障未消除前不得再次启动。

8）卫生清扫、设备点检、润滑维护时严禁靠近、接触（进入）运转部位，防止机械伤害。

9）登高检查时，手要扶好扶手，脚要踏稳，防止高处坠落；2m 以上高空系好安全带。

（2）电气安全要求。

1）供电线路、变配电室的设置、电气设备的选用与设置等，应严格执行国家、行业有关电气安全的规定。

2）产生大量蒸气、腐蚀性气体、粉尘等的场所，应采用封闭式电气设备。

3）电气设备（特别是手持式电动工具）的金属外壳和电线的金属保护管，应有良好的保护接零（或接地）装置；仪表系统的接地（包括保护接地、工作接地、屏蔽接地以及保安仪表接地等）应符合国家有关规定。

4）行走机械的主电源，采用电缆供电时应设电缆卷筒，采用滑线供电时应设接地良好的裸线防护网，并悬挂明显的警告牌或信号灯；容易触及的移动式卸料漏矿车的裸露电源线或滑线，应设防护网。

5）烧结机厂房、烟囱、竖炉等高大建筑和露天场所，应设有避雷装置。

6）重油、煤粉等的金属罐区，应采取防静电措施。

7）禁止带电作业；特殊情况下不能停电作业时，应按有关带电作业的安全规定执行。

（3）烧结机作业安全控制措施。烧结机是烧结厂的主体设备，按烧结方式的不同，可分为间隙式和连续式两大类。现代广泛应用连续式烧结机。它有驱动装置、台车、台车运行轨道、装料装置、点火装置等，配套的设备、设施有抽风罩与烟道、单辊、混合料仓等。

烧结机的主要不安全因素有煤气泄漏造成员工中毒伤害、煤气爆炸的伤害、台车运行时车轮的碾压伤害、台车撞击伤害、高温物体的烫伤以及点检、检修作业中的机械伤害、坠落伤害、物体打击伤害等。

烧结机及相关作业的安全措施主要有：

1）点火器与点火作业。

①应设置备用的冷却水源。

②应设置空气、煤气比例调节装置和煤气低压自动切断装置。

③烧嘴的空气支管应有防爆措施。

④点火器检修应先切断煤气，打开放散阀，用蒸汽或氮气吹扫残余煤气。

⑤烧结机点火之前，应进行煤气引爆试验；点火器点火时，附近禁止明火和吸烟；在烧结机燃烧器的烧嘴前面，应安装煤气紧急事故切断阀。

⑥清理火嘴时必须两人以上，站在火嘴上风口方向，以防煤气中毒。

⑦检查维护点火器必须两人以上配合操作，佩戴好煤气监测仪，确认煤气阀门已关闭，炉内温度降至60℃以下时方可进入炉膛。

⑧关火、点火、检修等煤气作业要严格遵守 GB 6222—2005《工业企业煤气安全规程》。

2）补、换炉条作业时必须停机处理，戴好手套，防止高温烫伤；脚不能踩在台车轮子或轨道上。

3）清理机尾散料漏斗，要侧向站位，防止红矿烫伤；使用捅料棍时，应用力适当，防止绞入尾轮。

4）清理小格大块必须停机，禁止在黏矿下处理小格大块；严禁搬动小格，防止滑落摔伤。

5）清挖混合料仓。

①使用高压水冲时，要站在安全位置；使用风管吹扫时，应戴好护目镜；同时，应有防止摔入料仓的防护措施。

②关好蒸汽阀、煤气阀，通风降温，保持空气流通。

③制定专门措施，设专人监护与确认；严禁身体状况不佳人员入内。

④下料仓挖料要系好安全带，从上向下作业，严禁挖"神仙土"。

⑤泥辊必须由专人负责开、停，清料时严禁转泥辊，放料时人员必须撤离。

6）清理检查大烟道。

①停机后采取隔离和通风等措施并落实，至少两人以上同时进入作业，入口处必须设专人监护。

②使用安全电源的手提灯具，检查时要注意走道、格栅是否牢固。

7）清理单辊。

①站位合理，防止被红矿烫伤。

②使用水枪清理时，人要站离红矿区，防止被蒸汽灼伤。

（4）球团作业安全控制措施。竖炉是球团厂的主体设备，它有小车（梭式布料器）、齿辊、振动给料机、点火装置等，配套的设备、设施有抽风罩与烘干床等。

其主要不安全因素有煤气泄漏造成员工中毒伤害、煤气爆炸的伤害、小车运行时车轮的碾压伤害、高温物体的烫伤以及点检、检修作业中的机械伤害、坠落伤害、物体打击伤害等。

竖炉及相关作业的安全措施主要有：

1）点火器与点火作业。

①应设置备用的冷却水源。

②应设置空气、煤气比例调节装置和煤气低压自动切断装置。

③烧嘴的空气支管应有防爆措施。

④点火器检修应先切断煤气,打开放散阀,用蒸汽或氮气吹扫残余煤气。

⑤燃烧室点火之前,应进行煤气引爆试验;点火器点火时,附近禁止明火和吸烟;在烧嘴前面,应安装煤气紧急事故切断阀。

⑥更换、清理火嘴时必须两人以上,站在火嘴上风口方向,携带煤气报警仪确认无煤气,以防煤气中毒。

⑦检查维护点火器必须两人以上配合操作,佩戴好煤气监测仪,确认煤气阀门已关闭,燃烧温度降至60℃以下时方可进入炉膛。

⑧关火、点火、检修等煤气作业严格遵守 GB 6222—2005《工业企业煤气安全规程》。

2)补、换炉条作业时必须停小车处理,戴好手套,防止高温烫伤。

3)清理小车下面漏料时必须停车处理。

4)处理齿辊漏灰、跑风时必须停下齿辊。

链算机-回转窑也是球团生产中应用较为普遍的一种方法,易发生的工艺事故主要有回转窑内结圈。回转窑一旦出现裂缝、红窑,应立即停火。在回转窑全部冷却之前,应继续保持慢转,停炉时,应将结圈和窑皮烧掉。拆除回转窑内的耐火砖和清除窑皮时,应采取防窑倒转的安全措施,并设专人监护。

(5)主风机作业安全控制措施。主风机系高速运行设备,运动惯性大,一旦失控,如叶轮飞出、触及叶轮及电动机联轴器或轴承,将造成人员、设备的重大损害;主风机在运行中产生的噪声大,对人体健康危害大。

主风机作业的安全措施主要有:

1)设备停机、启动。

①启动前应确保大烟道内无人,所有检修人孔、点检门均已关闭,风机风门关闭,转子处于静止状态;接到开风门指令后,确认风门连杆处无人;叶轮径向方向严禁站人。

②停机后如要检修,应打开风门。

③突然停电后,手动开、关风门必须两人配合进行,一人操作,一人监护。

2)风机运转时,如风机出现振动,应关小风门,减轻风机负荷。

3)点检设备时,叶轮径向方向严禁逗留。

4)手动关风门时,人要站在风门连杆另一侧,要检查风门连杆是否牢固,防止连杆脱落打伤人;注意力要集中,脚要站稳。

5)设备运转时,进入机房应佩戴耳塞;严禁在机房吸烟。

6)设备运转时,严密监视各监控系统反馈的信息,发现振动值、电流、温度、声响等异常时,应及时停车处理。

(6)环(带)冷机作业安全控制措施。烧结出来的高温烧结矿以及竖炉出来的高温球团矿要经过适当冷却降温,才能由带式输送系统送入高炉冶炼,冷却设备为环(带)冷机。现代主要使用环冷机冷却,它有驱动装置、台车、台车运行轨道、装料装置等,配套的设备、设施有抽风罩与烟道、单辊、料仓等。其主要不安全因素是员工不慎触及设备的运行部位或轨道可能造成机械伤害,以及点检、操作作业中踩到撒落的烧结料可能摔倒,接触高温物料及设备可能烫伤等。

环(带)冷机及相关作业的安全措施主要有:

1）巡视、点检时，人体不得伸入台车运行轨道上，严禁翻越摩擦轮；戴好护目镜，防止散料飞溅伤眼。

2）观察机内料层要避开热矿区，戴好护目镜，不准站在摩擦板上。

3）处理下料斗堵料要停机挂牌，系安全带，防止坠落；注意防止大块崩出，防止砸伤、烫伤；加强通风，轮换作业，避免高温中暑。

4）处理卸灰阀堵料要将保险插销插好、卡稳，手不能伸入阀门内，谨防摇臂压手。

5）清理台车栏板卫生，要戴护目镜、防尘帽、口罩，防止热矿粒喷出烫伤。

6）进入环冷机风道检查，采取措施防止台车箅板漏大块；使用安全电压照明；及时清理地面散料，防止摔滑；轮换作业，避免中暑。

7）更换紧固板式给矿机链板插销、螺栓时，必须停机、挂检修牌；脚要踩牢踏实。

（7）混合机、烘干机作业安全控制措施。混合机是将各种原料进行混合的设备，作业过程中可能产生机械伤害、高温蒸汽（水汽）烫伤，进入筒体内作业还存在坍塌伤害。

混合机、烘干机及相关作业的安全措施主要有：

1）检查煤气系统时，应配备煤气检测仪。

2）设备运转时严禁进入机壳内点检或加油。

3）清挖圆筒混合机、烘干机。

①要停机挂牌，切断事故开关。

②停前后输送带，防止绞住伤害处理人员衣服；严禁在停转输送带上休息或行走，严禁跨越输送带。

③混合机清料前，要关闭蒸汽阀门，并采取机械通风降温措施；进入筒体清料，防止高温烫伤。烘干机清料前，要关闭煤气阀门，携带煤气报警仪确认无煤气，并采取机械通风降温措施；进入筒体清料，防止高温烫伤。

④检查结块的松紧状况，先挖松料，后挖紧料，其作业点不能高于头部，严禁挖"神仙土"，防止崩料伤人。

⑤两人以上共同进行，使用低压照明灯，设专人联络和监护。

⑥清挖烟囱积料时，系好安全带，防止积料坠落伤人。

4）检测混合料水分时，要使用专用工具，严禁用手直接在输送带上取料，防止高温烫伤及机械伤害。

5）进行蒸汽排水时，站位得当，戴好手套，防止蒸汽管道阀门漏气，蒸汽水喷溅、灼伤人。

（8）带式输送机作业安全控制措施。带式输送机是烧结原料及烧结矿的主要输送设备，机头、机尾、换向轮、配重拉紧轮等均存在咬入的危险，电动机的联轴器、运转的输送带、滚筒存在机械伤害的危险，皮带通廊上撒落的物料可能造成人员滑倒。

带式输送机及相关作业的安全措施应满足 GB 14784—1993《带式输送机安全规范》，并做到：

1）应有防打滑、防跑偏和防纵向撕裂的设施以及随时停车的事故开关和事故警铃，机头应有遇物料堵塞时能自动停车的装置，斜皮带应有防打滑倒转的逆止装置；所有咬入口均应有防护装置。

2）设备运转时，不准接触转动部位，严禁清理转动部位。

3）皮带倒转时，严禁用棍棒、杂物等堵塞皮带轮。

4）处理皮带打滑时，严禁用扫把、破布、皮带蜡等填塞传动轮，严禁脚蹬皮带反面，应及时停料或停机处理。

5）处理皮带压料、堵料，处理下料斗堵料时，要停机挂检修牌，将操作箱上的安全插头拔掉，有专人监护；严禁站在皮带上卸料；处理下料斗堵料应注意防止砸伤、烫伤、中暑。

6）处理皮带跑偏调整尾轮时，必须有两人以上配合，有专人监护，严禁进入重锤小车内作业。

7）更换挡皮、托辊、清扫器时，应停机。

8）点检小车运行情况时，严禁脚踏在小车轨道上，严禁进入安全护栏内进行检查，避免受到撞击挤压。

9）发现皮带上有红矿时，及时与主控室联系并通知相关岗位，视情况对皮带进行降温处理，严禁正面打水或拉扯事故开关。

（9）筛分机作业安全控制措施。筛分机的振动速度快，且振动器惯性大，人体不慎触及或操作不慎有可能造成机械伤害；通道上撒落的物料可能造成人员滑倒；设备噪声大，对员工的健康有影响。

筛分机及相关作业的安全措施主要有：

1）设备运转中用测温枪给振子测温时，严禁站在传动轴下及筛顶，严禁徒手测温。

2）设备运转时，严禁在筛顶作业，严禁在振子、联轴器周围逗留。

3）注意检查筛体筛板无裂纹，各部分铆钉齐全、无松动，激振器、轴承箱体与筛板固定无移位，螺栓无松动；筛子进出口漏斗无堵料，筛体布料均匀、无偏析。

4）清理筛孔、清除机腔内杂物要停机进行；筛体内空间狭小，光线较暗，作业前要接好安全照明灯；打开防尘碟阀，让筛体内温度下降后，才能进入清理。

（10）堆取料机作业安全控制措施。堆取料机是烧结原料场的主要设备，带式输送机机头、机尾、换向轮等均存在咬入的危险，电动机的联轴器、运转的皮带、滚筒存在机械伤害的危险，堆取料机行走时存在被轨道轮压伤和机架碰撞伤害的危险；堆取料机的点检、维护、检修存在高处坠落的危险。

堆取料机及相关作业的安全措施应满足 JB/T 4149—2010《臂式斗轮堆料机技术条件》，并达到以下要求：

1）应具有并保证以下安全保护装置有效。

①斗轮取料机构的机械式安全保护装置；回转机构的安全联轴器。

②在平台和通道上，凡能触及的旋转和移动件设置的防护栅或防护罩。

③俯仰机构的防止悬臂超速下降的保护措施以及过载保护装置。

④电缆卷筒的过张力保护装置。

⑤在堆取料机输送线路"逆物流"前方设置的物流量过载保护装置。

⑥转载料斗的堵塞报警装置。

⑦堆取料机的防臂架与料堆相碰撞的装置。

⑧升降、回转、行走的限位装置和清轨器。

⑨停机或遇大风紧急情况时使用的夹轨装置。

⑩行走时的声光报警。

2）堆取料机和抓斗吊车的走行轨道，两端必须设有极限开关和安全装置，两车在同一轨道、同一方向运行时，相距不应小于 5m。

3）对于因露天而影响使用性能的机电器件应设防雨罩，必要时还应设有检视孔。

4）在回转机构、俯仰机构及行走机构运行的极限位置均应设两极终端限位开关。

5）除专门设置的通路以外，严格禁止跨越或从堆取料机下通过。

6）开车前，首先松开夹轨器，然后鸣铃以示开车警告，当确认机上及周围没有不安全因素存在时，才可闭合主电源，依次开动堆取料机各部分。

7）下班停机或长期离开堆取料机时，应切断机上总电源开关，并夹紧夹轨器。

8）当风速大于 20.7m/s 时，应停止工作将堆取料机锚定住；当设备检修或较长时间不用时，也应将堆取料机锚定住。

（11）起重运输作业安全控制措施。

1）起重机械的使用、维修和管理，应遵守 GB 6067.1—2010《起重机械安全规程第一部分：总则》和 GB 5082—1985《起重吊运指挥信号》的规定。

2）起重机械应标明起重吨位，必须装设卷扬限制器与行程限制器和启动、事故、超载的信号装置。

3）严禁吊物从人员或重要设备上空通过，运行中的吊物距障碍物应在 0.5m 以上。

4）起重用钢丝绳的安全系数，应符合表 3-5 的规定。

表 3-5 起重用钢丝绳的安全系数

钢丝绳的用途	安全系数	钢丝绳的用途	安全系数
用于一般机动起重机	5.5	带有小钩、小环供吊挂用	6.0
用于手动起重机	4.5	用于捆绑重物	11.0

5）拆装吊运备件时，严禁在屋面开洞或利用桁架、横梁悬挂起重设施。严禁用煤气、蒸汽、水等管道作起重设备的支架。

6）厂内运输应遵守 GB 4387—2008《工业企业厂内铁路、道路运输安全规程》。

7）铁道运输车辆进入卸料作业区域和厂房时，应有灯光信号及警告标志，车速不得超过 5km/h。

（12）泥辊筛分作业安全控制措施。泥辊筛由多组齿轮传动，人不慎触及或操作不慎有可能造成机械伤害；通道上撒落的物料可能造成人员滑倒。设备运转中严禁徒手测温，严禁在筛上直接用手捡大块或杂物；清理筛孔、清除杂物要停机进行。

（13）清挖混合料仓安全控制措施。

1）使用高压水冲扫时，要站在安全位置；使用风管吹扫时，应戴好护目镜；同时，要设有防止摔入料仓的防护措施。

2）通风降温，保持空气流通。

3）制定专门措施，设专人监护与确认；严禁身体状况不佳人员入内。

4）下料仓挖料要系好安全带，从上向下作业，严禁挖"神仙土"。

5）仓下拖料带式输送机或圆盘必须由专人负责开、停，清料时严禁转（启）动，放料时人员必须撤离仓内。

3.4 烧结球团生产主要危险有害因素

（1）主要原、燃料中存在的危险有害因素。烧结球团生产过程中使用的原料主要为铁矿粉，辅助原料有蛇纹石、白云石、石灰石、膨润土等；它们含有氧化钙、二氧化硅等有害成分；燃料主要为焦粉、煤、煤气，其中煤气是易燃、高毒气体，煤中含有硫，燃烧时产生有毒的二氧化硫气体。

1）煤气。烧结过程中使用的燃料通常为煤气，一般使用高炉煤气和焦炉煤气的混合煤气。煤气是易燃的高毒气体（主要是 CO），具有爆炸性（爆炸极限为 10.6%~41.6%）。

煤气的输送及使用过程中存在一氧化碳泄漏的可能。

烧结机点火时以及煤气泄漏时，如果煤气与空气混合浓度处于其爆炸极限则可能发生爆炸，造成人员伤害、设备损坏。

一氧化碳侵入人体的途径为吸入，它在血液中与血红蛋白结合能力远比氧的结合能力强，从而造成人体组织缺氧、窒息。急性煤气中毒如不能迅速脱离煤气环境，患者极易中毒致死；重度中毒患者苏醒后可能出现迟发性脑病，造成意识、精神障碍。

2）二氧化硅和煤、焦粉。二氧化硅对人的危害主要表现为其呼吸性的粉尘使肺泡纤维化病变。进入人体肺部的粉尘通常在 $10\mu m$ 以下，而滞留在肺泡中的粉尘 95% 以上粒径在 $5\mu m$ 以下；粉尘粒径越小、破碎生成的粉尘越新、表面活性越大，导致肺组织纤维化的作用越强。蛇纹石、白云石、石灰石在生产过程中产生的游离二氧化硅粉尘含量较高，而煤、焦粉相对少一些。

长期吸入大量游离二氧化硅粉尘（硅尘）会引起硅肺病。硅肺病是我国常见职业病之一。早期由于吸入硅尘可出现刺激性咳嗽，并发感染或吸烟者可有咳痰；少数患者有血痰。硅肺病常并发慢性支气管炎、肺气肿和肺心病。硅肺病治疗较困难，目前尚不存在使其完全逆转的药物。

3）氧化钙。氧化钙是碱性腐蚀品，属于强碱，对人体有刺激、腐蚀作用，特别是对呼吸道具有强烈刺激性。吸入其粉尘可导致化学性肺炎；可对皮肤、眼灼伤，长期接触可导致手掌皮肤角化、皲裂、指甲变形。生石灰遇水发生化学反应，并放出大量热。

另外，原、燃料中还含有硫，氧化会产生二氧化硫。二氧化硫有毒、具刺激性（对呼吸道作用更明显）。煤气中含有的甲烷，属于易燃易爆物质。煤在空气中长时间存放容易氧化产生自燃。

（2）生产过程中的主要危险有害因素。

1）机械设备伤害。烧结球团生产中使用的机械设备主要有带式输送机、料场堆取料机、圆盘给料机、带式给料机、圆筒混合机、圆筒烘干机、梭式布料机、九辊布料装置、齿辊、烧结台车、引风机、除尘器、刮板输送机、斗式提升机、单辊破碎机、环（带）冷机、振动筛、泥辊筛及振动给料机等。

机械设备的运动，具有很大的运动惯性，人体不慎接触运动设备的危险部位，就可能造成设备对人体夹击、碰撞、剪切、卷入、绞入、碾压等多种伤害。机械对人的伤害是直接的，也是很危险的。由于烧结生产设备多，范围大（如有的带式输送机长达 800 多米），生产连续作业，因此机械伤害是烧结生产过程中主要的危害因素之一。

2）电气伤害。通常，电力是烧结球团设备运行的主要动力，也是现场照明的主要能源。电力的输送环节中可能发生电气短路、漏电，容易引起接触人员的触电伤害、火灾或爆炸，造成设备财产损失事故。

人体的触电伤害有电击、电伤两种。电击的主要原因是设备异常带电，即电气系统中原本不带电的部分因电路故障而异常带电。人体接触带电设备，电流通过人体（特别是通过心脏）将刺激人体组织，发生肌肉痉挛、心室颤动等，如不能迅速脱离带电体，就可能危及生命安全。电伤是电流的热效应、化学效应、机械效应等对人体所造成的伤害。其伤害多见于机体的外部，往往在机体表面留下伤痕，通常包括电烧伤、电烙伤、皮肤金属化、电光眼等多种伤害。造成电伤的主要因素有电线短路、带电分合闸等形成强烈的电弧，高温的电弧光对人体造成伤害。

雷击也会造成建筑、设备和人体的伤害，强大的雷击电流往往造成设备、设施的巨大损坏，而人被雷击几乎无生还可能。

烧结球团露天作业多，各种电气设施因日晒雨淋，容易造成绝缘损坏漏电及电气室中短路放炮，加上雷雨天的雷击伤害，因此电气伤害也是烧结厂的主要危害因素之一。

3）起重设备伤害。烧结球团生产、检修、维护中常使用起重设备辅助作业，如电动葫芦、单梁起重机等，存在着起重设备伤害。起重设备伤害主要有重物坠落伤害、挤压伤害、触电伤害、高处坠落伤害。起重设备伤害的危险性较大，往往造成人体伤残甚至死亡。

4）坍塌伤害。处理料仓、矿槽或在原料场料堆下方作业，都有可能因为原料突然坍塌而造成人员伤害，甚至被埋人员由于未被及时救出而缺氧窒息死亡。

5）厂内机动车辆伤害。厂内机动车辆伤害主要表现在车辆在行驶中引起的人体坠落和物体倒塌、飞落、挤压以及车辆的碰撞、碾压等造成的伤害事故。每个厂都有车辆的物料运输，有的甚至以车辆运输为主。厂区道路通常都不很宽敞，且弯道多，高处架设的设施也多，加上照明、车况不好及司机个人素质等原因，车辆造成的事故也多。由于车辆（特别是重车）的惯性大，一旦发生事故，造成的损失都较大，人员受到车辆伤害往往致残甚至死亡。

6）粉尘危害。粉尘危害是烧结球团厂最主要的有害因素之一。这主要是由于烧结球团生产的原料及辅助原料多是粉末状，且多由敞开的设备输送，加上生产过程中的振动、筛分、混匀、给（卸）料等，都容易产生扬尘。细颗粒的粉尘，特别是 $10\mu m$ 以下的粉尘可进入人体呼吸系统，而 $2\mu m$ 的粉尘可进入肺泡，可以阻塞肺泡，引起细胞纤维化。人体接触粉尘的时间越长，危害也越大，具体的危害前面已经简要介绍，这里不再重复。

7）高温危害。高温危害是烧结球团厂的有害因素之一。烧结球团的生产过程中存在高温物体，如烧结过程中的烧结料、台车、现场的蒸汽管道设施、球团燃烧室、烘干床、链算机、带冷机等。员工在该环境下工作以及在露天的高温天气下作业均存在着高温中暑的危险，以及接触高温物质、设备造成灼烫的危害。

8）噪声危害。现场各种设备的振动、噪声，可对人体产生危害，干扰人的正常生活和工作，影响人的健康，同时还使人们感到烦躁，注意力不集中，身体灵敏性和协调性下降，反应迟钝。同时因噪声掩盖了异常信号或声音，容易发生各种工伤事故。因此噪声也是烧结厂的一个重要有害因素，要引起重视。

烧结球团厂基本危险有害因素见表 3-6。

表 3-6　烧结球团厂基本危险有害因素

场所与部位	基本危险有害因素
配料、造球	机械伤害、电气伤害、高处坠落、火灾、坍塌、灼烫、噪声、粉尘、高温
混合	机械伤害、电气伤害、火灾、坍塌、灼烫、噪声、粉尘
烘干	机械伤害、电气伤害、火灾、坍塌、灼烫、噪声、粉尘、高温
烧结	机械伤害、电气伤害、高处坠落、火灾爆炸、灼烫、噪声、粉尘、毒物伤害、起重伤害、高温、物体打击
竖炉	机械伤害、电气伤害、高处坠落、火灾爆炸、灼烫、噪声、粉尘、毒物伤害、起重伤害、高温、物体打击
破碎及冷却	机械伤害、电气伤害、高处坠落、火灾、高温、灼烫、粉尘
整粒	机械伤害、电气伤害、火灾、灼烫、噪声、粉尘、起重伤害、高温、高处坠落
空气压缩及输送	火灾、物理性爆炸、噪声、触电危害
变配电	电气伤害、火灾
循环水冷却	机械伤害、电气伤害、火灾、噪声
除尘	机械伤害、电气伤害、火灾、灼烫、噪声、粉尘
脱硫	机械伤害、电气伤害、灼烫、噪声、粉尘
厂区	车辆伤害、噪声与振动危害、粉尘

3.5　烧结球团生产主要事故及案例分析

3.5.1　烧结球团生产主要事故

烧结球团生产系统中，由于操作人员在带式输送机运行和矿槽、料仓故障处理过程中违章操作造成的伤亡事故率占比较大。据统计，因带式输送机引起的机械伤害事故约占40%；因矿槽、料仓故障处理（如处理漏斗堵料、炉内结瘤等）过程中塌料引起的烫伤、掩埋窒息、炉壁黏结物不定时脱落砸伤等约占40%；其他约占20%。按作业过程统计，生产操作中（含作业时清扫维修）发生事故约占60%，检修时发生事故约占40%，主要在更换上下托辊、带式输送机运行中清扫维修（如清理积料、输送带跑偏调整等）时发生。其原因主要是操作人员在带式输送机运转的情况下处理故障。很多单位的烧结生产工艺和设备因投产早，工艺落后，设备本质安全化水平低，故障率高，安全技术防护装置不够，如带式输送机危险部位暴露在外、输送带跑偏、打滑，划输送带，压料，堵漏斗，掉托辊等问题比较突出，从而使带式输送机运行过程中伤害事故较多。目前，钢铁企业由带式输送机承担厂内大部分烧结球团料运输量，因此，提高其自动化和本质安全化程度对安全工作十分重要。

3.5.1.1　原料场常见事故

原料场的主要事故是各种机械运转和处理故障时所发生的机械伤害，其次为高处坠落和物体打击事故。

（1）当翻车机、受料槽等设备接卸料时，有受车辆、机具等伤害的危险；由于翻车机联络工和司机联系失误，车皮未能对正站台车即行翻车，会发生站台车及旋转骨架撞坏事故；工人处理事故易发生挤手、砸脚事故。

（2）皮带运输机运转过程中，容易出现跑偏、打滑、压料等事故；上托辊，清扫、更换清扫器和挡皮溜子等设备维护作业时，有被皮带绞住，带入皮带运输机造成机械伤害的危险。

（3）抓斗吊车在检查、清扫维护设备、处理机电设备故障，更换钢丝绳、抓斗或处理钢丝绳故障时，由于配合不当、人为失误、工具不良等原因，有发生高处坠落、物体打击等危险。

（4）在熔剂和燃料破碎加工作业过程中，由于锤式破碎机门未关好或机壳被击穿而使物料飞出伤人；更换锤头等作业时，有受物体打击、起重伤害的危险；更换破碎机传动带，处理堵料、卡辊等事故时，有受机械伤害的危险。

（5）原料场的粉尘危害分时扬尘，料场料堆刮风时扬尘，以及槽上下部入槽、排出时扬尘。原料场粉尘有时也会因含有少量铅锌砷氟等物质，对人体产生危害。

3.5.1.2 配料、混料工序常见事故

当圆盘给料机的排料口被大块或杂物堵住时，在处理过程中易造成机械伤害。当烧不透、跑燃料、跑水或加水过多等原因而造成返矿圆盘"放炮"时，容易烧烫伤人。清挖圆筒混料机内壁黏结作业时，易造成工具伤人等伤害事故。

3.5.1.3 烧结机工序常见事故

烧结机工序常见事故包括以下内容：

（1）突然停电，造成点火器炉内火苗蹿出烧伤人；突然停煤气，使空气进入煤气管道引起管道爆炸伤人；煤气管道、阀门泄漏引起煤气中毒事故等。

（2）在机尾观察孔观察卸矿断面情况或捅机尾漏斗料时，易被冲出的含尘热浪烧伤面部和手；在机头铲反射板黏结料时，脚踩在轨道上被台车车轮压伤；更换炉箅条时，易造成手挤夹伤、头部碰伤及其他机械伤害。

（3）用吊车更换台车或运重物时配合不好，易造成挤夹伤手脚等机械伤害。

3.5.1.4 烧结矿破碎、筛分、整粒工序常见事故

烧结矿破碎、筛分、整粒工序常见事故包括以下几个方面：

（1）单辊破碎机溜槽和热矿筛进口堵料、打水捅料时，易被蒸汽、红料烫伤；热矿筛在运转中震动大，容易将联轴节、轴承体连接部位的螺钉震断甩掉，甚至把振动器偏心块甩掉飞出伤人。

（2）冷却机的进、出料口堵料和一次返矿溜槽出口堵料，处理时易烫伤人。

（3）双层筛、振动筛的瓦座连接螺钉断，传动轴瓦座和偏心块甩出伤人；在处理齿辊破碎机、双层筛进口漏子和冷振动筛筛板孔堵料时易不慎伤人。

3.5.1.5　抽风除尘工序常见事故

抽风除尘工序常见事故包括以下内容：

（1）抽风机转子失衡，叶片脱落击破机壳飞出伤人。油箱油管漏油有引起火灾的危险。

（2）进入除尘器和大烟道内检查或处理故障时，有煤气中毒的危险；若他人关闭了人孔门，会造成窒息死亡，若启动风机，将造成严重后果。

（3）进入电除尘器内排除电场故障或清扫阴阳极积灰，进保温箱清扫绝缘套管、座式瓷瓶等，未采取放电措施，有被电击的危险；通风不畅有煤气中毒、缺氧窒息的危险，除尘器清灰还有被高温除尘灰烫伤的危险。

（4）除尘设备的外楼梯多，且高又陡，有上下楼梯不慎滑倒、坠落的危险。

3.5.2　烧结球团生产事故案例分析

3.5.2.1　黏料跌落事故

事故经过：2010 年 1 月 25 日，某炼铁厂烧结车间烧结停机计划检修，5 时班长安排配料组长负责组织一期滚筒的清料工作，7 时成品组长等人被调来一同清理滚筒黏料，8时 20 分左右当配料组几名职工用钢镐清理滚筒内壁黏料时，黏料发生滑落，将正在作业的两名职工砸伤。

事故原因：事故的管理原因是检修安全会对清理滚筒工作布置不严密，作业方案、安全措施、负责人、监护人等没有进行具体、细致安排。直接管理原因是班长布置工作时，缺乏对清理滚筒作业的危险性评估，进行了泛泛布置，造成职工对全部危险和具体防范措施没有掌握的前提下，贸然进入滚筒作业。间接管理原因是配料组长、成品组长在组织职工清理黏料作业时，对安全措施和作业防范内容布置不全面，职工教育不到位，作业监护过程中对监护到点措施执行不严，对先兆隐患发现不及时。主要原因是职工在清理黏料作业过程中，对可变的作业环境防范意识不强，安全检查、确认不到位。

3.5.2.2　黏料飞出伤人事故

事故经过：2009 年 6 月 14 日 14 时 15 分左右，某钢铁厂原料车间 2 号供料班班长刘某组织职工对混均料仓 3 号仓进行清仓作业时，因使用空气炮打料仓黏料，造成震落的物料由清料孔飞出，击中在清料孔处站立职工李某的左眼部，造成左下眼睑受伤事故。

事故原因：事故直接原因是职工李某安全意识不强，没有认识到清料孔有飞料喷出的可能，使自己处于飞料喷出的危险区域。主要管理原因是原料车间 2 号供料班长刘某未对清仓工作进行全面的安全评估和安全措施制定，在向清仓职工布置工作时，没有将作业存在的危险和具体的安全防范措施向职工讲解清楚。间接管理原因是原料车间对班组之间的职工协调作业管理存在漏洞。

3.5.2.3　安全防护装置不完善设下陷阱事故

事故经过：2001 年 1 月 27 日 6 时 30 分，某烧结厂五班皮带操作工罗某与同班胡某进行接班前卫生清扫工作，罗某叫胡某去矿槽处打扫卫生，罗某拿着铁铲到加湿皮带机处搞卫生。约 7 时 15 分，罗某在运转加湿皮带驱动机处清扫卫生时，由于身体接触运转的增面轮与皮带部位，被卷入增面轮与皮带间，卡夹在皮带中死亡。

事故原因：皮带运输机在设计时安全防护装置不完善，在使用前的内部"三同时"审查时未发现此问题。该工程在投入生产后，安全检查监督不力，没有发现皮带运输机的不安全因素，未及时采取防护措施。皮带工岗位操作规程中，清扫工作安全注意事项不具体。烧结厂对职工安全教育不够，职工安全意识薄弱，自我保护能力差。图 3-5 所示为该事故自拟的漫画。

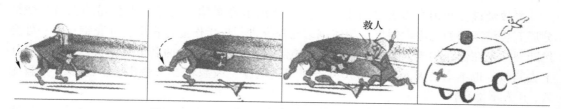

图 3-5　事故自拟漫画

3.5.2.4　岗位工作人员被带入皮带导致的伤亡事故

事故经过：2006 年 6 月 23 日 16 时左右，某钢铁公司烧结厂球烧作业区运行乙班史某接班后进入 1~9 号皮带岗位工作。23 时左右，当班班长高某查至该岗位检查史某卫生完成情况，史某回答已全部做完。24 日凌晨 0 时左右，丁班接班人员朱某来到岗位进行交接班，未见到史某，通过询问，误认为史某洗澡去了，便不再过问。约 0 时 30 分，朱某巡检到 1~9 号皮带机机尾，发现史某趴在机尾滚筒下方，朱某随即打电话告诉丁班班长孙某，孙某到现场后卡断皮带事故开关，随后打电话告诉主控室通知医院急救室。120 救护车到达现场后发现史某已死亡。经医院诊断，史某左侧胸腔开放性损伤、肺外露，左右上肢不全离断伤、肢体多处骨折致其死亡。事故直接经济损失约 13 万元。

事故原因：事故直接原因是史某在岗位作业时不慎被带入皮带挤压致死。间接原因：一是烧结厂对新入场人员、转岗人员安全培训不够，球烧作业区对班组职工交接班制度检查落实不严，致使交接班制度未能得到很好的贯彻落实；二是球烧作业区运行乙班对日常作业过程中的职工作业行为监督、检查、管理不到位。

3.5.2.5　清理矿槽作业忽视安全防范导致坍塌伤人事故

事故经过：2006 年 7 月 21 日晚 18 时 30 分，某冶金集团有限公司烧结厂料场车间上夜班的甲班工段段长侯某，接到当日下午副主任宋某在交接班记录上留交的作业通知，2 号翻车机拖轮下面的矿槽，从今晚开始每班必须清理干净。19 时 30 分左右，侯某组织当班人员 10 人开始沿矿槽北侧内壁由上至下进行清理作业。21 时当日值夜班的副主任宋某到达作业现场，23 时左右因身体不适离开，期间对错误的作业模式没提出整改要求。7 月 22 日 1 点 25 分，当清理接近到下料口时，料槽壁南侧黏料发生"滑坡式"溜料，将正在清料的李某埋入料中而导致死亡。

事故原因：事故主要原因是料场车间在本次清理矿槽作业过程中，只制定了沿槽北侧内壁向下清料的作业模式，致使作业模式埋有事故隐患，且从作业指令下达到事故发生，没有严格执行安全生产"五同时"制度和烧结厂《危险作业审批制度》中的审批程序和制定落实安全防范措施的要求。直接原因是烧结厂料场车间，在本次清矿槽作业中，制定了沿槽北侧内壁向下清料的作业模式。没有对其他三侧内壁黏料的处理要求，致使作业模式产生了事故隐患。管理原因是烧结厂将清理矿槽作业确定为危险作业，但长期没能执行审批程序，有关监督管理人员监督不到位。

3.5.2.6　焊接电除尘器，5人被吸入身亡事故

事故经过：2010年9月9日上午8时，武汉市隆泰建筑劳务有限公司的人员对烧结分厂五烧结车间的电除尘器机头箱体钢结构外壳进行焊接作业过程中，外壳钢板有一处突然断裂，正在作业的3人被空气负压吸入电除尘器内，另外的两名工友见状，奋不顾身扑上去施救，也不幸被吸入。现场人员当即切断电源、风源将5人救出。但经多方抢救无效，5人不幸身亡。

事故原因：电除尘器是利用强大的空气负压，将带有粉尘的废气吸入除尘器内，再通过静电原理除尘。除尘器处于高温环境，烟尘与废气的温度更高，再加上自身为高腐蚀气体并有结露现象，就会引起壳体腐蚀。腐蚀可能因"疲劳"或焊接而造成。事故的直接原因是被焊接的电除尘器外壳钢板有一处突然断裂。

3.5.2.7　调整输送带导致伤害事故

事故经过：2005年4月14日18时左右，某钢铁公司烧结厂供料车间破碎工段转18-1输送带跑偏。当班班长胡某与该岗工人何某及四辊岗位工人刘某3人配合调整输送带跑偏。18时25分左右，输送带调整好后，班长胡某安排岗位工人何某先去吃饭，刘某去四辊岗位操作，自己一人留岗观察。18时45分左右，输送带再次跑偏。胡某在没有停机的情况下，对输送带尾部小车（重锤式小车）进行调整，并采用扳手当撬棍使用。由于用力过猛，扳手打滑，胡某右手手套被输送带尾轮绞住，因右手未能及时抽出手套，一并被带入尾轮，造成右手肱骨、桡骨断裂的伤害事故。

事故原因：胡某违规作业，使用扳手当撬棍，在没有停机也没有监护人的情况下，处理输送带跑偏故障。

3.5.2.8　更换料仓圆盘衬板导致的工亡事故

事故经过：2002年6月25日7时45分左右，某钢铁公司烧结厂供料车间检修更换预配料5号料仓圆盘衬板。班长蒋某与李某用大铁锤击打圆筒料仓后，接着黄某点燃气焊从出料口爬入仓内用气焊将旧衬板拆除，并配合安装新衬板，当配合安装第四块新衬板时，黏在仓壁上的悬料突然脱落（2~3t矿料），将黄某埋住。由于事故现场条件限制，致使抢救工作进展困难，经过约30min的气焊开孔救人紧急措施，黄某从仓内被救出，但因其胸部挤压伤势严重，经全力抢救无效于6月25日11时死亡。

事故原因：黄某在没有确认仓内壁上悬料是否干净、未辨识悬料脱落危险的情况下，进入仓内作业，因黏在仓壁上的悬料突然脱落埋住导致死亡。

3.5.2.9　竖炉内壁残渣掉落导致的工亡事故

事故经过：2004 年 4 月 27 日上午 9 时 12 分，某钢铁公司球团厂生产主管吴某蹬上竖炉人孔处的平台时，竖炉内壁上附着的残渣掉下，砸在一根一端在炉内、一端在炉外的铁钎上，铁钎弹起打中吴某的颈部，吴某当即昏迷倒地，随即被送往医院抢救，因伤势过重，抢救无效于当日上午 11 时死亡。

事故原因：（1）高硫矿粉在竖炉中焙烧时易结瘤，待竖炉凉炉后由于热胀冷缩容易自动脱落掉下。（2）本工段职工在人孔处将铁钎一端伸入炉内准备敲碎结瘤大块用，实际又未用，致使瘤块掉下砸在铁钎上，铁钎弹起伤人。（3）吴某本人未能意识到瘤块掉落并打击铁钎弹起伤人的危险性，到人孔口处察看时未拿开放在孔口的铁钎。（4）临时进行检修作业未及时制定相应安全措施，未进行作业前安全交底。

3.6　烧结球团生产岗位安全技术规程

烧结球团生产岗位的安全通则内容如下：

（1）上班前要休息好，严禁班前班中饮酒。

（2）在厂内外通道上，要遵守交通规则，注意来往车辆，不超速，不抢道，不撞红灯、红旗，不钻道杆。通过道口时，做到一停、二看、三通过。

（3）骑车或步行要看清路面，注意沟桥和障碍物。禁止脚踏碎铁烂木，防扎伤。

（4）工作时要精力集中，不准嬉戏、打闹，不准脱串岗，不准从事与本职工作无关的事，不准操作其他岗位设备。

（5）上下台阶要稳，防止踩空、滑倒；上下梯子手要抓紧栏杆，每节梯子不得有两人同时通过，防止梯坏摔人。

（6）不准攀登和倚靠围栏，不准倚靠窗台乘凉或休息。

（7）不准违规从高空往下扔东西，否则要设专人看管。进入双层作业区域检修时，要戴好安全帽。

（8）各种电器开关，要装好防护。

（9）电气线路布局要合理、正规，不漏电、不碰人。电机要有接地线。停送电时，要设专人联系，挂明显标志，确保作业人员安全。

（10）灯口要符合安全要求，使用手持行灯时，必须用 36V 以下安全电压。

（11）给料圆盘发生卡料时停电处理，严禁用手去掏。

（12）安全装置，不准拆除。如工作需要暂时拆除时，必须先与有关人员联系。工作完毕后，必须按原状恢复装好。

（13）设备转动部位，要设安全防护罩。启动设备前，必须检查，在确保人身和设备安全的情况下方可开动。

（14）生产运行中，不准人体进入料仓、机壳、烟道及各种管道内部，停机检修时进入，必须设专人监护。

（15）危险作业岗位，在其周围应有明显标志，或用绳子围栏隔离。预知有危险时，必须告诉全体人员注意。

（16）在煤气区域工作时，应注意风向，工作人员要站在上风侧或佩戴空气呼吸器，以免煤气中毒。

（17）搬抬物体时，工具、绳要结实。动作要协调，防止扭腰、碰砸手脚。乘车途中，要注意电线、树枝和障碍物，拐弯时注意防止挤伤摔下。

（18）各厂房结构、平台楼房、通廊房顶，都不准超负荷使用，防止塌落伤人。

（19）在工作中，如发生人身事故，应立即组织抢救，并且立即向上级报告。

（20）皮带机作业执行皮带机岗位安全规程。向高处吊运物件时，人员不能站在吊物下面，以免砸伤。也不准站在吊物上，以免摔伤。

（21）在煤气、油库、易燃、易爆等区域要禁止烟火。如需要动火时，须经安全部门批准。否则不准动火。

（22）另 8 条岗位安全通则与焦化岗位安全通则中 1）～8）项相同。

3.6.1　烧结生产岗位安全技术规程

烧结岗位安全规程包括四辊破碎机、受料槽、配料室、混合制粒机、烧结机、单辊破碎机、环冷机、冷筛、热筛、皮带机、主排风机、助燃风机、除尘器、天车等。下面将对烧结生产的主要岗位安全规程进行讲述。

（1）铁料受矿槽岗位安全规程。

1）上岗作业前劳动保护必须穿戴齐全。

2）设备在运转中非操作人员严禁靠近，检查时注意衣服、手脚等被运转部分绞住。安全装置不准随便拆卸，严禁接触运行中的皮带和设备。在进行修理或加油时，应停机进行。

3）严禁在皮带机上横跨乘坐，不允许用手或任何工具在运转中的皮带机头、尾轮清扫刮料、扒散料。

4）岗位工在处理漏斗积料时，严防所用工具被运转的皮带机绞住或掉入漏斗内，在运行中清理卫生一旦将铁锹或其他工具卷入时，严禁用手硬拉，可停机处理。

5）皮带机上（滚筒、皮带下面）严禁打水，防止皮带出现打滑故障。

6）发现皮带机任何部位的托辊、挡轮、挡料板掉落时，应立即停机装好。发现皮带跑偏应迅速调整，严禁用铁棍、锹把乱别运转中的皮带，以防发生事故。

7）禁止皮带机带负荷停机。若因紧急事故带负荷停机后，在启动时应将皮带机上的料卸掉 1/3 后，才允许启动，以防烧坏电机。

8）皮带机两侧的撒料应及时清理，防止堆积。

9）当出现下列情况时，操作人员应迅速切断皮带机事故开关：发生人身事故时；皮带严重跑偏调整无效，有撕裂的危险或皮带接口裂开要断时；严重堵斗或来料过多皮带被压、电机冒烟、传动齿轮损坏、皮带打滑、电机转动而皮带不动等设备故障时。

10）注意来回过往车辆。

（2）四辊破碎机岗位安全规程。

1）遵守厂部或车间各项安全规定，工作前按规定穿戴好劳动保护用品。正确、熟练使用防护器材。

2）传送带脱落时，必须让设备停转，挂好停电牌后，方可处理。

3）调整辊子间隙时，扳手要拿稳，调整完毕后，固定好扳手，防止掉下伤人。

4）严禁私自使用电葫芦紧辊子，电葫芦作业时，要远离下方。

5）悠锤作业时，要两人以上同时进行，锤体下方禁止有人并有辅助的保险绳。

6）处理电磁分离器上的杂物时，必须停电挂牌处理。

7）破碎机各安全防护设施应齐全有效，运转中各活门应关闭严密，防止物料飞出伤人。

8）机械运转时，禁止用手触摸、擦拭运转部位，检查、加油、清扫、检修转动部位必须停车，切断电源。禁止用湿布擦拭电机和电气开关。

（3）配料室岗位安全规程。

1）遵守厂部或车间各项安全规定，工作前按规定穿戴好劳动保护用品。正确、熟练使用防护器材。

2）处理故障和进行特殊作业时，要做好危险预知工作，需停电设备，必须先停电挂牌。

3）严禁跨、钻、坐、卧皮带，过皮带要走过桥。

4）捅料时，钎子要握紧，处理闸门堵料要站在圆盘侧面，不准站在皮带上。

5）进行称料、校验时，袖口必须扎紧，严防皮带绞伤。

6）使用悠锤时，悠锤必须有辅助钢丝绳，悠锤下方不准停留任何人员，并且在有专人监护下进行操作。

7）螺旋的盖板不得随便拆卸。

8）跑盘作业严禁单人操作，特别注意要戴好套袖，系好衣扣、鞋带、身体各部位不得触及皮带机的运转部位，严禁戴手套作业。

9）操作开关时要"手指口唱"。

10）机械运转时，禁止用手触摸、擦拭运转部位，检查、加油、清扫、检修转动部位必须停车，切断电源。禁止用湿布擦拭电机和电气开关。

11）非岗位人员未经允许，不得进入岗位操作。

（4）一、二次混合制粒机岗位安全规程。

1）上岗作业前劳动保护必须穿戴齐全。

2）混合机内有人或料多超负荷时，严禁启动混合机。

3）设备检修或停车处理事故时，应将转换开关打到"0"位，并通知高压配电室切断电源。

4）设备启动时非操作人员应离设备 1m 以外。运转中严禁修理各部件。加油检查时应注意衣角不被运转部件咬住。

5）进入圆筒内清理挂料时，必须等料温降低后进入，必须用 36V 低压灯照明，进入前应切断事故开关，并通知组长，同时在操作箱上挂检修牌，要有人监护。

（5）烧结主控室岗位安全规程。

1）上岗作业前劳动保护必须穿戴齐全。

2）操作人员必须经专业培训，熟悉本系统各设备性能、键盘各功能及掌握操作方法后方能进行操作。

3）非工作人员不经许可不准入内。

4）仪器仪表等设备出现故障，不可擅自拆卸，要通知有关人员检修处理。

5）计算机运行时，严禁随意触动电源和键盘等，以防触电或误动作。

6）计算机操作台上严禁放茶杯或其他液体容器，以防翻倒、损坏设备。

7）计算机应有良好的接地，以免漏电伤人。

8）启动系统或单体设备时，必须通知有关岗位仔细检查，确认其均在正常状态后方可启动。

（6）布料矿槽岗位安全规程。

1）上岗作业前劳动保护必须穿戴齐全。

2）严格执行皮带机安全规程。

3）检查矿槽料位时，注意不要被梭式布料机碰到或轧住。

4）清理矿槽必须经烧结主控室同意，要有可靠的安全措施，系好安全带，并有专人监护。

5）设备检修时必须挂好检修牌，检修牌不撤不得擅自启动设备。

6）设备检查和维护时，注意衣袖不要被运转的设备咬住。

7）矿槽属于煤气区，如发现煤气泄漏立即上报及时处理，严禁动用煤气取暖，做饭。

（7）看火工岗位安全规程。

1）上岗作业前劳动保护必须穿戴齐全。

2）不准在点火器周围休息或取暖，以防煤气中毒。

3）烧结机在运转中，不得乘坐或跨越台车，严禁站在轨道上及进入弯道或台车下部检查、检修、清扫设备。

4）更换炉条时，必须减慢机速或停机更换，确保人员安全。

5）机械在运转中，不允许任何物件强行拦阻或以手去触动传动部分。

6）烧结机事故停机后，必须立即查明原因，妥善处理，不能盲目开车或倒车，以免事故扩大。

7）点火器在点火前，必须用氮气对管道进行低压吹扫，而后做煤气爆发试验，合格后方可进行点火，点火操作必须两人协作进行。管道有漏气现象时，应停机处理。

8）当煤气压力低于 5kPa 时，应停止生产。长时间停机必须切断主管煤气，并打开切断阀后的煤气放散阀。

9）台车在运行时，不准用手接触台车之间拦板接头处；检查车轮时，不准用手搬动车轮。

10）正常生产中更换台车时，应将需更换的台车移至机尾风箱上方再停机，然后操作机尾液压千斤顶，将移动架顶向卸矿方向从而使台车拉开一个间隙，再行取放台车的操作。台车更换完毕，须将移动架复位后方能开车。

11）停机后跨越台车时，严禁踩在台车车轮上，以防摔倒。

12）要定期检查柔性传动装置的定扭矩联轴器上的摩擦片传递力矩情况，脉冲发生器与接触开关灵敏可靠情况，各弹性拉压杆上的安全装置微动开关的可靠性，以保证设备安全运行。

13）严禁在烧结机上取料做饭与取暖。

（8）单辊破碎机岗位安全规程。

1）上岗作业前劳动保护必须穿戴齐全。

2）单辊破碎机在启动和运转过程中，非操作人员不得在设备旁停留。

3）发现机旁转换开关失灵，应立即向主控室反映，立即修复。

4）单辊破碎机的齿冠、衬板有开裂、松动或变形时，要及时汇报处理。

5）严防金属硬物掉入单辊机内，单辊机在运转中，不准将铁棒伸入捅矿。

6）保持单辊破碎机防尘罩密封良好、无缝洞，打开检查孔时，应站在料流的侧面，防止被烧结矿烧伤。

（9）冷矿振动筛岗位安全规程。

1）上岗作业前劳动保护必须穿戴齐全。

2）筛子运转过程中，严禁进入筛箱内检查设备。

3）开机前必须清除筛面上及设备周围的障碍物。设备在启动或运转中，非操作人员不得靠近；进行检查时，不得站在筛体上。

4）正常情况下，不允许带负荷停机；任何情况下不允许带负荷启动。

5）筛子出现影响强度的缺陷（如大小梁、筛箱断裂，弹簧受力不均导致筛面倾斜等）时应及时处理，否则不许开车。

6）筛子检修完毕后应立即清除筛内一切杂物。严禁在设备运转时探测油位、抢修设备。

7）运转中当发现筛板松动时，应及时停车处理。

（10）热矿振动筛岗位安全规程。

1）上岗作业前劳动保护必须穿戴齐全。

2）热筛检修完后，要立即清除筛内一切金属物料。严禁在设备运转时，探测油位、抢修设备。

3）开机前必须清除筛面上及设备周围的障碍物。设备在启动时或运转中，非操作人员不得靠近，进行检查时不得站在筛体上，不准站在振动器的偏心块前方，以免发生意外事故。

4）正常情况下，不允许热振筛带负荷停机和启动。

5）热振筛的卸料漏斗内不允许存料。经常与返矿链板联系，返矿槽内存料不宜过多，严禁返矿顶热筛。

（11）主抽风机岗位安全规程。

1）上岗作业前劳动保护必须穿戴齐全。

2）抽风机是烧结生产的"心脏"部位，操作工人不准擅离工房，非本岗位人员不准随便进入。

3）启动风机时必须有调度、电工、风机工同时在场，缺一不可开机。

4）启动风机时必须两人配合进行，一人开关设备，一人观察电机及风机的启动情况，无关人员必须离开。

5）当发现下列情况时，应立即停止启动操作：电机冒火花、冒烟；机身剧烈震动；电机声响不正常；电机转速不正常；风机声响不正常；风机轴瓦冒烟或震动；轴承及密封处冒烟；油箱中油位下降至最低油位，虽然继续添加润滑油，但仍未能制止时；吸风机或电机的轴窜动 0.2~0.3mm 时。

6）在启动过程中，如发生跳闸、启动失败，必须查明原因、清除故障、具备启动条件后方可再次启动。

7）吸风机转动部位的安全防护装置必须保持完好，如有损坏及时找有关人员恢复。

8）吸风机室禁止晾晒衣物和其他物品，禁止靠近电动机风包取暖。

9）吸风机室内禁止放存易燃易爆物品或堆放杂物。

（12）助燃风机岗位安全规程。

1）启动主排风机（或风机）时禁止站在转子旁边，非有关人员必须离开。

2）在室内清扫时不能用水冲地秤，特别是电缆头上更不准打水润湿。

3）禁止用手试电缆皮的温度和擦拭电动油泵的对齿。

4）特殊作业须两人以上共同完成。

5）在启动设备时如有开关跳闸必须报告主控，经查明原因后方可启动。

6）另 4 条岗位安全规程见焦化岗位安全通则中 1）、3）、8）、9）项。

（13）电除尘岗位安全规程。

1）上岗作业前劳动保护必须穿戴齐全。

2）非直接操作人员禁止进入控制室和电场。

3）为了防止操作过电压，严禁在设备运行时转换高压隔离开关。

4）任何人不允许在设备运行时进入电场和接近高压电器设备进行工作。

5）当需要进入电场检查或维修时，应先切断高压电源，高压隔离开关准确接地，挂上严禁合闸警告牌，经确认无电时，才能进入电场。

6）进入电场工作时应有两人参加，一人监护，一人工作。

7）当有人触电时，应首先切断电源，并按触电急救规程进行抢救。

8）电气设备着火时，应及时切断电源，并迅速用干粉灭火器灭火，严禁用水或泡沫灭火器灭火。

9）电除尘器的全部人孔门和保温箱门未关时，不得送电。

（14）皮带机岗位安全规程。

1）上岗作业前劳动保护必须穿戴齐全。

2）本岗所有安全装置须齐全，不得随意拆除损坏。

3）皮带机在运转过程中，不准跨越皮带，身体不得接触转动部位。必须走人行过桥。

4）严禁运转中清除大小滚筒上积料。

5）压料严重或其他原因皮带打滑时，不许用脚蹬或手拉皮带，应停机处理。

6）发生事故时，立即拉拉绳开关停车。

（15）天车岗位安全规程。

1）天车工必须在指定地点上下车。进入岗位后应先打铃后送电，并及时检查限位开关的灵敏度及制动器的可靠性。

2）操作鼓型控制器与主令控制器时，操作手柄必须缓慢进行，保证天车运行平稳。但在接近零位的地方稍快，以免弧光过长烧坏接触点。在机械完全停止运行后，才允许进行反向操作。

3）操作中必须精力集中，严禁交谈逗笑。

4）上料时，起升必须做垂直方向运动，严禁斜拉歪吊。

5）天车在做水平移动时，吊物必须提高到离开可能遇到的障碍物 0.5m 以上，以防撞坏或发生其他事故。

6）上料时，必须缓慢上升，并保证吊物与矿槽、料仓有一定的距离，防止撞坏矿槽。

7）天车上升至距大梁 300mm 时必须停止。在正常运行时，禁止用终点开关和极限开关来切断电源，接近终点时速度应缓慢。

8）操作中应时刻注意制动器是否处于良好状态，当发现刹车不灵、刹不住闸轮时，不应因此而切断事故开关，相反，应将两个主令控制器同时打开到下降的最后一档，使吊物徐徐下降；当发现液压泵失灵、抱闸不能张开时，严禁继续操作，应切断电源，进行检查处理，处理不了时及时向有关领导汇报。

9）非岗位人员，未经允许，不得进入岗位进行操作。

10）天车工进入岗位操作时，必须穿戴好劳动保护用品，不得穿非绝缘线鞋进入岗位操作。

11）严禁攀登运行中的天车，严禁从天车桥架上翻越；在运行中，任何人发出停车信号都必须停车。

12）天车抱闸失灵时严禁开车；在运行中禁止修理一切机电设备。

13）除定期检查、维修天车轨道人员外，任何人不得沿天车轨道行走和停留。

14）天车检修或停止使用时，小车必须停靠到主梁一端，吊物必须落至地面，吊物落到最低时，卷筒上余留的钢丝绳不得少于三圈；当钢丝绳有严重磨损、每捻距断 12 丝、表面磨损到原来直径的 20% 时，此钢丝绳不能继续使用。

15）严禁用吊运设备；严禁酒后开车。

16）各安全罩、照明灯具、消防器材、极限开关等必须完好，工具应放在工具箱内，以免坠落伤人。

3.6.2 球团生产岗位安全技术规程

球团（竖炉生产）岗位安全规程包括配料室、烘干机、润磨机、造球盘、竖炉、链板机、鼓风机等。下面对球团生产的主要岗位安全规程进行讲述。

（1）配料工岗位安全规程。

1）上岗前戴好劳保用品。

2）非本岗位值班人员不得擅自操作设备。

3）开车前注意检查设备转动部位是否有人或障碍物。

4）不得随意钻跨皮带，必须走人行过桥。

5）不要在设备运转时进行检修，检修设备时应切断电源，悬挂警示牌。

（2）烘干机岗位安全规程。

1）上班前穿戴好劳动保护用品。

2）煤气管道、烧嘴、阀门要经常检查是否漏气，仪表的接头是否脱落、漏气以防中毒。

3）引煤气、点火、切煤气要严格遵守操作规程。

4）设备运转时不要在转动部位进行擦洗。

5）检查各种机电设备时按规定进行。

6）非本岗操作人员，严禁擅自操作。

（3）润磨机岗位安全规程。

1）上岗前劳动保护用品必须穿戴齐全。

2）高压配电柜周围 1m 以内禁止站人。

3）润磨机启车运转时，端盖两边禁止站人。

4）润磨机运转时，禁止在润磨机上方吊装物品。

5）润磨机运转时，禁止用千斤顶起磨机。

6）禁止钻跨皮带，走行人过桥。

（4）造球工岗位安全规程。

1）上岗前穿带好劳动保护用品。

2）确认人处于安全区，工作区无杂物。

3）班前班中不许饮酒。

4）安全装置保持齐全可靠，不许钻、跨皮带。

（5）布料岗位安全规程。

1）进入岗位前必须穿戴好劳动保护用品。

2）非本岗操作人员禁止操作。

3）检修时必须有效地切断电源，并挂好禁止合闸标志牌或设专人监护，并同前后岗位联系好。

4）启车时必须确认设备附近是否有人和障碍物，确认安全后方可起车。

5）不许湿手动电器开关，电器故障必须找电工处理。

6）严禁在布料车平台上休息。

7）布料车运行时，不准将手脚放在轨道上。

8）在炉口捅炉料或更换炉箅，必须系好安全带，并作好互保连保。

9）开启电振机时必须先给链板机发信号，确认安全后方可开机。

（6）竖炉主控室岗位安全规程。

1）上岗作业前劳动保护必须穿戴齐全。

2）非工作人员不经许可不准入内。

3）操作人员必须经专业培训，熟悉本系统各设备性能、键盘各功能及掌握操作方法后方能进行操作。

4）仪器仪表等设备出现故障，不可擅自拆卸，要通知有关人员检修处理。

5）计算机运行时，严禁随意触动电源和键盘等，以防触电或误操作。

6）计算机操作台上严禁放茶杯或其他液体容器，以防翻倒、损坏设备。

7）计算机应有良好的接地，以免漏电伤人。

8）启动系统或单体设备时，必须通知有关岗位仔细检查，确认其均在正常状态后方可启动。

（7）看火工岗位安全规程。

1）进入岗位前必须穿戴好劳动保护用品。

2）非本岗操作人员禁止操作设备。

3）设备检修时，必须有效的切断电源，挂好禁止合闸标志或设专人监护确认后方可作业。

4）检修完毕送电前必须确认有无安全隐患，确认安全无误后方可送电。

5）每班检查煤气设备及计量器仪表有无跑漏煤气，以防止中毒事故的发生。

6）从事煤气工作必须两人以上，禁止单独作业。

7）不得往平台下扔任何物品，以免误伤行人。

8）电动煤气助燃风及冷却风蝶闸阀在检修时，应先切断电源，挂上禁止合闸牌，确认无误后方可同意检修。

（8）链板机岗位安全规程。

1）进入岗位前必须按规程穿戴好劳动保护用品。

2）非本岗位人员禁止操作设备。

3）检修时必须切断有效电源挂好"禁止合闸"标志牌或设专人监护。

4）开车前必须确认链板机旁是否有人和障碍物，确认安全后方可开车。

5）严禁湿手动电器开关，电器故障必须找电工处理。

6）严禁向走廊外扔东西。

7）严禁徒手触摸正常运行中的链板机。

（9）带冷机岗位安全规程。

1）进入岗位前必须按规程穿戴好劳动用品。

2）非本岗人员禁止操作设备。

3）严禁湿手动电器开关，电器故障必须找电工处理。

4）检修时必须有效切断电源，挂好禁止合闸标志牌或设专人监护。

5）开车前必须确认带冷机内外是否有人和障碍物，确认无误后方可开车。

6）观察门必须关闭，严禁往设备上打水。

7）灭火设备必须齐全有效，发生着火时立即关闭给油阀门，停止供油。

8）带冷机必须有两人以上才能操作值班。

（10）鼓风机岗位安全规程。

1）进入岗位前必须按规程穿戴好劳动保护用品。

2）非本岗操作人员禁止操作设备。

3）严禁湿手动电器开关，电器故障必须找电工处理。

4）严禁向电动风机轴承箱及周围喷水。

5）风机运转后，严禁人体靠在机电设备上。

6）风机启动时，必须先确定风机附近无障碍物，确认无误后方可开车。

7）风机检修时必须有效切断电源，挂好禁止合闸标志牌或设专人监护方可进行。

8）在启动风机时，必须有两人配合进行，一人操作，一人观察电机及风机启动情况，如发现异常现象，立即停止操作。

9）设备运转时，禁止在转动部位加油或清灰。

复习思考题

3-1　目前粉矿造块方法主要有哪两种？并简要叙述。

3-2　阐述烧结生产的工艺流程。

3-3　简述球团生产的工艺流程及三种焙烧方法。

3-4　现代烧结球团安全生产具有哪些特点？

3-5　简述带式焙烧机原理及竖炉原理。

3-6　烧结球团生产设备的一般要求有哪些？

3-7　简述烧结球团生产的基本危险有害因素。

3-8　简述抽风除尘工序的常见事故。

3-9　简述烧结球团生产岗位安全通则的主要内容。

3-10　烧结生产看火工岗位安全的规程内容主要有哪些？

3-11　竖炉主控室岗位安全规程的内容主要包括什么？

4 高炉炼铁生产安全技术

4.1 高炉炼铁基本工艺及安全生产特点

4.1.1 高炉炼铁生产基本工艺

炼铁生产在现代钢铁联合企业中占据极为重要的地位。高炉炼铁生产是用还原剂在高温下将含铁原料还原成液态生铁的过程。高炉操作者的任务就是在现有条件下，科学地利用一切操作手段使炉内煤气分布合理，炉料运动均匀顺畅，炉缸热量充沛，渣铁流动性良好，能量利用充分，从而实现高炉稳定顺行，高产低耗，长寿环保的目标。

生铁的冶炼是借助高炉本体及其辅助系统来完成的。高炉是冶炼生铁的主体设备，它是一个耐火材料砌筑的直立式圆筒形炉体，最外层是钢板制成的炉壳，在炉壳和耐火材料之间有冷却设备。附属系统主要有供料系统、送风系统、喷煤系统、渣铁处理系统与煤气除尘系统，其生产工艺流程如图 4-1 所示。

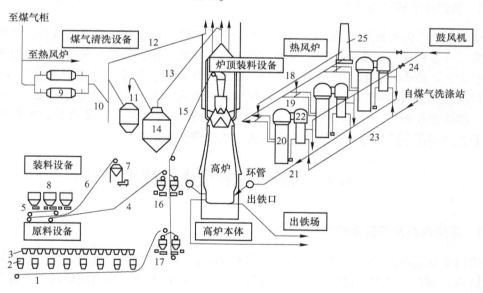

图 4-1 高炉炼铁生产工艺流程

1—矿石输送皮带机；2—称量滴斗；3—储矿槽；4—焦炭输送皮带机；5—给料机；6—粉焦输送皮带机；7—粉焦仓；8—储焦槽；9—电除尘器；10—调节阀；11—文氏管除尘器；12—净煤气放散管；13—下降管；14—重力除尘器；15—上料皮带机；16—焦炭称量漏斗；17—矿石称量漏斗；18—冷风管；19—烟道；20—蓄热室；21—热风主管；22—燃烧室；23—煤气主管；24—混风管；25—烟囱

（1）供料系统。包括储矿槽、储焦槽、称量与筛分等一系列设备，其任务是将高炉冶炼所需原料通过上料系统装入高炉。

（2）送风系统。包括鼓风机、热风炉及一系列管道和阀门等，其任务是连续可靠地供给高炉冶炼所需的热风。

（3）喷煤系统。包括原煤的储存、运输、煤粉的制备、收集及煤粉喷吹等，其任务是均匀稳定地向高炉喷吹大量煤粉，以煤代焦，降低焦炭消耗。

（4）渣铁处理系统。包括出铁场、开铁口机、堵渣口机、炉前吊车、铁水罐车及水冲渣设备等，其任务是及时处理高炉排放出的渣、铁，保证高炉生产正常进行。

（5）煤气除尘系统。包括煤气管道、重力除尘器、洗涤塔、文氏管、脱水器等，其任务是将高炉冶炼所产生的煤气，经过一系列的净化使其含尘量降至 $10mg/m^3$ 以下，以满足用户对煤气质量的要求。

高炉炼铁过程是连续不断进行的，其使用的原料有铁矿石（包括烧结矿、球团矿和块矿）、焦炭和少量熔剂（石灰石），产品为铁水、高炉煤气、炉尘和炉渣。高炉炼铁时，从炉顶装入铁矿石、焦炭和少量熔剂，从高炉下部的风口鼓入热风，燃料中的碳素在风口发生燃烧反应，产生具有很高温度的还原气体（CO、H_2）。炽热的气流在上升过程将下降的炉料加热，并与矿石发生反应，将铁还原出来。还原出来的海绵铁进一步熔化和渗碳，最后形成生铁。铁水定期从铁口放出。矿石中的脉石变成炉渣浮在液态的铁面上，从渣口排出。目前新建或改建的高炉不设渣口，需定期从铁口排放渣铁。反应的气态产物成为煤气，从炉顶排出。煤气含有可燃性气体，经净化处理后成为气体燃料。

4.1.2　高炉炼铁安全生产的特点

炼铁生产所需的原料、燃料，生产的产品与副产品，以及生产的环境条件，给炼铁人员带来了一系列潜在的职业危害。例如，在矿石与焦炭运输、装卸、破碎与筛分过程中会产生粉尘，炉前作业有高温辐射，出铁、出渣会产生烟尘，铁水、熔渣遇水会发生爆炸，开铁口机、起重机造成的伤害，炼铁厂煤气泄漏可致人中毒，高炉煤气与空气混合可发生爆炸，喷吹烟煤粉可发生粉尘爆炸；另外，还有炼铁区的噪声，以及机具、车辆的伤害等。如此众多的危险因素，威胁着生产人员的生命安全和身体健康。

4.2　高炉炼铁安全生产技术

4.2.1　高炉供料系统安全技术

供料系统是按高炉冶炼要求将料批持续不断地供给高炉冶炼。供料系统包括原料和燃料的运入、储存、放料、输送以及炉顶装料等环节。供料系统应尽可能地减少装卸与运输环节，提高机械化、自动化水平，使之安全地运行。

（1）运入、储存与放料系统。大中型高炉的原料和燃料大多数采用胶带机运输，比火车运输易于实现自动化和治理粉尘，但也存在不少问题。储矿槽未铺设隔栅或隔栅不全，周围没有栏杆，人行走时有掉入料槽的危险。料槽形状不当，存有死角，需要人工清理。内衬磨损，进行维修时的劳动条件差。料闸门失灵常用人工捅料，如料突然崩落往往造成伤害。放料时的粉尘浓度很大，尤其是采用胶带机加振动筛筛分料时，作业环境更差。因此，储矿槽的结构应是永久性的、十分坚固的。各个槽的形状应该做到自动顺利下料，槽的倾角不应该小于50°，以消除人工捅料的现象。金属矿槽应安装振动器。矿槽结构应采用钢筋混凝土结构，内壁应铺设耐磨衬板；存放热烧结矿的内衬板应是耐热的。矿槽上必须设置隔栅，周围设栏杆，并保持完好。料槽应设料位指示器，卸料口应选用开关灵活的阀门，最好采用液压闸门。对于放料系统，应采用完全封闭的除尘设施。

（2）原料输送系统。有的高炉采用料车斜桥上料法。料车必须设有两个相对方向的出入口，并设有防水防尘措施。一侧应设有符合要求的通往炉顶的人行梯。卸料口卸料方向必须与胶带机的运转方向一致，机上应有防跑偏、打滑装置。胶带机在运转时容易伤人，所以必须在停机后方可进行检修、加油和清扫工作。

（3）炉顶装料系统。目前多数高炉均采用无钟炉顶装料设备。延长装料设备寿命和防止煤气泄漏是该系统的两大问题。采用高压操作必须设置均压排压装置。做好各装置之间的密封，特别是高压操作时，密封不良会使装置的部件受到煤气冲刷、磨损和腐蚀，缩短使用寿命。装料设备的开闭必须遵守安全程序，设备之间必须联锁，以防止人为的失误。

4.2.2 供水与供电安全技术

高炉是连续生产的高温冶炼炉，不允许发生中途停水、停电事故。特别是大中型高炉必须采取可靠的措施，保证安全供电、供水。

（1）供水系统安全技术。高炉炉体、风口、炉底、外壳、水渣等必须连续给水，一旦中断便会烧坏冷却设备，发生停产的重大事故。为了安全供水，大中型高炉应采取以下措施：供水系统设有一定数量的备用泵；所有泵站均设有两路电源；设置供水的水塔，以保证柴油泵启动时供水；设置回水槽，保证在没有外部供水情况下维持循环供水；在炉体、风口供水管上设连续式过滤器；供、排水采用钢管，以防破裂。

（2）供电安全技术。不能停电的仪器设备，万一发生停电时，应考虑人身及设备安全，设置必要的保安应急措施，如设置专用、备用的柴油机发电组。

计算机、仪表电源、事故电源和通信信号均为保安负荷，各电器室和运转室应配紧急照明用的带铬电池荧光灯。

4.2.3 煤粉喷吹系统安全技术

高炉煤粉喷吹系统最大的危险是可能发生爆炸与火灾。喷吹系统或者在该区域内需要动明火时，应经安全、保卫部门同意，发给动火证，并采取防火、防爆措施。喷吹系统动火前，应将系统中的残煤吹扫干净。

4.2.3.1 喷煤工艺设计安全技术

（1）高炉喷煤设施宜采用直接喷吹工艺；制粉系统宜采用一次主风机和一级布袋收粉器的全负压短流程制粉工艺；喷吹系统宜采用并罐单管路加分配器喷吹工艺。

（2）工艺设备及管道的设计和配置，在保证生产需要的前提下，应尽量根据实际通风量合理匹配工艺设备及管道，以消除局部积粉，防止积粉自燃。

（3）制粉系统磨制混合煤、烟煤应按惰性干燥气设计。

（4）煤粉管道的布置和结构不应存在煤粉在管道内沉淀的可能，磨煤机至布袋收粉器之间的管道内流速建议取为 15~18m/s；管道与水平面的倾角应大于 45°。

（5）布袋收粉装置下煤粉管道与水平面的倾角应不小于 50°，且弯管曲率半径不小于 3 倍管道公称半径。

（6）除无烟煤制粉系统外，其他制粉系统的磨煤机、外置粗粉分离器和布袋收粉器应设置紧急充氮管线及相应的阀门。

（7）制粉系统管道不装设防爆膜（门）时，应按承受 350kPa 的内部爆炸压力进行设计。

（8）高炉喷吹无烟煤时，制粉系统可以在非惰性气氛下操作，喷吹罐的充压、流化和喷吹管道的输送气体均可采用压缩空气；高炉喷吹混合煤或烟煤时，制粉系统的启动、运行和停机都应在惰性气氛下操作，喷吹罐的充压、补压和流化气体必须是氮气，喷吹管路的输送气体可以用压缩空气或氮气。

（9）高炉采用氧煤喷枪时，每根喷枪前支管应设置安全保护装置，其设计原则是：当氧气支管的压力小于设定值时，快速切断氧气管道，并从氧气切断阀后通入氮气，以避免热风倒流。

（10）煤粉输送系统和喷吹系统所有气动阀门在事故断电时均应能向安全位置切换，以确保不发生混合气粉流倒流堵塞或热风倒流造成煤粉着火事故。

4.2.3.2　煤粉喷吹设备安全技术要求

（1）煤粉仓应封闭严密，减少开孔；不应使用敞开式煤粉仓；煤粉仓的进粉装置必须具有锁气功能。

（2）喷吹罐、输煤罐等压力容器应设置泄压装置，安全阀导出管的朝向应不致危害人及其他设备。

（3）除压力容器外，所有煤粉容器、与容器连接的管道端部和管道的拐弯处均应设置足够面积的泄爆孔；当需要设泄爆导管时，其朝向应不致危害人及其他设备，其长度不应超过泄爆管直径的 10 倍，且不宜带有弯头。

（4）制粉系统磨制混合煤或烟煤时应设置氧含量和一氧化碳浓度在线监测装置，达到上限值时报警。

（5）磨制混合煤或烟煤时布袋收粉器应满足以下要求：布袋材质应选用防静电型；漏风率不大于 3%；最高使用温度不大于 120℃；设置有自闭式泄爆阀或带泄爆片的泄爆阀。

（6）原煤输送系统应设有除铁设备和杂物筛，扬尘点应有通风除尘设施。

（7）喷吹罐、储气罐等压力容器的制造、安装和维修应符合 GB 150.1~GB 150.4—2011《压力容器》和国家质量技术监督局《压力容器安全技术监察规程》有关规定。

（8）煤粉仓、喷吹罐等罐体下料锥体以及收粉设备灰斗壁、落粉管路等内壁应光滑，下料锥体壁与水平面夹角不应小于 70°。

（9）所有设备、容器、管道均应设防静电接地，法兰之间应用导线跨接，并进行防静电设计校核。

（10）喷吹混合煤或烟煤时煤粉仓内应设置氮气流化、温度检测、压力检测、CO 和

O_2 检测装置。

4.2.3.3　煤粉喷吹安全技术

（1）为了防止原煤自燃，原煤在储煤槽内储存时间：烟煤不超过 2 天，无烟煤不超过 4 天。为了防止煤粉自燃，喷吹罐、输煤罐停止输送煤粉时，无烟煤粉储存时间应不超过 12h；烟煤粉储存时间应不超过 8h，若罐内有氮气保护且罐内温度不高于 70℃，则可适当延长，但不宜超过 12h。

（2）干燥炉炉膛温度一般控制在 700~1100℃，最高不得超过 1200℃。

（3）在磨制混合煤或烟煤时，煤粉仓及布袋除尘器出口混合气体氧含量（体积分数）不大于 12%（对于烟气自循环系统不大于 14%）。

（4）磨煤机出口最高温度应根据煤种和采用的制粉系统流程确定。无烟煤只受设备允许使用温度的限制。

（5）煤粉仓、罐内应设温度检测装置，罐内煤粉温度不应超过 800℃。

（6）氧煤喷枪投用时应先用氮气或其他惰性气体替代氧气，待喷吹正常后方可改为氧气；在停止喷吹拔枪前也须先用氮气或其他惰性气体替代氧气。

（7）喷吹工在高炉全风操作时不允许进行插拔喷枪作业。若必须进行，须具备可靠的安全设施或装置，同时穿戴特制的防火、防烫伤、防噪声劳保服装；要选择在出铁时或出铁后进行，不能在出铁前进行，以便于出现意外时高炉能及时休风进行处理，避免事故扩大。

（8）在利用高炉休风间隙进行插拔喷枪作业时，必须确认高炉倒流阀打开后方可进行作业，防止炉内煤气外逸、热气流喷火伤人。

（9）应按要求定期校验制粉、喷吹系统的压力、温度、氧含量与一氧化碳浓度监测仪表；定期校验检查压力容器及附属设备。

（10）人员进入喷煤系统封闭或半封闭容器、设备内，须经主管人批准，外部须有人监护和准备好急救措施；进入前应清除残粉，切断煤粉、惰性气和高温气进口，通风换气使内部温度降低至 40℃ 以下，测定氧含量大于 20%（体积分数）以上，一氧化碳浓度为零，确认无窒息、中毒和其他危险。

（11）喷煤系统检修后进行负荷联动试车时，系统联锁、报警设施应灵敏，泄爆、抑爆设施应可靠，防爆灯具、通信设备、消防器材应齐全完好并有事故应急处置预案。

4.2.4　高炉本体安全操作技术

4.2.4.1　高压操作安全要求

（1）采用高压操作必须设置均压排压装置。高压操作过程发生悬料或其他事故时，应首先转为常压，然后按常压操作处理，严禁在高压状态下强迫坐料、大量放风或高压放散煤气。管道上的均压阀、排压阀的开闭必须遵循作业程序，有关设备之间必须联锁，以防止人为误操作。

（2）高压和常压的转换能引起煤气流分布的变化，转换时要缓慢，防止损坏设备或引起炉况不顺。

（3）高压和常压转换时，应以压差为依据，适当调整风量。

（4）转高压时，一般导致边缘发展，要视情况调整装料制度。

（5）炉缸、炉基热负荷接近或超过规定限度时，应减风改常压。

（6）由于炉外事故来不及按照正常转换程序操作时，可以先放风，后转常压。

（7）炉顶压力不断增高又无法控制时，应及时减风，找出原因，排除故障，方可恢复工作。

（8）顶压控制不许超出设计界限。

4.2.4.2　休风操作安全要求

（1）应事先同燃气（煤气主管部门）、氧气、鼓风、TRT、热风、干法除尘和喷吹等部门联系，征得相关部门同意并做好相应准备后方可休风。因事故紧急休风时，应在紧急处理事故的同时，迅速通知燃气、氧气、鼓风、热风、TRT、干法除尘和喷吹等有关部门采取相应的紧急措施。

（2）炉顶及除尘器应通入足够的蒸汽或氮气；休风前炉顶放散阀应保持全开并切断煤气，炉顶、除尘器和煤气管道均应保持正压。

（3）长期休风应进行炉顶点火，并保持长明火；点火时，应疏散风口前工作人员。

（4）长期休风时，除尘器、煤气管道应用蒸汽或氮气驱赶残余煤气，保证化验合格。检修人员进入，要保证 CO 含量低于 $30mg/m^3$、氧含量达到 18%（体积分数）及以上的安全范围。计划检修期间，应有煤气专业防护人员监护。

（5）正常生产时休风，应在渣、铁出净后进行，停止炉顶打水，非工作人员应离开风口周围。休风之前如遇悬料，应处理完毕再休风。

（6）休风期间，除尘器不得清灰；有计划的休风，应事前将除尘器的积灰清尽。

（7）休风前及休风期间，应检查冷却设备，如有损坏应及时更换或采取有效措施，防止漏水入炉。

（8）休风前关闭冷风大闸；休风期间或短期休风之后，不应停鼓风机或关闭风机出口风门，冷风管道应保持正压；如需停风机，应事先堵严风口或卸下直吹管，切断煤气回流通道。

（9）休风检修完毕，应经休风负责人同意，方可送风。

（10）长期休风，要适度降低炉体冷却强度。

（11）封炉休风后，要对炉体采取密封措施。

4.2.4.3　开、停炉操作安全要求

应组成以生产厂长（总工程师）为首的领导小组，负责指挥开、停炉工作，并负责制订开停炉方案、工作细则和安全技术措施。

A　开炉应遵守的规定

（1）严格按制定的烘炉曲线烘炉，提高内衬固结强度，防止气体爆裂和损坏设备。烘炉时炉皮应设有临时排气孔。烘炉后按照行业要求做炉体气密性检验并合格。

烘炉的主要作用是缓慢地去除高炉内衬中的水分，提高内衬的固结强度，避免开炉时升温过快，水汽快速逸出，致使砌体爆裂和炉体剧烈膨胀而损坏。烘炉可用固体燃料、气

体燃料和热风。现在用热风烘炉比较多，烘炉温度和进度可用风温和风量来控制，其特点是方便安全。

（2）设备系统应经过连续 24h 无故障联动试车正常。

（3）应具备安保蒸汽、氮气和消防等条件。

（4）冷却器通水、检漏合格。

（5）送风前，除尘器、炉顶及煤气管道应通入蒸汽或氮气。

（6）送风后，高炉炉顶煤气压力应大于煤气清洗系统压力，并做煤气爆发试验合格，H_2 含量小于 6%、O_2 含量小于 2%（体积分数）方可接通煤气系统回收。

（7）应备好数量充足、强度足够和粒度合格的开炉原燃料。

（8）做好铁口煤气导出管及其密封，做好泥包（有的高炉可不做）、泥套，准备足够数量的开炉用炮泥、钻杆等耗材。烘炉前必须开排气口（特别是铁口区域），使水蒸气从排气口排出，以防铁口爆炸。一旦发现铁口潮湿，应加强铁口烘烤，严禁潮湿的铁口出铁。

（9）炭砖炉缸应用黏土砖砌筑保护层。

（10）开炉准备必须进行准确的开炉配料计算。

B 开炉操作

（1）装料。装料时要防止热风炉煤气泄漏经热风管流入高炉内，发生炉内作业人员煤气中毒的事故。装料作业时，必须严格按照开炉料计算的品种、数量、装料制度和批次执行。

（2）点火送风。点火前，炉前准备工作完毕。煤气系统全部处于准备送煤气状态，通入蒸汽。均压系统正确操作，开启炉顶放散阀。

（3）送煤气（高炉荒煤气输出）。点火送风后经 1~3h，炉顶煤气压力达 2.94kPa 以上，经爆发试验合格后，可将荒煤气输往清洗系统。

（4）出渣出铁。根据下料批次数估计炉缸内渣、铁量达到炉缸安全容铁量一半时，可出第一次铁。出铁前可放渣，但应注意渣口安全。

（5）中修后高炉开炉。高炉中修后开炉，开炉前应将炉缸内残余的物质（包括施工废弃物）清除至铁口平面以下，清除得越彻底越好。还要对每个铁口进行疏通。

C 停炉操作

高炉生产到一定年限，就需要进行中修和大修。长期以来，我国将要求处理炉缸缺陷、料线降至风口、出净炉缸残铁的停炉，称为大修停炉；料线降至风口、不要求出残铁的停炉，称为中修停炉。高炉停炉是个比较危险的作业，其重点是抓好停炉准备和安全措施，做到安全、顺利停炉。

停炉方法可分为填充法和空料线法两种。

（1）填充法即在停炉过程中用碎焦、石灰石或砾石来代替正常炉料向炉内填充，当填充料下降到风口附近时进行休风。这种方法，优点是停炉过程比较安全，炉墙不易塌落；缺点是停炉后炉内清除工作繁重，耗费大量人力、物力和时间，很不经济。

（2）空料线法是指在停炉过程中不向炉内装料，采用炉顶打水控制炉顶温度，当料面降至风口附近时进行休风。此法的优点是停炉后炉内清除量少，停炉进程加快，为大中修争取了时间；缺点是停炉过程炉墙容易坍塌，并需要特别注意煤气安全。

空料线停炉易发生气体爆炸。这类爆炸按其性质和原因可分两类：第一类是煤气温度高，CO 和 H_2 含量也高，与空气混合而产生爆炸。这类爆炸的必要条件是有空气混入。只要将煤气有效切断，停炉操作过程中避免崩料、坐料、中途休风等，就可避免爆炸。第二类是水汽爆炸。这类爆炸的产生条件有两个，一是热量充足的热源；二是数量足够的积水。当数量足够的积水遇到热量充足的热源时，突然汽化膨胀，能量瞬间释放而发生爆炸。据计算，1kg 水达到 400℃ 时，最大汽化膨胀功放出的能量相当于 0.35kg TNT 炸药。

（3）空料线停炉在喷水降温时，要避免发生爆炸的条件，其关键在于喷水量和喷水方法：

1）应将煤气发生量、煤气始温和炉顶温度三者结合来控制单位时间的喷水量，不可任意增减。除设流量表之外，应在喷水管之前设旁路放水阀，供调节喷水量用。

2）喷出的水应成细滴，以利汽化，不可大股流出。

3）料线越深，煤气始温越高，水汽爆炸的危险性越大，越要精心操作。

4）控制喷水量的直接依据是，炉顶温度下限不宜低于 250℃，上限视炉顶设备要求而定，也不宜高于 550℃。

（4）停炉降料面之前，要进行一次预休风，进行处理漏水、补焊炉壳提高强度、设置打水装置、校验仪表仪器、设置长探尺等工作，提高停炉的安全控制制度。停炉应遵守下列规定：

1）停炉前，保持炉况顺行，无结垢和炉缸堆积，酌情洗炉。

2）采用打水法停炉时，停炉前，高炉与煤气系统应可靠地分隔开；应取下炉顶放散阀或放散管上的锥形帽；采用回收煤气空料打水法时，应减轻炉顶放散阀的配重，氢浓度不应超过 6%（体积分数）。

3）装入适量的盖面净焦。

4）打水停炉降料面期间，应不断测量料面高度，或用煤气分析法测量料面高度，并避免休风。

5）打水停炉降料面时，不应开大钟或上下密封阀；大钟和上下密封阀上部不应有积水；煤气中二氧化碳、氧和氢的浓度，应至少每小时分析一次。

6）大钟下、大小钟之间通蒸汽或氮气，料罐内通氮气。

7）打水停炉降料面时，应设置供水能力足够的水泵，并能够方便地调整水量。钟式炉顶温度应控制在 400~500℃ 之间，无料钟炉顶温度应控制在 350℃ 以下。炉顶打水应雾化良好，防止喷水顺炉墙流水引起炉墙塌落和产生局部积水引起爆震。打水时人员应离开风口周围。

8）停炉过程中要保证炉况正常，严禁休风。如必须休风，要先停止打水，进行炉顶点火后再休风。

9）料面降至风口水平面即可休风停炉。大修高炉，应开残铁口眼放尽残铁。放残铁之前，应设置作业平台，清除炉基周围的积水，保持地面干燥。

（5）人员进入高炉炉内作业前，应拆除所有直吹管，拆除布料溜槽并有效切断煤气、氧气、氮气等危险气源，清除危险物体；安置专人监护，携带报警、防护用具。

4.2.4.4 高炉突然断风处理

高炉突然断风，应按紧急休风程序操作，同时组织出净炉内的渣和铁。休风作业完成后，组织处理停风造成的各种异常事故。如果设有拨风系统，应按照拨风规程作业，采取停煤、停氧等应急措施，按规程逐步恢复炉况。

4.2.4.5 高炉停电事故处理

高炉停电事故处理应遵守下列规定：

（1）高炉生产系统（包括鼓风机等）全部停电，应积极组织送电。因故不能送电时，应按紧急手动休风程序处理。

（2）煤气系统停电，应立即减风，同时立即出净渣、铁，防止高炉发生灌渣、烧穿等事故。若煤气系统停电时间较长，则应根据煤气厂（车间）要求休风或切断煤气。

（3）炉顶系统停电时，高炉工长应酌情立即减风降压直至休风（先出铁、后休风）。严密监视炉顶温度，通过减风、打水、通氮气或通蒸汽等手段，将炉顶温度控制在规定范围以内。立即联系有关人员尽快排除故障，及时恢复送电。恢复时应平衡风量、矿批与料线的关系，合理控制入炉燃料比。

（4）发生停电事故时，应将电源闸刀断开，挂上停电牌。恢复供电时，应确认线路上无人工作并取下停电牌，方可按操作规程送电。

（5）鼓风机停电按停风处理。

4.2.4.6 高炉停水事故处理

高炉停水事故处理应遵守下列规定：

（1）发现冷却水压和风口进水端水压小于正常值时，应立即减风降压，停止放渣，立即组织出铁，并查明原因。水压继续降低以致有停水危险时，应在应急水源（应急水泵或水塔）工作时限内完成休风操作，并将全部风口堵严。

（2）如风口、渣口冒汽，应进行外部打水，避免烧干、烧穿。

（3）应及时组织更换被烧坏的设备，冷板烧损应闭水，采取相应的安全措施。

（4）关小各进水阀门，分段通水。通水时由小到大，避免冷却设备急冷或猛然产生大量蒸汽而炸裂。

（5）待逐步送水正常，经检查后送风。

4.2.4.7 炉前作业安全技术

A　炉前作业安全操作避免事项

炉前作业安全操作要避免出现以下情况：

（1）铁口过浅。铁口过浅使铁水流未经缓冲即从铁口在高压状态下冲出，铁水流不稳定。且由于铁口过浅，铁口直径随时间的延长而增大，最后失去控制造成"跑大流"，以致流到炉台、炉下，威胁人身与设备安全。铁口长期过浅，可能烧坏冷却壁。

（2）潮铁口出铁。潮铁口出铁时，堵泥中残余的水分和焦油受热后急剧蒸发，产生的高压不但会使铁水喷出危及人身安全，也会使铁口泥包出现裂纹及脱落，甚至会使潮泥连同铁水一起从铁口喷出，使铁口泥套受到严重破坏，造成炉前漫铁的事故。严重时还会酿成铁口堵不上及烧坏铁口区冷却壁等重大事故。因此，操作要细心，严禁潮铁口出铁。

（3）退炮时渣铁跟出。退炮时渣铁流跟出，如果退炮迟缓，将会烧坏炮头，甚至有时铁水灌进炮膛烧坏炮筒。此时，如果砂口眼被捅开，铁水顺残铁沟流入残铁罐，罐满后流到地上，烧坏铁道，陷住铁罐车；如砂坝被推开，铁水顺着下渣沟流入渣罐，将烧漏渣罐，陷住罐车，造成大事故。这主要是铁口过浅，渣铁不净或者退炮时间早，堵口炮泥没有充分硬化和结焦造成的。

（4）泥套破损后堵不上铁口。铁口泥套损坏以后，泥炮炮嘴与泥套之间接触不严，铁口封不住就会造成事故。因此，在每次出铁前应检查泥套，不符合标准的应立即修补。

（5）铁口钻漏，铁流过小。钻铁口时，铁水从铁口泥包裂缝中漏出，铁流又细又小，难以用正常的操作方法使铁流变大，若任其自然流出，则会影响出铁时间。渣铁生成速度大于排放速度时，可能使炉缸内渣铁量大量增加，产生憋风后患。此时既无法使用氧气，也不能用开口机扩大铁口孔道，为了避免发生更大的事故，应及时堵口后重开铁口或转场出铁。

（6）撇渣器处理。修补砂口后，防止由于未烘干，砂口内壁的水分急剧蒸发，体积膨胀，发生爆炸。防止由于残铁未抠净，出铁时残铁熔化发生烧漏事故。防止因铁水温度过低或出铁间隙过长发生凝铁事故，新砌砂口或新修补的砂口第一次使用时可将残铁放出。

B　炉前开铁口安全技术

（1）开铁口前要检查确认开口机、液压炮、摆动流嘴等装置运行可靠，无故障。液压炮顶泥时，炮口前端严禁站人，防止热泥喷出烧伤。

（2）检查确认渣铁罐对到罐位，并且渣铁罐内无积水或潮湿的炉渣、耐火材料。

（3）检查大沟和渣铁沟内干燥、无积水，铁口泥套完好，无破损、潮湿现象。

（4）检查撇渣器内外连通（搅动内撇渣器，外撇渣器小方井液面有起伏反应），撇渣器沙坝埋好，渣铁沟分岔口"三角"区切断可靠。

（5）开铁口过程中铁口对面严禁站人，杜绝作业人员跨越大沟，天车吊运物品应远离铁口对面。

（6）钻铁口过程中更换钻杆、铁棍时，开口机要退回零位，防止铁口突然流出伤人。

（7）开口机钻铁口至"红点"后要及时退回开口机，更换铁棍捅开铁口，尽量避免钻透铁口。

（8）如果开口机钻不动，需要用氧气烧开铁口，要注意处理好吹氧管与软管的接头，杜绝漏气。开气人员要避免急开、急停氧气阀门，防止供气量忽大忽小烧伤人员。

（9）出铁期间，渣铁沟盖板要盖好，避免冒烟、扬尘或人员滑入。

（10）铁口流铁正常后要注意观察大沟、渣铁沟、撇渣器、摆动流嘴的渣铁流动情况，及时清除大块物料，防止卡堵导致高温液态渣铁溢流。

（11）出铁过程中铁口前方严禁站人、停放车辆或放置物品，任何人严禁跨越渣铁沟。

（12）使用工具接触液态铁水前，必须烘干，防止放炮，人员要放下面罩。

（13）出铁过程中禁止往渣铁沟内抛扔杂物，防止飞溅、爆炸伤人。

C　出铁、出渣安全技术

炉前工在进行高炉出铁、出渣工作时，应按时、按量出铁、出渣，以保证炉况和安全生产。

（1）砂口用以分离渣、铁，以保证渣罐中的渣不进入铁水，铁水中不混入渣。

（2）在高炉工长的指挥下，按时、按进度出渣、出铁。

（3）掌握休风的要领，慎重操作。

（4）为了防止冲渣沟堵塞，渣沟坡度应大于 3.5%，不设直角弯，且沟不宜过长。

4.2.5 高炉煤气安全技术

高炉生产是连续进行的，任何非计划休风都属于事故。因此，应加强设备的检修工作，尽量缩短休风时间，保证高炉正常生产。

为防止煤气中毒与爆炸，应注意以下几点：

（1）在一、二类煤气作业前必须通知煤气防护站的人员，并要求至少有 2 人以上进行作业。在一类煤气作业前，还须进行空气中一氧化碳含量的检验，并佩戴氧气呼吸器。

（2）在煤气管道上动火时，须先取得动火证，并做好防范措施。

（3）进入容器作业时，应首先检查空气中一氧化碳的浓度。作业时，除要求通风良好外，还要求容器外有专人进行监护。

设计煤气管道时应注意以下几点：

（1）必须考虑炉顶压力、温度和荒煤气对设备的磨损。

（2）为了降低煤气上升阻力，减少炉尘吹出，在高炉上升管和下降管之间要有足够的高度，以防止炉料吹出。

（3）除尘器、洗涤塔、高炉炉顶设置的入口要上下配置，以便打开入口后使空气进行对流，减少煤气爆炸的危险。

（4）在防止煤气泄漏方面，高炉与热风炉砌耐火砖，炉体结构要严密，以防止变形开裂。

4.3 高炉炼铁生产主要安全事故及案例分析

4.3.1 高炉本体系统常见事故及安全防护

4.3.1.1 高炉本体系统特点

高炉本体系统是高炉炼铁的核心设备。现代大型和超大型高炉一代炉龄在不中修的情况下可达到 15~20 年。高炉本体系统主要由钢结构、炉衬、冷却设备，送风装置和检测仪器设备等组成。

高炉炉型指的是高炉工作空间的内部剖面形状。好的高炉炉型应能实现炉料的顺利下降和煤气流的合理分布。高炉所使用的原燃料条件、操作条件以及采用的技术都对炉型尺寸有影响。所以设计炉型必须与所使用的原燃料条件、冶炼铁种的特性、炉料运动以及煤气流运动相适应。近代高炉，由于鼓风机能力进一步提高，原燃料处理更加精细，高炉炉型向着"大型横向"发展。目前，流行的高炉炉型为五段式高炉炉型（见图4-2），从下到上由炉缸、炉腹、炉腰、炉身和炉喉五部分组成。高炉钢结构包括炉体支撑结构和炉壳。高炉炉衬由耐火砖砌筑而成，由于各部分内衬工作条件不同，采用的耐火砖材料和性能也不同。冷却设备的作用是降低炉衬温度，提高炉衬材料抵抗机械、化学和热产生的侵蚀能力，使炉衬材料处于良好的服役状态。高炉使用的冷却设备主要有冷却壁和冷却板。冷却壁紧贴着炉衬布置，冷却面积大；而冷却板水平插入炉衬中，对炉衬的冷却深度大，并对炉衬有一定的支托作用。送风装置包括热风围管、支管、直吹管和风口等。

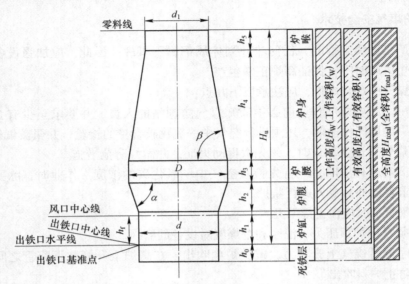

图 4-2　高炉内型及各部位尺寸的表示方法

H_u—有效高度，mm；V_u—有效容积，m^3；D—炉腰直径，mm；d—炉缸直径，mm；d_1—炉喉直径，mm；

h_0—死铁层高度，mm；h_1—炉缸高度，mm；h_2—炉腹高度，mm；h_3—炉腰高度，mm；

h_4—炉身高度，mm；h_5—炉喉高度，mm；h_f—风口高度，mm；α—炉腹角，（°）；β—炉身角，（°）

4.3.1.2　高炉本体系统常见事故

高炉本体是整个炼铁系统最主要设备，发生事故频率高，事故类型多，在实际生产中为危险重点控制对象。

（1）火灾、爆炸。

1）开氧气者在氧气阀门附近抽烟或周围有人动火，可能发生火灾。

2）风口、渣口及水套密封性不好，引起煤气泄漏，在有火星、火源的情况下，可能发生火灾、爆炸事故。

3）在停电断水情况下，由于事故供水不及时，致使炉内温度过高，发生炉体开裂，引起火灾。

4）炉顶压力过高又无法控制，可能导致炉体爆炸，并引起火灾。

5）高炉停吹氧气，可能造成火灾、爆炸事故。

6）在高炉休风、检修、停水电情况下，由于误操作可能发生火灾爆炸事故。

（2）中毒。挖炉缸作业时，如通风不良，炉缸内煤气浓度过高，可造成煤气中毒事故。换风口及二套时，由于煤气泄漏，如不加强防护，可造成煤气中毒事故。在炉体清理作业中，由于残留煤气，如通风不良，无恰当防护措施，可能发生煤气中毒事故。

（3）烧伤。在休风倒流阶段，炉前工离风口过近，可能被喷火烧伤。在进行换风口操作时，由于风口内渣铁没有完全淌出，可能烧伤工人。风管烧穿打水时，可能对工人造成伤害。在风口区域、铁口旁取暖，工人可能被烧伤。吹氧时，吹氧管顶得太死，氧气回火，可能造成工人烧伤。

（4）高空坠落。平台四周栏杆走桥损坏、送脱，操作人员可能从高空坠落。在炉体清理过程中，涉及无平台高处作业，可能发生高空坠落事故。在高炉检修过程中，涉及高空作业，如防护措施不当，可能发生高空坠落事故。

（5）高温。在炉前作业，环境温度较高，长期高温作业，对工人健康可能造成危害。在炉体清理过程中，由于温度较高，工人长时间作业可能对工人健康造成危害。

（6）噪声。混合煤气在炉内燃烧发出强大而剧烈的噪声；机械动力装置在运转时所发出的噪声；助燃风机是以电驱动的高频内转设备，启动后会发出高分贝的噪声；在除渣过程中，会产生一定的噪声；各种泵在工作过程中会产生大量的噪声等。这些噪声如无正确防护，可能对人的听力造成伤害。

（7）其他。

1）炉前工作场地不平整，乱堆杂物或照明条件不好，可绊伤、割伤或碰伤等。

2）在炉台吊车操作过程中，由于钢丝损害、超负荷，小钩钢绳拉断，钩落地砸伤人；歪拉斜吊，造成碰撞伤人；吊车在运行过程中上车身，造成绞伤、挤伤。

4.3.1.3 高炉本体系统安全防护

安全防护主要以防护噪声、除尘和煤气为主。

（1）各种大型除尘系统的风机集中布置在室外，风机出口设消声器，风机机壳外部做隔声门窗。噪声难治理的地方，例如主操作室，设置隔声门窗并提高自控水平，减少工人在噪声环境中的工作时间，对必须在噪声环境中工作的人员，可佩戴防噪耳塞。

（2）高炉出铁时在铁口、砂口、渣沟、摆动流槽、铁沟等处产生烟尘，焦矿槽槽上槽下含尘烟气，设计采用电除尘器，处理达标后由高烟囱排放。收集下来的粉尘经加湿后由运灰车拉走，防止二次扬尘。带式输送机头、尾部设有除尘；转运站及料场设有洒水抑尘设施，减少扬尘。热风炉、锅炉房烟气由高烟囱直接外排。高炉煤气采用湿法或干法除尘工艺，以降低煤气含尘量。

（3）对可能泄漏煤气的地方设 CO 监测报警设施和机械通风换气设施。

4.3.2 原料系统常见事故及安全防护

4.3.2.1 原料系统的特点

原料系统包括供料系统和炉顶装料设备。供料系统的主要任务是保证及时、准确、稳定地将合格原料从储矿槽送到高炉炉顶。供料系统包括储矿槽和储焦槽、槽下运输称量、上料设备等。其中，上料设备包括料罐式、料车式和皮带机上料 3 种方式。新建的大型高炉多用皮带机上料方式。炉顶装料设备是用来将炉料装入高炉并使之合理分布，同时起炉顶密封作用的设备。随着技术的发展，先后出现的炉顶装料设备有钟式（单钟和双钟式）炉顶装料设备、无钟炉顶装料设备（并罐式和串罐式）、HY 炉顶装料设备。

4.3.2.2　原料系统常见事故及安全防护

(1) 运输、储存与放料。大中型高炉原料和燃料大多采用胶带机运输，比火车运输易于自动化和治理粉尘。储矿槽未铺设隔栅或隔栅不全，周围没有栏杆，人行走时有掉入槽的危险；料槽形状不当，存有死角，需要人工清理；内衬磨损，进行维修时的劳动条件差；料闸门失灵常用人工捅料，如果料突然崩落往往造成伤害。放料时的粉尘浓度很大，尤其是采用胶带机加振动筛筛分料时，作业环境更差。因此，储矿槽的结构应是永久性的、十分坚固的。各个槽的形状应该做到自动顺利下料，槽的倾角不应该小于50°，以消除人工捅料的现象。金属矿槽应安装振动器。钢筋混凝土结构，内壁应铺设耐磨衬板；存放热烧结矿的内衬板应是耐热的。矿槽上必须设置隔栅，周围设栏杆，并保持完好。料槽应设料位指示器，卸料口应选用开关灵活的阀门，最好采用液压闸门。对于放料系统应采用完全封闭的除尘设施。

(2) 皮带机上料。近年来，新建高炉都采用皮带机上料系统，因为它连续上料，可以很容易地通过增大皮带速度和宽度，满足高炉要求。因皮带尾部漏斗黏料，下料不正；尾部漏斗挡皮过宽或安装不正；掉托辊或托辊不转；尾轮或增面轮不正或黏料等原因，皮带容易出现跑偏现象。皮带过载容易出现打滑事故。处理皮带机事故时一定要 2~3 人在场。

(3) 炉顶装料。目前多数高炉均采用无钟炉顶装料设备，延长装料设备寿命和防止煤气泄漏是该系统的两大问题。采用高压操作必须设置均压排压装置。做好各装置之间的密封，特别是高压操作时，密封不良不仅使装置的部件受到煤气冲刷、磨损和腐蚀，缩短使用寿命，甚至会出现大钟掉到炉内的事故。料钟的开闭必须遵守安全程序，设备之间必须联锁，以防止人为的失误。

(4) 烟尘、粉尘。物料装卸、储运、破碎、混匀、筛分等处均产生大量烟尘、粉尘。如果不定期打扫，还可能造成二次扬尘。作业人员长时间在此环境中，有可能患尘肺病。

4.3.3　煤气除尘系统常见事故及安全防护

4.3.3.1　煤气除尘系统的特点

从炉顶排出的煤气是一种高压荒煤气，在作为能源利用之前必须使其含尘质量浓度降低到 $10mg/m^3$ 以下。高炉煤气通过上升管和下降管，首先进入重力除尘器除去大颗粒灰尘，然后再进行精除尘。精除尘有湿法除尘和干法除尘。湿法除尘主要采用双文氏管串联除尘工艺。干法除尘分为静电除尘和布袋除尘。由于湿法除尘煤气洗涤系统污水处理比较困难，现在多采用干法除尘系统。为了回收煤气静压能，多在高压调压阀组上并联一套煤气余压发电透平，将煤气静压能转变为电能。

4.3.3.2　常见事故及安全防护

(1) 进入罐、仓、烟道等有限空间检修或作业时若通风不畅，将使作业人员煤气中毒或缺氧窒息。进入上述作业区前，应首先进行通风，并利用便携式 CO 检测仪对区域内煤气浓度进行检测，确保作业区煤气安全。

（2）在煤气采样中，自动或同步取样，在线进行分析，若取样设施不完善，将造成煤气泄漏导致人员中毒。对取样设施的气密性等应进行定期检测，防止漏气；取样作业时工作人员应穿戴好防护用具。

4.3.4 送风系统常见事故及安全防护

4.3.4.1 送风系统特点

送风系统包括鼓风机、冷风管路、热风炉、热风管路及管路上的各种阀门等。对现代高炉炼铁来说，热风炉是高炉本体以外最重要的设备之一。它的主要任务是向高炉连续不断地输送温度高达 1100~1300℃ 的热风。每一座热风炉本身是燃烧和送风交替工作，因此，每座高炉必须配备 3~4 座热风炉同时工作才能满足高炉生产要求。准确选择送风系统鼓风机，合理布置管路系统，阀门工作可靠，热风炉工作效率高是保证高炉优质、低耗、高产的重要因素。

4.3.4.2 常见事故及安全防护

（1）阀门事故及安全防护。热风炉系统阀门由于转换频繁，工作环境灰尘大，使用过程中要经常检查，发现损坏要及时更换。有些阀杆要经常擦拭加油润滑。对于水冷阀门，要注意不能断水，以防烧坏。一旦阀门出现故障，会造成恶性事故。

（2）高炉憋风事故及安全防护。高炉憋风是高炉的恶性事故。鼓风机的自动防风阀失灵，容易造成高炉灌渣，严重时还会憋坏风机，导致高炉长期停产。

（3）煤气中毒事故及安全防护。热风炉系统使用高炉煤气作燃料，煤气管道上阀门众多，属于高煤气危险作业区，容易出现泄漏及中毒事故。

4.3.5 渣铁处理系统常见事故及安全防护

4.3.5.1 渣铁处理系统特点

渣铁处理系统的任务是定期将炉内的渣、铁出净，保证高炉连续生产。渣铁处理设备包括出铁平台、泥炮、开口机、铁水罐、铸铁机、堵渣机、渣罐、水渣池以及炉前水冲渣设施等。渣处理工艺的先进程度、设备的运转状况、操作的好坏直接影响出铁过程能否顺利进行。

4.3.5.2 常见事故及安全防护

高炉出铁、出渣时，飞溅的炉渣和铁水可能造成人体烧伤事故。高温是钢铁企业的一大特点。出铁时红外线辐射和电焊辐射。冶炼物体温度达到 1200℃ 以上，出现紫外线辐射。高炉出铁、冲渣时热辐射较强，当大量热量散发到空气中，环境温度高于体温时，使人感到不适。尤其是在夏天，严重时可能造成中暑。

A 烧坏炮头事故

a 原因

压炮不严，打泥时冒泥，铁水继续流出时烧坏炮头。泥套前有凝渣搪炮，炮嘴不能一次压进泥套内，反复压炮时铁流烧坏炮头。泥软时打泥速度慢，铁水呛进炮头内烧坏炮头或黏铁后影响打泥。退炮抽活塞时铁水倒灌进炮头内，烧坏炮头（泥软或铁口浅，没封住铁口）。

b　安全防护

（1）顶铁流堵铁口时，应让有操作经验的人员操作，确保压炮时压严并及时打泥。

（2）铁口泥套前有凝渣时，堵炮前应撬开并拽走，防止搪炮。

（3）当铁口浅时，堵上铁口应延长退炮时间，最好在具备下次出铁的条件时再拔炮。出铁准备工作做好后拔炮，即使渣铁跟出，也不会造成事故。

B　炮头炸飞事故

a　原因

使用无水炮泥时，如果炮泥的挥发分较大，泥炮在铁口停留时间长时，炮泥中的挥发分受热后挥发，由于前端是铁口堵泥，后端是打泥活塞，挥发分散发不出去，积聚后便具有一定的压力。

b　安全防护

在处理炮头结焦时，应该把打泥活塞抽回到过装泥孔的位置，使气体能够排出，炮膛内的压力被卸掉。如果没有抽回到过装泥孔的位置，炮膛内仍然具有一定的压力，因为前端炮头内的炮泥已结焦硬化，挥发分散发不出去。在卸炮头时，如果一下就将炮头卸掉，积聚的压力冲开尚未完全结焦的堵泥，可将能量释放出去。如果不是一下就将炮头卸掉，积聚的压力冲开尚未完全结焦的堵泥后便会带飞炮头，当正面有人时，就可能造成人身伤害。

C　出铁事故

在铁口维护不好或铁口过浅时，往往因操作不当或在某些客观原因的影响下发生各种事故，轻则影响正常生产，重则迫使高炉长时间休风处理，甚至造成设备损坏或人身伤害，并额外增加许多繁重的体力劳动。因此，炉前操作人员应严格遵守操作规程，维护好铁口，防止发生事故。一旦发生事故，应沉着、果断、及时处理，避免事故进一步扩大，尽量减轻事故的危害和所造成的经济损失。

铁口工作失常：正常生产时，铁口深度应保持在规定的范围内，如果铁口深度远低于正常水平（中、小高炉铁口深度不大于 500mm，1000m³ 以上的高炉铁口深度不大于 800mm）时就是铁口过浅。铁口连续过浅，影响正常出铁，有时造成事故，称为铁口工作失常。铁口工作失常后易发生出铁"跑大流"、退炮时渣铁跟出、自动出铁、铁口跑焦炭封不上铁口等事故。

a　出铁"跑大流"

钻开铁口以后，铁水出来不久或见下渣以后，铁流突然变大，远远超过正常出铁时的铁流。主沟内容纳不下时，溢出沟外，漫上炉台，有时流到渣铁运输线上。这种不正常的出铁现象称为出铁"跑大流"。

发生"跑大流"的原因：铁口过浅时开铁口操作不当使铁口孔道直径过大，造成出铁"跑大流"。铁口漏时闷炮，闷炮后发生"跑大流"。铁口孔道直径偏大，在炉泥质量不好时见下渣后易发生"跑大流"。潮铁口出铁，打"火箭炮"使铁口孔道扩大，发生"跑大流"。渣铁连续出不净，铁口浅时钻漏，出铁一段时间后发生"跑大流"。

"跑大流"的危害：易发生下渣过铁烧漏渣罐或造成水渣沟爆炸。因铁流大，拨闸不及时或拨闸后仍有铁流，造成铁罐满后铁水流到地上，烧坏铁轨。渣铁漫上炉台后，当炉台上有水时，发生爆炸，易造成人身伤害。

"跑大流"时的处理：发生"跑大流"以后，高炉值班工长应及时减风改常压，降低炉内压力，以减弱铁流的流势并降低流量。根据罐内渣铁面的位置和流量，及时拨闸，防止罐满后流到地面上。冲水渣时应防止放炮或堵塞水渣流槽，应拨闸改放罐或放入干渣坑。如冲坏渣坝下渣大量过铁时应立即堵铁口，同时迅速把熔渣往干渣坑里放。

"跑大流"的安全防护：

（1）在铁口浅和炉缸内贮存渣铁过多时，钻铁口时避免钻漏或禁止往返抽动钻杆扩铁口。

（2）铁口潮湿时，烤干后再出铁。

（3）"闷炮"时提前做好预防工作。

（4）使用有水炮泥的高炉，当铁口浅、铁流大时，应该适当减风，同时还要提高炮泥的质量（改进配比）。

（5）出铁时值班工长在炉前监视，发现"跑大流"后及时减风。

b 退炮时渣铁跟出

铁口过浅时，在渣铁没出净的情况下堵铁口，打入的炮泥由于渣铁的原因漂浮四散，不能形成泥包。在炉内较高压力作用下，退炮时渣铁冲开堵泥跟着流出，处理不好造成事故。

退炮时渣铁跟出的原因：铁口过浅，渣铁出不净，打泥时不能形成铁口泥包，退炮时铁水冲开堵泥后跟出。退炮时间早，有水而使炮泥没有充分硬化和结焦，没有形成一定结构强度，退炮时铁水冲开堵泥后跟出。无水炮泥没有结焦固化，堵泥还具有一定的可塑性，退炮时铁水冲开堵泥后跟出。退炮时先抽打泥活塞后抬炮，抽打泥活塞时对堵泥形成抽力，而堵泥又没形成一定的强度，堵泥被抽动后渣铁跟出。

渣铁跟出的危害：退炮迟缓，铁水跟出后易烧坏炮头，如果抽活塞时铁水跟出，将造成铁水呛进炮膛内，使打泥的炮筒报废。铁水跟出后如不能立即封住铁口，铁水将流入下渣沟内，流入下渣罐时将会烧坏渣罐；流入水渣沟时将会发生爆炸并烧坏水渣沟；流入铁沟后，如铁罐没调走，罐满后流到地上，铁量多时将造成烧坏铁轨，焊住铁罐车，如果铁罐已调走，铁水流到铁路上，烧坏铁轨影响运输。

渣铁跟出的安全防护：

（1）在铁口浅、渣铁又未出净情况下，堵铁口前泥炮内装满泥，堵铁口打泥时不能打空，留有一定数量堵泥。退炮时先抬炮头后抽活塞，可避免炮头呛铁。发现渣铁跟出时立即压炮，打泥封铁口，待渣铁罐配好并做好出铁准备工作后再退炮。

（2）泥炮装泥时，不能把太软的泥装进去。

c 自动出铁

堵上铁口拔炮后，下次铁的出铁时间还未到，铁水冲开堵泥后流出来，称为自动出铁。

自动出铁的原因：铁口浅、渣铁出不净时堵铁口，铁口深度下降后造成铁口过浅。因打泥活塞和炮筒壁的间隙大，活塞往前推泥时一部分泥从活塞和筒壁间隙中倒回，称为倒泥，倒泥后打泥量不足。炮泥质量差（水分大或结合剂量不足），没有在正常时间内形成正常的结构强度，或新堵泥与原铁口孔道的圆周方向的旧堵泥产生缝隙，铁水沿圆周向外渗透后冲开堵泥。

自动出铁的危害：如自动出铁发生在铁罐没配到或泥炮未装完泥时，既不能及时堵铁口，又无铁罐装铁水，将造成铁水流到地上。

自动出铁的安全防护：

（1）铁口过浅，在渣铁未出净时堵铁口，预计铁口还会浅时不拔炮，待下次铁的渣铁罐配好后再拔炮。

（2）保持炮泥质量稳定，装泥时尽量选择较硬一点的泥，并保持打泥量充足。

d　铁口跑焦炭封不上铁口

铁口过浅和铁口泥包在出铁过程中断掉，则易发生出铁过程中"跑大流"并跑焦炭的现象，发生跑焦炭后，主铁沟内有大量焦炭淤塞，造成渣铁外溢并堵不上铁口（焦炭搪炮）。高炉被迫进行休风堵铁口。

e　铁口区冷却壁烧坏事故

造成铁口区冷却壁烧坏的原因是铁口长期过浅或炉缸内衬被铁水冲刷侵蚀后变薄。铁口长期过浅时，铁口区炉墙无泥包保护，直接和渣铁接触，被冲刷侵蚀后越来越薄。当砖衬剩 150~250mm 时，铁水穿过砖缝后烧坏冷却壁。

炉缸冷却壁烧坏后的危害：铁口区冷却壁出铁过程中被烧坏，漏水和铁水接触发生爆炸，使事故扩大并易造成人身伤害。事故发生后高炉被迫休风处理，生铁产量降低后铁水供应不足，破坏了联合企业的生产平衡。与此同时，在无准备的情况下处理事故，高炉休风时间长，经济损失大。严重时高炉要提前进行大中修，否则影响高炉的一代寿命。

事故处理：处理时间一般需要休风 5~10 天，首先清理烧穿部位的凝渣和凝铁，然后再清理烧穿部位的残余砖衬，根据烧穿部位的破损情况确定维修方案。

维修方案：用碳素料（粗缝糊）弥补破损部位的炉衬；用磷酸盐加炭的混凝土进行浇注，填补破损部位的炉衬；安装 U 形冷却水管代替冷却壁（冷却壁的制造周期长，一般为 20~30 天），在冷却水管的空隙间捣好料以后，焊接炉壳；焊好炉壳后再在 U 形冷却水管的上部开孔灌浆（无水压入泥浆）。

铁口区冷却壁烧坏的安全防护：

（1）加强铁口维护，防止铁口长期过浅。

（2）铁口长时间低于正常铁口深度时，可改变铁种，冶炼铸造铁，待铁口深度恢复正常并稳定后再改回冶炼制钢铁。

（3）铁口长期过浅且用一般措施无效时，可将铁口上方两侧（或一个）风口堵死。

（4）炉役后期，炉墙侵蚀变薄时，可用钒钛矿护炉。

f　铁口孔道偏移

铁口孔道偏移的原因：生产中的铁口孔道水平中心线应和设计的铁口中心一致，即使出现偏差，应控制小于 50mm。如偏差过大，使铁口孔道和冷却壁的间距过小，出铁时铁口孔道扩大后铁水直接和冷却壁接触时造成烧坏冷却壁事故。如 1995 年某厂 831m³ 高炉发生的铁口右侧冷却壁烧坏和 1996 年某厂 2580m³ 高炉发生的铁口右侧上方的冷却壁烧坏事故，都是因铁口孔道长时间偏移后造成的。

安全防护：

（1）定期检查铁口泥套中心是否和设计的铁口中心一致，发现偏差不小于 50mm 时立即查找原因并及时进行纠正。

（2）新换泥炮发现炮头和铁口泥套不能对正时，应该调整泥炮，禁止割铁口保护板，用调整保护板来确保炮头伸进铁口泥套内。

（3）钻铁口时确保对准铁口中心，使用无水炮泥时，开口机可定期进行正反转交替使用。

g　铁口泥套潮湿使出铁时发生爆炸

铁口泥套底部潮湿，出铁过程中铁水渗入潮湿部位后发生爆炸，崩坏铁口泥套后铁水烧坏炉壳及冷却壁。

爆炸的原因：计划休风时主沟内进水并将泥套泡湿，更换保护板后新做泥套时泥套底含水量较大。泥套和旧泥套接触处没有捣实，结合不严，烘烤后产生缝隙。出第一次铁堵铁口时，压炮后已发生异常（泥套冒黑烟，有响声），虽然拔炮后进行检查，但因检查不细，没有发现隐患，出第二次铁时铁水从裂缝中渗漏下去后接触潮泥后发生爆炸，高炉立即减风到零，但因泥套崩坏后无法堵铁口，渣铁继续从铁口流出，炉壳烧坏后又把冷却壁烧坏。

安全防护：

（1）泥套被水泡湿后重做泥套时，把旧泥抠掉后先用煤气火烘烤，把未抠出的旧泥层烤干后再填塞新泥。

（2）填塞新泥时，应特别注意把结合部位捣实，防止出现缝隙。

（3）如果因冷却设备漏水，从冷却壁和炉壳缝隙处来水浸湿泥套时，在查找漏水的同时，加强对泥套的烘烤，泥套烤干后立即出铁，铁水不直接和潮泥接触便不会发生爆炸事故。加强铁口维护，防止铁口长期过浅。

h　泥套破损后堵不上铁口

事故原因：铁口泥套破损以后，炮嘴和泥套接触不严，打泥时冒泥。破损较严重时，根本打不进铁口里，全部冒出，封不住铁口而发生事故。渣铁出净后堵铁口时冒泥，危害较小，只是造成铁口深度下降。渣铁未出净带铁流堵铁口时，发生冒泥后如退炮不及时，易烧坏炮头。炮头烧坏后，堵不住铁口，即使减风到零，渣铁还会继续流出，将发生更严重的事故。

安全防护：

（1）为避免发生事故，出铁过程中发现泥套损坏时，立即通知值班工长。

（2）铁口见喷后减风，在渣铁出净的情况下减风至 50kPa 左右堵铁口，炉内压力降低后打泥阻力减小，可避免冒泥。如仍严重冒泥，可减风到零后再堵铁口。

i　潮铁口出铁事故

潮铁口出铁的原因：铁口潮湿没有烤干出铁或有潮泥时钻漏铁口，铁水接触潮泥后水分急剧蒸发，体积骤胀，带着铁水从铁口喷出，就像火箭炮发射那样，称为打"火箭炮"。潮铁口出铁时，轻则发生打"火箭炮"现象，使铁口眼扩大，发生"跑大流"事故；严重时发生爆炸，如发生在铁口孔道的里端，崩掉铁口泥包，使铁口过浅；发生在铁口孔道的外端，崩坏铁口泥套，烧坏铁口保护板。渣铁汹涌而出，封不上铁口，造成渣铁流到地上。冲水渣时造成水渣沟发生爆炸，使事故危害进一步扩大，有时还会造成人身伤害。发生打"火箭炮"或爆炸事故后，高炉值班工长应立即减风控制铁流，避免事故扩大。

安全防护：铁口潮时严禁钻漏。钻过潮泥层后抽出钻杆，用燃烧器烘烤，烤干后再出铁。

D　操作事故

a　压不开闸或跑闸

铁水沟中各道拨流闸板被铁水凝住后拨闸时压不开，造成罐满后流到地上。高炉被迫迎着铁流堵铁口，如操作不当烧坏炮头，堵不住铁口时事故将进一步扩大。

安全防护：某道闸板在出铁时没用，应在做下一次铁的准备工作时将闸板压开，抠出残铁重新垒闸。

垒闸的河砂潮湿时，垒完闸后用火烤干。没有烤干出铁时，铁水接触潮湿的河砂时，水急剧蒸发，铁流"咕嘟"后铁水从闸板底下钻过；有时垒闸时河砂没有踩实，铁流急时冲开河砂，铁水钻过，以上现象称为跑闸。发生跑闸后铁水罐不能充分利用，易造成渣铁出不净，铁口变浅。

安全防护：垒闸时河砂（或沟泥）用脚踩实，潮湿时用火烤干后再出铁。

b　开铁口时错位造成堵不上铁口

钻铁口时，钻头没有对准泥套中心，造成错位，出铁时铁流往往造成冲刷铁口泥套。泥套破损后堵不上铁口而发生事故。

安全防护：钻铁口时确保钻头对准泥套中心，待钻头顶紧后再启动电机（或风动），钻进铁口后再继续操纵推进机构使钻头向里快速钻进。

c　出铁前没有检查配罐，渣铁流到地上

钻铁口之前必须检查渣铁罐的配置情况，看各个罐位是否都有罐及罐内状况，是否对准渣铁流嘴（罐的中心和流嘴中心对正）。如果罐位不正或没有配罐，铁出来后将造成事故。这种事故时有发生，特别是在中、夜班时，照明不足，人的精神状态欠佳时容易发生。

安全防护：必须在开铁口之前检查渣铁罐的配置情况，确认后再钻铁口出铁。

E　开炉时铁口事故及处理

a　铁口漏煤气

铁口漏煤气危害：铁口漏煤气严重时，煤气火焰大，影响制作铁口泥套及铁口前主沟的修补作业不能正常进行；同时堵铁口后煤气火焰烧烤炮头，使炮头的炮泥硬化或结焦等，不利于出铁操作。

铁口漏煤气原因：主要原因是炉衬砌砖及灌浆质量不好，造成砌砖与冷却壁之间及冷却壁与炉壳之间的灰浆出现裂缝，使煤气通过裂缝从铁口周围逸出。

铁口漏煤气的安全防护：

（1）休风时在铁口周围炉壳开孔进行灌浆。

（2）抠开铁口泥套，露出砌砖，用树脂捣打料进行捣打。

（3）对铁口内部（炉壳里面）和外部（炉壳以外，保护板内）进行二次浇注。

以上3种方法，可以根据铁口漏煤气的大小及原因，选择使用，可将（1）和（3）配合使用。

b 铁口来水

一般在开炉 1~2 天时，炉体砖衬及冷却壁与炉壳间灌浆料受热后水分蒸发，在炉内压力的作用下，只能沿冷却壁和炉壳间的缝隙运动，在冷却壁的冷却作用下，又变成水向下渗透。因铁口孔道没有炉壳密封，可以向外渗漏，所以冷凝水逐渐在铁口上方积聚，润湿铁口泥套，严重时钻开铁口后往外流水，此时出铁便会发生铁口爆炸事故。

铁口来水的原因：炉缸冷却壁和球形炭砖之间的捣料质量不好，水浸泡后出现大面积空洞；烘炉不充分，铁口周围又没安排气口，冷凝水在铁口周围积聚，储存在捣料层出现的空洞内；某厂 10 号高炉铁口来水主要是停炉时炉缸打水过多，开炉前炉缸扒焦炭时不彻底。

安全防护：铁口周围烘炉前留排气口，送风后经常打开排气口阀门排气；开炉前做好烘炉工作；中修停炉控制炉缸打水量，开炉前炉缸扒焦炭时尽量将残存焦炭全部扒出。

另外，在筑炉时将灌浆料改为无水或低水灌浆料，烘炉时冷却壁不通水，确保灌浆料中的水分能够充分蒸发后排出，即使烘烤时间稍短些，也从根本上避免了开炉时铁口来水现象。

4.3.6 喷煤系统常见事故及安全防护

4.3.6.1 喷煤系统的特点

高炉喷吹煤粉是强化冶炼、降低焦比的有效措施。高炉喷吹系统的任务是对煤粉的磨制、收存和计量，并把煤粉从风口喷入炉内。该系统主要由制粉、输送和喷吹三部分组成，主要设备包括制粉机、煤粉输送设备、收集罐、储存罐、喷吹罐、混合器和喷枪等。提高高炉喷煤比是炼铁系统优化的中心环节，是降低炼铁生产成本的有效手段之一。

4.3.6.2 常见事故及安全防护

高炉煤粉喷吹系统最大的危险是可能发生爆炸与火灾。常见事故有：

(1) 制粉和喷吹均有大量粉尘产生，作业人员长期在此环境中，可能患尘肺病。

(2) 在煤气采样中，自动或同步取样，在线进行分析，若取样设施不完善，将造成煤气泄漏导致人员中毒。

(3) 喷煤系统采用惰性气氛制粉工艺，喷吹罐充压、流化全部采用氮气惰化保护，煤粉仓用氮气保持微正压，如厂房通风差，操作有误，可引起氮气窒息。

为了保证煤粉能吹进高炉又不致使热风倒吹入喷吹系统，应视高炉风口压力确定喷吹罐压力。混合器与煤粉输送管线之间应设置逆止阀和自动切断阀。喷煤风口的支管上应安装逆止阀，由于煤粉极细，停止喷吹时，喷吹罐内、储煤罐内的储煤时间不能超过 8~12h。煤粉流速必须大于 18m/s。罐体内壁应圆滑，曲线过渡，管道应避免有直角弯。

为了防止爆炸产生强大的破坏力，喷吹罐、储煤罐应有泄爆孔。喷吹时，由于炉况不好或其他原因使风口结焦，或由于煤枪与风管接触处漏风使煤枪烧坏，这两种现象的发生都能导致风管烧坏。因此，操作时应该经常检查，及早发现和处理。

4.3.7 高炉炉况异常常见事故及安全防护

高炉生产受到诸多外部条件的影响和制约，高炉操作者的任务就是根据外部条件的变化对高炉冶炼过程的影响，进行及时、准确的调节，使各种矛盾继续保持平衡状态，炉况保持稳定顺行。如果操作失误或者反向，不仅会影响炉况的稳定顺行，而且还会发生各种异常事故。炉况失常的原因很多，表现也是各种各样，但基本可分为以下几类：

（1）煤气流分布失常。边缘气流过分发展、中心气流过分发展、管道行程。

（2）炉缸工作失常。热制度失常、炉缸堆积。

（3）炉料分布与运动失常。低料线、悬料、崩料、偏料。

（4）炉型失常。炉墙结厚、结瘤。

（5）设备工作失常。冷却器漏水、风渣口破损等。

4.3.7.1　煤气流分布失常及安全防护

A　管道行程事故及安全防护

料柱透气性和风量不相适应，在炉内断面上出现局部煤气流的剧烈发展，其他区域的煤气流相对减弱，称为管道行程。管道产生后，煤气能量利用明显恶化，易引起炉凉，同时料柱结构也会变得不稳定，极易引起悬料。"管道行程"按部位分类，可分为上部"管道行程"、下部"管道行程"、边缘"管道行程"和中心"管道行程"。

（1）管道行程的原因：

1）炉温向热时风压升高，顶压不变时压差升高。

2）炉料强度差、粉末多、料柱的透气率降低，和原来正常的煤气流量不适应。

3）装料制度长时间不合理，边缘过分发展。

4）冶炼强度高，批重过小，气流不稳定。

（2）管道行程的征兆：

1）炉喉成像显示，局部区域亮度偏高；CO_2 煤气曲线不规则，在管道方向上的 CO_2 含量值很低。

2）风量、风压及顶压波动大，管道严重时风压下降、风量增加，"风量大，风压低，不是炉凉是管道"说的就是这种情形。当管道被堵后，风压直线上升，风量锐减；管道方向炉喉煤气温度升高，圆周各点的温差增大。

3）风口工作不均匀，管道方向忽明忽暗，有时有生降，下料快；管道堵塞后出现生降，其他风口比较呆滞，但较明亮。

4）渣温不匀，上下渣温差大；铁水温度波动大，生铁［S］含量增加。

5）管道行程严重时，煤气上升管内有炉料的撞击声或有小焦丁被吹出，更严重时该部位的上升管被烧红。

6）管道形成后其最大的特点是"偏"，这在下料、风口工作及温差方面都会反映出来；另外，高炉行程不稳定，如风量、风压和料速不稳定，甚至在同一炉炉渣温度也不稳定。

（3）管道行程的安全防护：管道行程是一种较易发生且后果较难预测的炉况。发现管道后要及时处理，力争主动。

a　上部管道行程

上部管道行程安全防护的方针是以疏为主，堵塞为辅。具体方法是：

（1）发现管道，最常用的方法是适当疏松边缘，减轻边缘负荷。无钟炉顶可采取定点布料的方法来堵塞管道，但管道堵塞后风压升高时应减风。

（2）高压转常压，使气流重新分布以消除管道。

（3）如果炉温向热发生管道行程，采取撤风温的措施，煤气体积减小后使之能够与料柱的透气性相适应。如果风温作用不明显，可进一步采取减风的措施。

（4）风量、风温频繁波动时要果断减风，按风压操作，使风压比出现管道时的风压低 20~30kPa，力求风量、风压对称并保持稳定，而后缓慢加风恢复到正常。

（5）若以上方法仍不见效，可采取铁后放风坐料处理。坐料后逐渐恢复风压和风量，使煤气流重新分布。

b 下部管道行程

下部管道行程多数是软熔带透气性变坏造成的，其安全防护措施如下：

（1）按风压操作，风压冒尖时，需要减风，减风幅度为风压冒尖值的 2~3 倍，如图 4-3 所示。

（2）无钟炉顶布料自动改手动，选用扇形或定点布料 2~3 批。

（3）减风后风量、风压仍不对称，料尺工作仍不正常，应立即组织出铁，

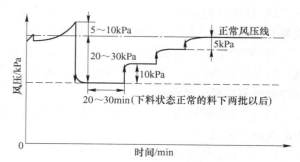

图 4-3 处理下部管道行程的示意图

铁后休风堵部分风口。休风可破坏管道，堵风口后有利于炉况的恢复。在坐料破坏管道后，复风时要注意控制风压和风量水平，一般要低于原来水平，然后再逐步恢复。

（4）管道严重时要加适量空焦，这样既可以疏松料柱，又可防止炉凉，并为最后坐料强行破坏管道作准备。

（5）常有管道气流方位的风口，可考虑缩小风口直径或临时堵上风口。

B 边缘煤气流过分发展事故及安全防护

（1）边缘煤气流过分发展的原因：

1）送风制度不合理，长期风口面积偏大，鼓风动能不足，边缘煤气长期发展。

2）经常采用发展边缘的装料制度，导致边缘气流过分发展。

3）经常处于减风低压的操作状态，中心吹不透，又没有及时调整装料制度。

4）在中心不够活跃状态下，生产条件正常时也没有采取吹透中心和控制边缘煤气流分布的措施。

（2）边缘煤气流过分发展的征兆：

1）炉喉成像显示，边缘处亮度大，中心火焰明显减弱，甚至看不到中心火焰。炉喉 CO_2 曲线呈馒头形，煤气利用率下降，如图 4-4 所示。

2）风量、风压和料速三者关系失调。初期风压平稳，但示值明显偏低；风量自动增大；下料转快。严重时风压曲线呈锯齿状波动，有崩料

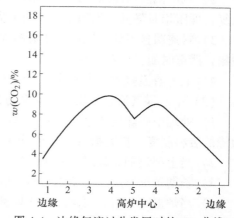

图 4-4 边缘气流过分发展时的 CO_2 曲线

现象，顶压常出现向上尖峰。

3）炉喉、炉身温度以及炉腹以上冷却器水温差均上升，炉顶温度也升高且波动幅度加宽。

4）风口在出渣出铁时有向凉的趋势，工作迟钝，个别风口有生降，炉温下行，生铁含硫量上升，上下渣温差趋大。

（3）边缘煤气流过分发展的安全防护：

1）采取适当抑制边缘煤气流的装料制度，如增加边缘处布矿份数或扩大矿焦角差，批重偏大时可以缩小矿批，但不可操之过急，以免边缘和中心同时受堵，造成悬料。

2）计算风速和鼓风动能是否在正常范围内，如偏离正常范围，可适当缩小风口直径或调整风口长度，使风速合理并保证吹向中心。

3）当炉温不足而顺行程度尚好时，可提高风温或增加喷煤量，炉温偏低时应适当减风；当下行之势已成、顺行已被破坏时，减风的同时应减轻负荷或加入空焦，以便为以后较快地恢复风量创造条件。

4）改善原燃料质量，特别是降低原料的含粉率，从而减少中心处粉末的沉积，促使中心气流的发展。

C　中心煤气流过分发展事故及安全防护

（1）中心煤气流过分发展的原因：

1）风口截面积过小或风口过长，引起鼓风动能过高或风速过大，超过实际需要水平。

2）装料制度不合理，长期采用加重边缘的装料制度。

3）使用的原燃料粉末过多，使得料柱的透气性指数下降。

4）长期堵风口操作。

5）风口、渣口及部分冷却设备大量漏水。

6）喷吹燃料鼓风动能增加后，上、下部没有做相应的改变。

7）长期采用高碱度炉渣操作。

（2）中心煤气流过分发展的征兆：

1）炉喉成像显示，中心火束明亮有力，边缘亮度偏低。

2）风压偏高易波动，透气性指数下降，风量自动减少，崩料后风量下跌过多且不宜恢复，顶压相对降低、不稳定并有向上尖峰。边缘煤气流不足可视为炉况难行的信号。

3）料速明显不均，风口工作极不均匀，出铁前料速变慢，出铁后加快；伴随有崩料现象，严重时崩料后容易悬料。

4）上下渣温差大，上渣凉，下渣热；渣中易带铁，放渣较难；铁水先凉后热。

（3）中心煤气流过分发展的安全防护：

1）处理中心煤气流过分发展的基本方针是改善透气性，防止其转为悬料，采用疏松边缘的装料制度，扩大批重时务必谨慎。

2）当上部调剂无效时，应考虑扩大风口直径。

3）长期炉况不顺、炉墙结厚时，应采取洗炉措施。

4）当炉温充足时，可减风温或煤量；当风压急剧上升或炉温不足时，应减风量、降风压。

煤气流分布失常的炉况特征见表 4-1。

表 4-1 煤气流分布失常的炉况特征

项目	管道行程	边缘煤气流过分发展	中心煤气流过分发展
热风压力	波动,先低后高,有时冒尖	偏低	偏高
透气性指数	波动,先低后高	偏大	偏小
炉顶温度	管道部位升高	较高	较低
炉喉温度	管道部位升高	升高	降低
炉身静压力	管道部位降低	升高	升高
炉身水温差	管道部位升高	升高	降低
炉喉 CO_2	管道部位 CO_2 体积分数降低	边缘 CO_2 降低	边缘 CO_2 升高
面料上温度	管道部位升高	中心温度降低	中心温度升高
探尺状态	下料不均,常有突然塌落现象	边缘下料快	边缘下料慢
风口状态	管道部位有升降	风口明亮,但有大块生料降	暗淡不均风口显凉
炉渣	渣温波动大	用渣口放渣时,上渣热,下渣先热后凉	用渣口放渣时上渣带铁多,难放
铁水	铁温波动大	铁水温度不足,先热后凉,化学成分高硅高硫	铁水物理热不足,化学成分初期低硅低硫,后期硫升高很多

4.3.7.2 炉缸工作失常及安全防护

A 炉缸堆积事故及安全防护

炉缸堆积是指炉缸工作达不到正常状态。由不活跃区逐渐变成死区的现象。炉缸堆积物可能是一些焦粉、难熔炉渣,或是一些钛化物等。炉缸堆积是高炉操作中基本操作制度长期不合理造成的,炉况的变化是由正常逐渐转变为不正常,进一步发展后变成失常。发生炉缸堆积后处理时间较长,中小高炉一般需要 10~15 天,大高炉需要的时间更长。

炉缸堆积有炉缸中心堆积和边缘堆积(炉缸炉墙结厚)两种。

炉缸里主要是液态渣铁和焦炭,焦炭死料柱沉浸入铁水中,焦炭料柱的空隙中充填液态渣铁。当焦炭强度差,炉缸焦炭料柱中粉末增多,空隙减少,穿透料柱的煤气减少。当炉凉时液态渣铁的黏度升高,煤气更难吹透焦炭料柱,这样就进一步加剧炉缸中心区域的不活跃程度。长时间后,炉缸中心温度逐渐降低,炉缸中心工作达不到正常状态,由不活跃逐渐变成"死区",这种现象称为炉缸中心堆积。

冶炼铸造铁时间长(超过一个月)或有陶瓷杯的高炉长时间炉温偏高,大量石墨碳析出后和渣铁混合后黏结在炉墙上,使炉缸炉墙结厚。炉墙结厚时相当于炉缸直径缩小,进一步发展后造成炉缸周围区域工作不正常(不活跃),炉缸周围区域的渣铁温度比中心低,这种现象称为边缘堆积。

(1)炉缸堆积的原因:

1)原燃料质量恶化,特别是焦炭的质量降低影响最大。

2)长时间高炉温、高碱度操作,加剧了石墨碳沉积而导致炉缸堆积。

3）长期采用发展边缘的装料制度。

4）长期减风低压操作，风速不足。

5）冷却设备漏水。

6）长期冶炼铸造生铁。

7）炭块-陶瓷砌体复合结构的炉缸，长期高炉温（$w[Si] \geqslant 0.7\%$）操作。

（2）炉缸堆积的征兆：

1）接受风量能力变差，热风压力较正常值升高，透气性指数降低。

2）中心堆积，上渣率显著增加；出铁后，放上渣时间间隔变短。

3）放渣出铁前，憋风、难行、料慢；放渣出铁时，料速显著变快，憋风现象暂时消除。

4）风口下部不活跃，易涌渣、灌渣。

5）渣口难开，渣中带铁，伴随渣口烧坏多。

6）铁口深度容易维护，打泥量减少，严重时铁口难开。

7）风口大量破损，多坏在下部。

8）边缘堆积，一般先坏风口，后坏渣口。

9）中心堆积，一般先坏渣口，后坏风口。铁水物理热不足，易出低硅高硫铁，严重时出高硅高硫铁，见下渣后铁量少，铁口变深、变长且难开。

10）边缘结厚部位水箱温度下降。

（3）炉缸堆积的安全防护：

1）改善原燃料质量（重点是提高转鼓强度，减少粉末），提高炉料透气性，选择科学合理的炉料结构、装料制度、送风制度，这是预防和处理炉缸堆积的根本措施。

2）边缘堆积时要减轻边缘，扩大风口直径，根据炉温调焦炭负荷。

3）中心堆积时采用加重边缘的料制，改用长风口，缩小风口直径，提高风速，吹透中心。短期慢风作业要堵风口。

4）炉渣中 Al_2O_3 质量分数高（大于 15%）时，要提高 MgO 质量分数（12% 左右），改善料柱透气性。

5）降低炉料碱金属负荷，采取低碱度炉渣排碱。

6）炉缸严重堆积时要洗炉。

7）对于风口、渣口破损较多的炉缸堆积，要增加出铁次数和放渣次数，减少炉缸存渣铁量。

B　高炉大凉、炉缸冻结事故及安全防护

炉温连续在热制度规定的下限值，渣铁流动性明显变差，进而流动困难，铁水高硫，称为高炉大凉。炉温进一步下降，以致渣、铁不能从铁口正常排放，这种不正常的炉况称为炉缸冻结。

（1）高炉大凉及炉缸冻结的原因：

1）燃料质量严重恶化，调剂不及时。

2）称量系统不准，误差高于规定标准，连续低炉温后处理不当。

3）装料程序长时间失误或变料单写错，多上矿石或少上焦炭没能及时发现。

4）冷却设备烧坏，特别是休风期间大量向炉内漏水。

5）渣皮或炉墙塌落。

6）重大事故状态下的紧急休风来不及变料，且休风时间长，炉缸热量损失过大。

7）连续崩料、低料线和顽固悬料处理不当，加焦不足。

8）长期低压操作热量补偿不足。

（2）高炉大凉与炉缸冻结的征兆：

1）风口发暗、见生降、挂渣，渣口放出黑渣，流动性差。

2）放出的铁为暗红色，温度极低，流动性差。

3）铁口放不出铁，说明炉缸温度已降到1150℃以下，这时炉缸已冻结。

（3）高炉大凉的安全防护：

1）首先减风（中小型高炉50%左右，大型高炉20%左右）控制料速，遏制炉温继续下行；减风的同时加5~10批净焦，并相应减轻焦炭负荷。

2）组织炉前出净渣铁，尽量避免风口灌渣及烧穿事故，等待净焦下达。

3）确保风压和风量稳定，按风压操作，尽量避免崩料和悬料。

4）当炉况急剧冷却又发生悬料时，应以处理炉冷为主。

5）当炉冷且渣碱度高时，应降碱度或加适当批数的酸料。

6）应尽最大努力在大凉期间内不发生其他事故迫使高炉休风，如果休风可堵部分风口，严重时可堵50%以上，尽量集中堵。

7）风口有涌渣现象时应加强监护，风口外部打水，防止风管烧穿。

（4）炉缸冻结的安全防护：

1）果断采取加净焦的措施，并大幅度减轻焦炭负荷，净焦数量和随后的轻料可参照新开炉的填充料来确定。炉子冻结严重时，集中加焦量应比新开炉多些，冻结轻时则少些。同时应停煤、停氧，把风温用到炉况能接受的最高水平。

2）堵死其他方位风口，仅用铁口上方少数风口送风，用氧气或氧枪加热铁口，尽力争取从铁口排出渣铁。铁口角度要尽量减小，烧氧气时角度也应尽量减小。

3）尽量避免风口灌渣及烧穿情况发生，杜绝临时紧急休风，尽力增加出铁次数，千方百计地及时排净渣铁。

4）加强冷却设备检查，坚决杜绝向炉内漏水。

5）如铁口不能出铁，说明冻结比较严重，应及早休风，准备用渣口出铁、保持渣口上方两个风口送风，其余全部堵死。送风前渣口小套、三套取下，将渣口与风口间用氧气烧通，并见到红焦炭。烧通后用炭砖加工成外形和渣口三套一样、内径和渣口小套内径相当的砖套，装于渣口三套位置，外面用钢板固结在大套上。送风后风压不大于0.03MPa，堵铁口时减风到底或休风。

6）如渣口也出不来铁，说明炉缸冻结相当严重，可转入风口出铁，即用渣口上方两个风口，一个送风，一个出铁，其余全部堵死。休风期间将两个风口间烧通，并将备用出铁的风口和二套取出，内部用耐火砖砌筑，深度与二套平齐；大套表面也砌筑耐火砖，并用炮泥和沟泥捣固、烘干，外表面用钢板固结在大套上。在出铁的风口与平台间安装临时出铁沟，并与渣沟相连，准备流铁。送风后风压不大于0.03MPa，处理铁口时尽量用钢钎打开，堵口时要低压至零或休风，尽量增加出铁次数，及时出净渣铁。

7）采用风口出铁次数不能太多，防止烧损大套。风口出铁顺利以后，迅速转为备用渣口出铁，渣口出铁次数也不能太多，砖套烧损应及时更换，防止烧坏渣口二套和大套。渣口出铁正常后，逐渐向铁口方向开风口，开风口速度应与出铁能力相适应，不能操之过急，否则会造成风口灌渣。开风口过程要进行烧铁口，铁口出铁后问题得到基本解决，之后再逐渐开风口直至正常。

4.3.7.3　炉料分布与运动失常及安全防护

A　低料线事故及安全防护

炉料不能及时加入炉内，致使高炉实际料线比正常料线低 0.5m 或更低时，称为低料线。低料线作业对高炉冶炼危害很大，它打乱了炉料在炉内的正常分布位置，改变了煤气的正常分布，使炉料得不到充分的预热与还原，引起炉凉和炉况不顺，诱发管道行程。严重时由于上部高温区的温度大幅波动，容易造成炉墙结厚或结瘤，顶温控制不好还会烧坏炉顶设备。料面越低，时间越长，其危害性越大。

（1）低料线的原因：

1）上料设备及炉顶装料设备发生故障。

2）原燃料无法正常供应。

3）崩料、坐料后的深料线。

（2）低料线的安全防护：

1）当引起低料线的情况发生后，要迅速了解低料线产生的原因，判断处理失常所需时间的长短。根据时间的长短采取控制风量或停风的措施，尽量减少低料线的深度。

2）由于上料设备系统故障不能上料，引起顶温升高（无钟炉顶高于 250℃，钟式炉顶高于 500℃）时，开炉顶喷水或炉顶蒸汽控制顶温，必要时减风（顶温低于 150℃ 后应及时关闭炉顶喷水），减风的标准以风口不灌渣和保持炉顶温度不超过规定为准则。如果不能上料时间较长，要果断停风。造成的深料线（大于 4m），可在炉喉通蒸汽的情况下，在送风前加料到 4m 以上。

3）由于冶炼原因造成低料线时，要酌情减风，防止炉凉和炉况不顺。

4）若低料线时间在 1h 以内，应减轻综合负荷 5%~10%。若低料线时间在 1h 以上和料线超过 3m，在减风的同时应补加净焦或减轻焦炭负荷，以补偿低料线所造成的热量损失。冶炼强度越高，煤气利用越好，低料线的危害就越大，所需减轻负荷的量也要相应增加。低料线时间与加焦量的关系见表 4-2。

5）当装矿石系统或装焦炭系统发生故障时，为减少低料线，在处理故障的同时，可灵活地先上焦炭或矿石，但不宜加入过多。一般而言，集中加焦不能大于 4 批，集中加矿不能大于 2 批，而后再补回大部分矿石或焦炭。当低料线因素消除后，应尽快把料线补上。

6）赶料线期间一般不控制加料，并且采取疏导边缘煤气的装料制度。当料线赶到 3m 以上后，逐步回风。当料线赶到 2.5m 以上后，根据风压与风量的关系可适当控制加料，以防悬料。

7）低料线期间加的炉料到达软熔带位置时，要注意炉温的稳定和炉况的顺行。

8）当低料线不可避免时，一定要果断减风，减风的幅度要取得尽量降低低料线的效果，必要时甚至停风。

表 4-2 低料线时间与加焦量的关系

低料线的时间/h	料线深/m	加焦炭量/%
0.5	一般	5~10
1	一般	8~12
1	>3.0	10~15
>1	>3.0	15~25

B 偏料事故及安全防护

高炉截面上两料尺下降不均匀,呈现一边高、一边低的固定性炉况现象,小高炉两料线的差值为 300mm,大高炉为 500mm,就称为偏料。

(1)偏料的原因:

1)由于高炉炉衬的侵蚀不一致,侵蚀严重的一侧边缘气流较强,其他地方的煤气较弱,这样就造成炉料的下降不均。

2)边缘管道行程或炉墙结厚、结瘤,致使下料不均,造成偏料。

3)炉喉钢砖损坏脱落,造成炉料沿炉喉截面的圆周方向分布不均。

4)管道行程导致。

(2)偏料的征兆:

1)两料线经常相差 300~500mm。

2)风口工作不均匀,低料面的一侧风口发暗,有生降,易挂渣、涌渣。

3)炉缸脱硫效果差,炉温稍一下行,生铁含[S]就会升高,炉渣的流动性也会变差。

4)风压波动且不稳定,炉顶温度各点的差值也较大,在料面低的一侧温度高,料面高的一侧温度低。

5)CO_2 曲线歪斜、不规则,最高点移向中心。

(3)偏料的安全防护:

1)凡能修复校正的设备缺陷(如不同心、布料器不转、风口内有残渣堵结),应及时修复校正。

2)在设备缺陷一时难以修复而上部调剂无效时,可在低料线的一侧改小风口或长风口,以减少该处的进风量,在高料面侧改用大风口。

3)由于炉型变化而造成的偏料,可适当降低冶炼强度,结合洗炉或控制冷却水温差来消除,如果是非永久性原因造成的偏料,在上部可设法采取向低料线的一侧集中布料,以减轻偏料程度,把料面找平。

4)由于管道行程造成的偏料,要首先消除产生管道行程的因素,采取坐料的方法来破坏管道,同时在赶料线时可找平料线。

C 悬料事故及安全防护

炉料停止下降延续超过正常装入两批料的时间,即为悬料;经过三次以上坐料仍未下降,称为顽固悬料;如果一个班悬料不少于 3 次称为连续悬料。悬料按部位可分为上部悬料和下部悬料,下部悬料又分为冷悬料和热悬料。

(1)悬料的原因:悬料的主要原因是炉料透气性与煤气流运动不相适应,上升煤气流对炉料的阻力超过炉料下降的有效重力后，导致炉料不能正常下降。常见的原因如下：

1）原燃料强度降低，粉末增多，炉料透气性变差，导致风量和风压不对称，当风压升高超过正常风压后若处理不及时，会发生小滑料而造成悬料。

2）炉温波动幅度大使软熔带发生变化，软熔带高度增加后炉料的透气性降低，调节不及时就会发生悬料。

3）炉缸工作不均匀或气流分布不合理，容易发生悬料。例如，边缘气流过分发展，虽然一般风压偏低，但边缘通道堵塞后风压剧增，处理不及时就会悬料。

4）剖面失常，高炉结瘤、结厚时，容易悬料。

5）炉况难行，产生管道后崩料，也会造成高炉悬料。

（2）悬料的征兆：

1）探料尺下降不正常，下下停停，停顿几分钟后又突然塌落，当停滞时间超过10min后就会造成悬料。

2）风压缓慢上升或突然冒尖，风量逐渐减少或锐减。

3）炉顶压力下降，压差升高，透气性指数显著低于正常水平。

4）炉顶温度升高，四点温差缩小。

5）风口焦炭呆滞，个别风口出现生降。

（3）悬料的预防：

1）低料线、净焦下到成渣区域时，可以适当减风或撤风温，绝对不能加风或提高风温。

2）原燃料质量恶化时，应适当降低冶炼强度，禁止采取强化措施。

3）渣铁出不净时，不允许加风。

4）恢复风温时，幅度不可超过50℃/h；加风时，每次不大于150m³/min。

5）炉温向热、料慢、加风困难时，可酌情降低煤量或适当撤风温。

（4）悬料的安全防护：

应根据形成原因及炉缸积存渣铁的多少，决定悬料的安全防护措施和时机。

1）减风处理悬料。发现悬料后，立即采取减风的方法，力争悬料自行崩落，不坐而下。

2）放风坐料。下部悬料和顽固的上部悬料，当减风无效时需要放风坐料。放风坐料就是减风到50~70kPa以后或到零，使炉料在煤气浮力很小或没有煤气浮力的情况下自行崩落下来。悬料发生在出铁前，应提前出铁，待出完铁后再进行坐料；如果发生在出铁后而铁又基本出净，可直接进行放风坐料。坐料后回风上料时首先补足焦炭，并临时改变装料制度，使中心和边缘气流都适当发展。

3）休风坐料。放风坐料仍下不来时，采取休风坐料。

4）当连续悬料时，坐料后应休风堵3~5个风口，送风时控制风压为60~100kPa，并根据风口数目适当缩小批重。

D　崩料事故及安全防护

探料尺突然塌落，下降深度超过0.5m，甚至更多，这种不正常现象称为崩料；如果一个班连续发生3次或3次以上的崩料，称连续崩料。连续崩料是炉况严重恶化的表现，处理不及时会使炉温急剧向凉并引起大凉、风口自动灌渣，甚至炉缸冻结。

（1）崩料的原因：

1）燃料质量变坏，炉内透气性恶化，上、下部调剂未与之相适宜。

2）设备缺陷、炉喉保护损坏。

3）高炉内衬侵蚀严重，或已有结厚。

4）操作不当，加风和提高风温时机不适。

5）炉温剧烈波动未及时调节，渣碱度过高，低料线处理不当等。

上述原因引起气流分布失常，产生管道行程，处理不当，发展成为崩料。

（2）崩料的征兆：

1）下料不均，出现停滞和陷落。

2）炉顶温度波动，平均值升高，严重时可达正常炉顶温度的两倍以上。

3）炉顶压力波动大，有尖峰。

4）炉喉 CO_2 曲线混乱，管道位于边缘时四个方位的差值大，管道所在方位第二点（严重时包括第三点）的数值低于第一点。

5）静压力压差波动大，边缘管道所在方位的静压力上升，压差下降；中心管道四周的静压力降低，而差值不大；上部管道崩料时，上部静压力波动大；下部管道崩料时，下部静压力波动大。

6）崩料严重时料面塌落很深，生铁质量变坏，炉渣流动不好，风口工作不均匀，部分风口甚至涌渣和灌渣。

（3）崩料的安全防护：

1）果断减风，高压改常压，使风压和风量对称后下料恢复正常。

2）减风后相应减少喷吹量和富氧，同时补足焦炭，适当缩小矿石批重。

3）渣铁出净时，可在出铁后进行坐料，使气流重新分布。

4）当炉温偏低或炉缸内渣铁较多，风口涌渣时，要适当加风防止风口灌渣，并组织提前出铁，同时集中加净焦 5~10 批。

5）崩料已制止，下料恢复正常，待不正常料通过软熔带以后再把风量恢复到正常水平，相应恢复风温和焦炭负荷。

4.3.7.4 炉型失常及安全防护

A 炉墙结厚事故及安全防护

高炉炉墙结厚或结瘤是已经熔化的液相又重新凝结的结果。它严重地破坏了高炉的顺行，影响了高炉的生产技术指标，是高炉生产中严重的炉况失常。

炉墙结厚可视为结瘤的前期表现，也可以作为一种炉型畸变现象。它是黏结因素强于侵蚀因素，经长时间积累的结果；在炉温波动剧烈时，也可在较短的时间内形成。

（1）炉墙结厚的原因：

1）原燃料质量低劣、粉末多，造成高炉料柱的透气性差。

2）长期的低料线作业，对崩料、悬料的处理不当，长期的堵风口作业或长期休风后的复风处理不当。

3）炉顶布料不均，造成炉料在炉内的分布不均匀。

4）炉温大幅度波动，造成软熔带根部的上下反复变化。

5）造渣制度失常，使炉渣碱度大幅度波动。

6）冷却器大量漏水。

（2）炉墙结厚的征兆：

1）高炉不顺，不易接受风量，应变能力差。当风压较低时，炉况尚算平稳；当风压偏高时，易出现崩料、管道和悬料。

2）煤气分布不稳定，煤气利用变差；改变装料制度后，达不到预期的目标；上部结厚时，结厚部位的 CO_2 曲线升高；下部结厚常出现边缘自动加重。

3）结厚部位的冷却水温差及炉皮表面温度均下降。

4）风口工作不均匀，风口前易挂渣。

（3）炉墙结厚的安全防护：

1）初期结厚可通过发展边缘气流来冲刷结厚部位，同时要减轻负荷，提高炉温。

2）对于渣碱度高引起的炉墙结厚，在保证炉况顺行的前提下降低碱度或加一定数量的酸料。

3）控制结厚部位的冷却水，适当降低该部位的冷却强度，提高其冷却水温差。

4）结厚部位较低时，可采用锰矿、萤石、均热炉渣、氧化铁皮或空焦洗炉。

B　炉墙结瘤事故及安全防护

炉墙结厚未能制止或遇炉况严重失常时将发展为炉瘤，如图 4-5 所示。

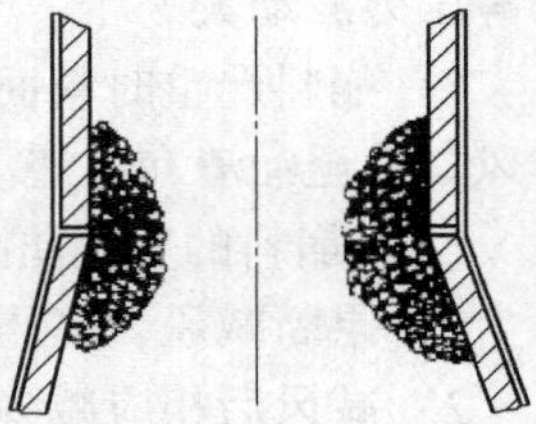

（1）炉墙结瘤的原因：

1）原燃料质量低劣、粉末多、软化温度低、低温粉化严重，而高炉操作者只为了片面追求产量而强求加风，忽略了顺行，造成悬料、崩料及管道行程。随之而来的便是送风制度和热制度的剧烈波动，造成成渣带的上下波动，使炉墙产生结厚，最后形成炉瘤。

图 4-5　高炉炉喉结瘤示意

2）高炉煤气流分布不合理，大量的熔剂落在边缘。

3）在炉渣碱度偏高时，炉温波动易将渣铁挂结在炉墙上。

4）冷却强度过大或冷却设备漏水，易将已软化的渣铁凝结到炉墙上。

5）碱金属在高炉上部炉墙上富集。

（2）炉墙结瘤的征兆：

1）炉况顺行程度大大恶化，高炉不易接受风量，透气性变差，不断发生崩料、管道和悬料，煤气分布失常，生铁质量下降。

2）结瘤方位的料线下降慢，料线表面出现台阶，有偏料、悬料、崩料和埋住料线等现象。

3）结瘤方位的炉墙温度和冷却水温差明显下降，但在该部位下方的炉料疏松，煤气过多，炉墙温度反而升高。

4）炉缸工作不均匀，经常偏料，结瘤方位的风口显凉甚至涌渣。

5）炉尘吹出量大幅增加。

（3）炉墙结瘤的安全防护：炉瘤一经确认后，一般采用"上炸下洗"的方法处理。

1）洗瘤。下部炉瘤或结瘤初期可采用强烈发展边缘的装料制度和较大的风量，以促使其在高温和强气流作用下熔化。如果炉瘤较顽固则应加入均热炉渣、萤石或集中加焦等来消除。但应注意，要保证炉况顺行、炉温充沛，将渣碱度放低，尽量全风作业。

2）炸瘤。当上部或中上部结瘤依靠洗炉消除的效果不明显或无效时，应果断休风、炸除炉瘤。

①炸瘤作业中最关键的是弄清炉瘤的位置和体积，以便确定休风料的安排与降料线的深度。

②装入适当的净焦、轻负荷料和洗炉料，然后降料线至瘤根下面，使瘤根能完全暴露出来，休风后用泥堵严风口。

③打开入孔，观察瘤体的位置、形状和大小，来决定安放炸药的数量和位置。

④炸瘤时应自下而上，常见的炉瘤一般是外壳硬、中间松，黏结最牢的是瘤根，应先炸除。如果先炸上部，将会使炸落的瘤体覆盖住瘤根，不能彻底驱除瘤根。

⑤由于炸下的炉瘤在炉缸内要经过一段时间才能熔化，在这段时间内要保持足够的炉温，所以在复风后可根据所炸下的瘤量补加足够的焦炭，以防炉凉；同时可加一些洗炉料，促使熔化物排出炉外。

（4）炉墙结瘤的预防：

1）严格贯彻"精料"方针，改善原燃料的理化性能及冶金性能，降低各种碱金属含量及有害杂质的入炉量，降低渣铁比，减少入炉石灰石量。

2）加强入炉料的筛粉工作，减少入炉粉末，改善料柱的透气性。

3）稳定高炉的操作制度，防止炉温、炉渣碱度的大起大落，减少或杜绝悬料、崩料、低料线及管道行程的发生。

4）要勤检查高炉冷却水的变化情况，发现漏水时要及时处理，以维护好合理的操作炉型。

5）尽量避免长时间的无计划休风，对长期的休风一定要加足焦炭以保证炉温，这样才能为快速复风创造条件。

6）当炉身温度降低、煤气曲线不正常、长时间低料线以及长期休风时，应强烈发展边缘气流或以萤石、均热炉渣等及时洗炉。

7）要注意控制冷却强度，使水温差不超过允许值范围。

C　上部炉衬脱落事故及安全防护

（1）上部炉衬脱落的原因：

1）装料制度不适应炉衬状况，边缘气流发展，加剧了冷却设备大量损坏，炉衬的砌砖失去支撑作用。

2）炉况顺行差，时常发生崩料、悬料，在崩料或坐料的振动下发生炉衬脱落。

3）设计结构不合理或施工质量差。

（2）上部炉衬脱落的征兆：

1）砖衬大量脱落后炉料透气性突然降低，风压突然升高，风量下降。

2）炉身温度升高，砖衬脱落部位炉壳发红或烧坏后漏煤气。

3）风口前出现耐火砖，甚至出现风口被耐火砖堵住而吹不进风的现象，过一段时间后耐火砖下降，风口又恢复正常。

4）炉渣成分改变，碱度降低。

5）煤气曲线 CO_2 值边缘明显改变，煤气利用变差，炉况顺行变坏。

（3）上部炉衬脱落的安全防护：

1）适当减风以维持顺行，且由当时炉温水平和发展趋势补足焦炭，防止大凉。

2）调整装料制度，控制边缘气流，有休风时适当缩小风口面积并调整风口布局，同时尽量使用长风口。

3）在砖衬脱落处加强炉壳的外部冷却（安设打水枪），避免烧穿。

4）利用设备检修时间在损坏的冷却壁处安装冷却棒并进行压浆造衬。

5）根据生产需要可以停炉更换破损的冷却设备并进行炉衬喷补。

4.3.8　高炉炼铁事故案例分析

4.3.8.1　高炉本体系统事故案例分析

A　唐山国丰钢铁有限公司高炉爆炸事故

事故经过：2006 年 3 月 30 日，唐山国丰钢铁有限公司炼铁厂 1 铁 5 号高炉原定进行计划检修，当日夜班炉温向凉，5 时 40 分高炉产生悬料，并且风口有涌渣现象。值班工长及时通知车间主任和生产厂长，他们依次到达现场采取措施。6 时 10 分减风到 146kPa，6 时 25 分左右 11 号风口有渣烧出，看水工及时用冷却水封住，由于担心高炉生产崩料后灌死并烧穿风口，高炉改常压操作，为紧急休风作准备。6 时 35 分改切断煤气操作，炉顶、重力除尘器通蒸汽。6 时 50 分观察炉况比较稳定，又减风到 70kPa，稍后又发现风口涌渣现象。7 时 10 分加风到 89kPa，风压风量关系转好，但炉温明显上行，为控制炉顶温度，从 7 时 35 分开始间断打水，控制炉温在 300~350℃，8 时 15 分左右高炉工况呈好转趋势。但发现此间料尺没有动，怀疑料尺有卡阻，值班工长通知煤防员和检修人员到炉顶对料尺进行检查。在 8 时 39 分左右，炉内突然塌料引起炉顶爆炸，造成 6 人死亡，6 人受伤。

事故原因：直接原因是高炉悬料 3h，炉内形成较大空间，且炉顶温度逐步升高并超过规定，断续打水 40min，当料柱塌下时，炉顶瞬间产生负压，空气和混有未汽化水的冷料进入炉内，遇高温煤气后发生爆炸。重要原因是值班工长处理事故时未按作业指导书进行。车间主任、生产厂长到位后，未能采取果断措施组织坐料，致使值班工长操作指挥不利，造成长时间悬料，使炉内空间变大。间接原因包含企业培训力度不够，造成现场指挥及操作人员安全技术素质不高，特别是对失常炉况判断及处置能力不够；5 号高炉炉况异常，原定计划检修，在交接班时，炼铁厂没有要求职工注意危险，协调不利。

B　南钢铁水外溢事故

事故经过：2011 年 10 月 5 日 7 时 30 分，南钢股份炼铁厂 5 号高炉按照停炉方案要求降料线 9~10m 进行预休风操作。期间，割开了残铁口处炉皮，并取下了残铁口处冷却壁。11 时 40 分左右，现场作业人员在安装残铁沟时，大量铁水突然从残铁口预开位置流出，发生了铁水外溢，溢出铁水温度高达 1400℃，造成在残铁平台上工作的 12 人死亡、1 人受伤。

事故原因：事故主要原因是炉缸内部碳砖受侵蚀变薄，在对其强度检测和论证评估不充分的情况下割开了残铁口处炉皮，复风操作使炉内压力升高，导致铁水击穿炉壁流出，高温铁水形成气浪，造成人员伤亡。

4.3.8.2 原料系统事故案例分析

事故经过：2006 年 10 月 27 日 22 时 15 分左右，某钢铁公司炼铁厂新建高炉上料操作工，发现 S102 皮带头轮的收料斗堵料而停下皮带，并通知上料班长曹某。曹某随后带领本班上料工徐某到炉顶料仓。曹某将煤气检测仪放在料仓入孔处检测，无煤气报警。于是，徐某便从入孔进入料仓，清理格栅上杂物。大约半分钟后，徐某告诉曹某，头有点晕，呼吸困难，感觉很难受，随即便倒在料仓内，最终死亡。

事故原因：事故主要原因是对料仓内煤气和氧含量检测不到位。曹某安全意识不够，安全隐患排查不到位。只是在料仓入孔处进行了煤气和氧含量的检测，由于料仓一般面积较大，仓里的煤气和氧气浓度分布并不均匀，所以只检查入孔处的气体含量是不够的。

4.3.8.3 煤气除尘系统事故案例分析

A 重力除尘器泄爆板破裂事故

事故经过：2008 年 12 月 24 日上午 9 时左右，河北遵化钢铁公司 2 号高炉重力除尘器泄爆板发生崩裂，导致 17 人死亡、27 人受伤。事故发生前 4 个班的作业日志表明，2 号高炉炉顶温度波动较大，炉顶压力维持在 54~68kPa 之间。24 日零点班该炉曾多次发生滑尺（轻微崩料），事故发生时炉内发生严重崩料，带有冰雪的料柱与炉缸高温燃气团产生较强的化学反应，气流反冲并沿下降管进入除尘器内，造成除尘器内瞬时超压，导致泄爆板破裂，大量煤气溢出。因除尘器位于高炉炉前平台北侧，大量煤气随北风漂移至高炉作业区域，作业区没有安装监测报警系统，导致高炉平台作业人员煤气中毒。没有采取有效的救援措施，当班的其他作业人员贸然进入此区域施救，造成事故扩大。

事故原因：安全意识缺乏，对生产中存在的危险未能及时评估，在高炉工况较差情况下，加入了含有冰雪的落地料，间接导致大量煤气泄漏；生产工艺落后，设备陈旧，作业现场缺乏必要的煤气监测报警设施，没有及时发现煤气泄漏，盲目施救导致事故扩大；隐患排查治理不认真，事故发生前，炉顶温度波动已经较大，多次出现滑尺现象，但没有进行有效治理，仍然进行生产，导致事故发生。

B 盲目蛮干事故

事故经过：2003 年 7 月 15 日 10 时 30 分，某钢厂机电车间维修工安某接到 1 号炉布袋工孟某叫修后，马上和孙某等人一起赶到现场，发现 1 号炉 5 号箱体盲板阀电动锁太紧，不能回到原位，有大量煤气吹出。现场煤气浓度已严重超标，煤气防护员董某、关某劝阻离开，但安某、孙某等人坚持操作。12 时 15 分，煤防员毕某、李某强行劝下。12 时 30 分，维修段长董某与高炉主任徐某接手后，切断 1 号炉煤气进行处理。12 时 40 分煤气切断后，荒煤气管没有冒烟，于是安某、孙某等人进行处理。此时煤气已从净煤气管道串入荒煤气管道，浓度高达 2000×10^{-6} 以上。13 时 15 分造成安某、孙某煤气中毒，煤防员对其进行现场抢救后送医院就治。

事故原因：事故主要原因是安某、孙某安全意识差，在没有煤防人员现场监护的情况下私自蛮干，并且不戴呼吸器；违章指挥、违章操作、不听煤防人员的劝阻；进入煤气区作业未进行安全确认，明知煤气浓度超标还上前操作。

C　8·21 煤气中毒事故

事故经过：2009 年 8 月 21 日 19 时 25 分，某炼铁厂 1 号高炉主风机跳闸断电，高炉被迫休风。19 时 45 分左右，故障排除，热风班开始对干式除尘器进行引煤气操作，由于 7 号箱体 DN250 放散管气动蝶阀出现故障没有完全关闭，21 时 30 分，1 号高炉热风班 4 名工人冒雨上到 7 号箱体顶部实施人工关闭。没有关闭到位的 7 号箱体蝶阀使煤气仍处于放散状态，造成除尘器箱体顶部煤气大量聚集而导致 4 人中毒身亡。21 时 50 分左右，在箱体下留守监护的闫某等 3 人怀疑箱体上面出现问题，也未佩戴空气呼吸器和携带 CO 报警仪，在未切断煤气气源的情况下，也上到 7 号箱体顶部工作台，导致 2 人死亡，1 人中毒受伤，使事故扩大。

事故原因：事故直接原因是作业人员违章指挥、违规作业。危险性较大的操作不应在雨天和夜间进行，违反工业企业煤气安全规程规定要求。间接原因是企业安全教育培训不深入、不细致；职工缺乏基本安全常识；企业安全管理不到位，炼铁厂只配备了一名专职安全管理人员，未设安全管理机构，安全管理力量非常薄弱，现场管理混乱；安全投入不足，设备设施未做到定期保养、检修和检测。

D　8·30 煤气中毒事故

事故经过：2005 年 8 月 30 日下午 15 时 10 分左右，某炼铁厂 3 号高炉作业区除尘人员进行 4 号箱体引煤气作业。除尘工杨某、王某前去 4 号箱体进行引煤气操作，当时拿 3 瓶呼吸瓶，2 套呼吸器。当开完荒煤气入口眼镜阀后，到出口净煤气盲板平台处开净煤气出口眼镜阀，由于眼镜阀螺丝必须用铁管套在管钳子上才能拧动螺丝，螺丝扣磨损严重，盲板螺丝和箱体入孔距离较近，拧螺丝旋转距离仅为 200mm，作业非常吃力，时间较长。当正在作业进行中，呼吸气瓶报警（报警压力为 50kPa）。由于箱体净煤气眼镜阀还差几扣未拧紧，2 人便将呼吸器放在 3 号箱体氮气包旁边，在没有任何防护措施的情况下又去进行作业。因在开眼镜阀时，煤气管网压力大，泄漏出大量的净煤气遍布在箱体周围，煤气浓度严重超标，两人吸入煤气，致使不同程度煤气中毒。15 时 20 分李某见 2 人未返回操作室，便前去察看。到出口眼镜阀处，见入口盲板已经盲好，又到出口眼镜阀平台，发现呼吸器放在 3 号箱体氮气包处，王某已经躺在氮气管处，又发现杨某在 4 号箱体出口眼镜阀处躺着，马上组织人员抢救。

事故原因：使用的呼吸器瓶报警时，未撤离煤气区域更换新罐，在没有任何防护措施的情况下违章作业；由于箱体进出口盲板阀均为手动，同时螺丝旋转距离弧度较小，给作业带来极大不便，延长了作业时间，同时也存在危险因素；由于除尘人员少，作业长未派人监护。

4.3.8.4　送风系统事故案例分析

A　冷风阀失灵导致高炉放风阀爆炸事故

事故经过：1973 年 8 月 21 日，某厂 4 号热风炉的冷风阀传动齿轮与齿条错位，无法关闭，高炉倒流休风进行修理。休风操作过程中，虽放风阀全开，且鼓风放风，冷风压力仍有 0.01MPa，关闭鼓风机出口阀门后，冷风管压力降到零。在此之前，为了降压曾开 4 号热风炉烟道阀以放掉冷风，直到鼓风机出口阀门关后数分钟才关闭。高炉借机更换风口完毕后，关闭倒流阀送风。刚关倒流阀即发生爆炸，冷风阀及放风阀均冒火，放风阀变形管口炸开，经济损失 400 万元。

事故原因：冷风阀与热风阀都是借压力密封的，无压力时阀蕊处于中间位置，阀体与阀蕊之间失去密封存有风系通路；高炉休风风口未堵泥，直吹管未卸，关闭鼓风机出口阀后，冷风管失去正压。4 号热风炉开烟道阀时，因冷风阀处于开启位置，冷风管道便与烟道连通，炉缸残余煤气被吸入冷风管道。关闭烟道阀后，煤气与冷风的混合物积存在炉内及冷风管道内。关闭倒流阀后，更多煤气经冷风阀进入冷风管道，煤气本身具有点火温度，立即引发爆炸。

B 炉缸煤气倒流导致冷风管道爆炸事故

事故经过：1977 年 7 月 21 日，某厂 4 时 30 分出铁后准备换渣口，由于压力低没换下，便改休风换气。6 时 25 分送风，起初用 2 号热风炉送风，开冷风阀及热风阀后，发现燃烧口着火，随即改用 3 号热风炉送风，打开冷风阀及热风阀后发生爆炸，将放风阀高炉侧炸开约 2m² 的口子，两名在旁作业的工人受伤。

事故原因：由于放风阀将风放净，使炉缸煤气倒流入冷风管道，关闭冷风大阀后，冷风阀和热风阀便将煤气关在冷风管道中，煤气与冷风形成爆炸性混合气体。当由 2 号热风炉改用 3 号热风炉送风时，打开冷风阀、热风阀后，爆炸性气体进入高温热风炉内发生爆炸，将薄弱部位放风阀炸开。

C 热风炉爆炸事故

事故经过：2007 年 5 月 8 日 7 点左右，华菱涟源钢铁集团有限公司炼铁厂 1 号高炉热风炉操作工黄某和聂某到 1 号热风炉检查烘炉情况，在途经 4 号热风炉时觉得有异样，经查明是 4 号热风炉炉顶钢结构支撑处焊缝破裂，1 号高炉主任安排操作工彭某到 4 号热风炉立即进行撤炉操作。同时黄某、聂某又喊来钳工石某。在操作过程中，4 号热风炉发生了炸裂事故。由于红的耐火材料和热浪的灼烫、倒塌物的打击，导致黄某死亡，石某重伤，聂某轻伤。

事故原因：事故直接原因是 1 号高炉 4 号热风炉炉顶钢结构及燃烧阀焊缝处发红、开裂、局部跑风、强度下降，换炉时因炉内气体流速、压力变化较快，致使发生炉内爆炸，炉皮脆性断裂。间接原因是该热风炉设计上存在不足；施工时部分焊缝未按图施工并且施工质量未达到设计要求；设备管理不严格及安全管理存在漏洞。

4.3.8.5 渣铁处理系统事故案例分析

A 沙坝未打牢致铁水渗漏人员遭灼烫致死事故

事故经过：2006 年 5 月 23 日 1 时左右，某球墨铸管公司 350m³ 高炉炉前丙班放第二炉铁水。当 1 号出铁口放铁完毕正向 3 号出铁口放铁时，通向 2 号出铁口的铁水沟沙坝突然渗漏并流向 2 号出铁口下方，将停在下方的铁水车烧坏，驾驶员张某灼伤致死。

事故原因：造成事故的直接原因，一是铸管公司 350m³ 高炉炉前丙班沙坝工李某违反了《铸管公司 350 高炉工艺技术规程》的有关规定，致使沙坝未打牢造成铁水渗漏；二是该班班组安全日检查不到位，对铁水沙坝的质量未进行检查确认；三是驾驶员张某未将车停在安全位置，造成驾驶室处在 2 号出铁口下方。事故的间接原因，一是铸管公司未对沙坝制作制定明确的技术规范要求，而且未对职工进行培训；二是铸管公司、汽运公司都制定了各自的铁水运输管理制度，但双方对作业现场的衔接确认不够；三是铸管公司、汽运公司对双方作业人员安全教育培训不够。

B　违规清渣导致铁渣遇水爆炸事故

事故经过：2001 年 5 月 6 日 15 时 30 分，某钢铁公司炼铁厂中班作业人员 7 人按时到达炼铁厂 3 号高炉休息室做接班前的工作准备。15 时 50 分正式接班，陈某被安排在下渣岗位，主要负责从出铁沙坝至冲渣沟地段炉渣的清理工作。中班的第一炉铁水于 16 时 5 分出完，堵铁口后，陈某等当班人员全部进入休息室休息。16 时 15 分陈某正在冲渣沟用钢钎撬铁渣。16 时 17 分左右在主沟附近突然一声巨响，顿时一些铁渣飞溅起来。随即其他人员跑到爆炸地点寻找陈某，在 4 号高炉的冲渣沟里发现陈某已死亡。

事故原因：陈某违章作业，按照炼铁厂炉前技术要求，上、下渣沟流嘴出"糖包心"渣必须等冷却后才能去戳，且撬棍要长。堵铁口后，当班工作人员应休息 30min，但陈某只休息了 10min 左右，时间太短，铁渣还没有完全冷却。陈某戳铁渣前，冲渣水阀未关严，水源未截断，导致"糖包心"铁渣遇水发生爆炸。现场安全管理不到位。堵铁口后陈某独自去作业，休息室其他人员没有及时制止。对陈某安全教育培训不到位。

4.3.8.6　喷煤系统事故案例分析

事故经过：迁钢 2 号高炉喷煤系统采用荷兰达涅利公司的并罐全自动喷吹技术，为两罐不间断循环喷吹。2007 年 5 月，当正处于"喷煤"状态的喷吹罐 FT-410 喷吹至罐内煤粉约 17t 左右时，该罐 2 号下煤阀突然关闭，FT-410 停止喷煤。由于喷吹罐 FT-410 设定倒罐底重为 6t，此时尚未达到倒罐条件，立即查看喷吹曲线，未发现有任何异常，即没有导致该罐 2 号下煤阀关闭的指令发出。但此时另一喷吹罐 FT-420 尚未完成"充压"进入"保持"状态，FT-420 的 2 号下煤阀无法打开进行喷煤，造成喷吹系统停煤。为保证分配器压力不小于热风压力造成回火烧枪，遂立即将喷吹设定值修改至最小的"12t/h"，即将输送风量自动提高至 3500m³/h，同时也减小了喷吹罐压力和热风压力的压差设定值，缩短充压时间。从而将原来需要 10min 进入喷吹状态缩短至 2~3min，以最短的时间恢复喷煤。进一步查看喷吹曲线寻找造成 2 号下煤阀关闭的原因，并通知计控等维护人员到现场查找事故原因。

事故原因：事后经查是由于喷吹罐 FT-410 称重传感器报错，在经过总重修正程序的不正确修正后使得总重输出值小于 6t（倒灌设定吨数）引发下煤阀关闭停煤。由于报错时间太短在喷吹曲线上并没有显示出来。喷吹罐总共有 3 个称重传感器，总重输出为 3 个传感器数值的总和。正确的修正程序是在其中的一个数值显示与其他两个相差 1t 时，该传感器报错，修正程序启动，自动屏蔽报错传感器，并将两个正常传感器数值的平均值赋予报错的传感器，直至报错传感器恢复正常。而错误的修正程序却将两个正常传感器数值的平均值当做总重输出，使得称重显示小于 6t，造成喷煤罐 FT-410 的 2 号下煤阀关闭，引发系统停煤。

4.4　高炉炼铁岗位安全技术规程

炼铁岗位安全规程主要包括高炉车间、原料车间、检修车间、喷煤车间、炼铁主控等岗位安全规程。以下仅对主要岗位进行讲述。

（1）炼铁岗位安全通则。

1）遵守厂部或车间各项安全规定，工作前按规定穿戴好劳动保护用品。正确、熟练使用防护器材。

2）上班前要休息好，严禁班前班中饮酒。

3）各设备检修试车时，要与岗位工联系好。

4）搞好危险预知活动并严格执行停电挂牌制度。

5）有权拒绝违章指挥，及在安全设施不安全的状态下工作。

6）打锤时严禁戴手套，必须与扶钎人站在反方向，以防跑锤伤人。

7）用煤气烘烤沟子时，要先点火后开气，用完后及时关闭阀门。

8）检修时需要动火，必须办理动火许可证，并有煤防站监护方可动火。

9）机械运转时，禁止用手触摸、擦拭运转部位，检查、加油、清扫、检修转动部位必须停车，切断电源。禁止用湿布擦拭电机和电气开关。

10）非岗位人员未经允许，不得进入岗位操作。

11）处理带煤气设备故障时，必须有煤防人员监护。

12）进行煤气作业或其他特殊作业时，必须两人以上共同进行，并做到分工明确，密切配合。

（2）高炉值班作业长（炉长）岗位安全规程。

1）上岗前必须穿戴好劳动保护用品，班前、班中禁止饮酒。

2）作业长必须熟悉下属班组的安全规程，以便正确指挥、安排生产，同时对本班的安全生产负全面责任。

3）作业长在班中必须经常巡回检查，对各岗位情况做到心中有数；对生产中的薄弱环节一定要亲临现场指挥，死看、死守。

4）布置工作时，首先要制定安全措施。

5）发现事故隐患必须及时到现场组织人员进行处理，不能解决的及时向调度室汇报，同时采取临时防护措施，防止事故发生。发生事故及时通知有关领导和部门。

6）在冲渣水前，必须首先确认是否有人作业，确认无人后，方可通知浊环泵，必须先报上自己的姓名，然后下达要水指令。

7）任何工种到炉顶或其他危险区域作业，作业长必须在明确是安全的情况下，方可同意其进行；如有危险必须通知安全员到现场进行确认。

8）无论发生任何事故，必须立即到现场进行处理，防止事态扩大，减少损失并同时通知本厂调度室，由调度室通知有关领导和部门。

（3）主控工岗位安全规程。

1）班前佩戴好劳动保护用品，坚守工作岗位，班前、班中不准饮酒。

2）班中不准睡觉、脱岗或做与工作无关的事。

3）上炉顶时，必须两人以上同往，并携带煤气报警仪，注意看好风向，防止煤气中毒。

4）电器设备出现故障时，不许私自处理，必须找人员处理。

5）主控室各系统进行检修时，要与专人联系，挂标志牌，不经维修人员同意，不准任意启动。

6）主控室人员应协助注油工，将料车停在注油位置，切断电源，使用专用工具注油，给钢丝绳抹油时，禁止用手直接抹油，必须使用专用工具。

7）除利用微机变料或查找数据外，不准玩游戏或输入其他调查文件，以免操作失误造成微机工作失常，影响正常生产。

8）禁止非操作人员操作，严格执行要害岗位规定，未经批准，外来人员禁止进入室内。

（4）槽下运转工岗位安全规程。

1）上岗前穿戴好劳动保护用品，班前、班中不准饮酒。

2）开启设备前，先响铃，确认电器设备正常后，方可启动。

3）设备运转时，必须坚守岗位，时刻注意安全，靠近皮带作业时，防止刮伤。

4）清理料坑时首先确认是否有煤气，一人监护防止煤气中毒；到主卷室稀油站加油时，必须通知值班工长，并携带煤气测试仪，确认安全后方可作业。

5）设备运转过程中，严禁跨越皮带，用手或其他工具在皮带头、尾轮扒料、刮料等，冬季作业时禁止穿大衣，防止刮伤。

6）槽下处理设备故障时，必须与主控人员联系好，确认安全后方可进行作业。

7）设备检修时，应切断主电源，并在明显处挂"禁止合闸"牌，完毕后，必须有检修人员正式、准确的指令，确认无误后，方可合闸，取下标志牌。

8）禁止用湿手接触电器开关，防止触电。

9）禁止从高处往下扔杂物，防止扎、砸伤人。

10）皮带打滑时，禁止用杠压、脚踏和手拽。

11）在烟道热气烘干焦炭使用时，槽下人员放料、捅料必须两人以上，防止煤气中毒，煤气浓度超标必须及时通知调度，采取措施。

（5）槽上运转工岗位安全规程。

1）上岗前穿戴好劳动保护用品，班前、班中不准饮酒。

2）工作前要检查工作现场各种安全防护装置是否完好，在确认安全的情况下再开始工作，设备运转时，严禁坐、钻、跨越皮带。

3）开停车时，必须严格按顺序进行。

4）维修设备、打扫卫生时，必须先停车后进行。

5）发现堵料、跑偏时，应先给断焦铃，切断事故开关，并在明显处挂标志牌，确认安全后再处理。

6）在夜间作业时，必须有足够的照明设施。

7）严禁设备带病运转，发现问题及时向作业长反映。

8）工作时间内，严禁擅自离岗，冬季禁止穿大衣作业。

9）皮带打滑时严禁用杠压、脚踏或手拽。

10）输送机的各个转动和活动部分，必须加防护罩。

11）在烟道热气烘干焦炭使用时，槽上人员放料必须两人以上，防止煤气中毒，煤气浓度超标必须及时通知调度，采取措施。

12）在清理除铁器的铁物时，必须停机并两人以上，与中转站联系确认后，方可进行作业。

13）皮带运转时，在通廊、过道和漏嘴下，不得有障碍物。

14）运焦中有杂物，皮带刮、卡，必须按事故开关，待停机后，挂牌处理，必须做到联系明确。

（6）炉前作业区岗位安全规程。

1）炉前工岗位安全规程：

①上岗前佩戴好劳动保护用品，工作中坚守岗位，班前、班中不准饮酒。

②出铁前确认铁口，主沟、小坑、小沟是否烤干，小坑沙坝是否做好。

③出铁时，沙坝要保持一定高度，防止跑大流时漫铁。

④接触铁水的工具，一定要加热烤干，防止放炮伤人。

⑤捅铁口时钎子要烤干，严禁用氧气管捅铁口，防止铁水倒流伤人。

⑥出铁时，严禁横跨铁沟、下渣沟，铁口正面、下渣沟嘴旁不准站人。

⑦下渣堆渣时，待出完铁后，渣团冷却后再处理，防止喷入。

⑧开动泥炮时要发出信号，并注意周围是否有人。

⑨开铁口时，两脚不许站在沟内，钻机不许钻透铁口，防止喷溅伤人。

⑩开铁口换钎时，应有专人监护，确认铁口正常后再换钎。

⑪出铁时，所有人员要散开，防止铁水喷溅伤人，铁水包不能过满，铁水面距上沿不小于200mm，防止漫包铸铁道。

⑫严禁潮铁口出铁，发现铁口潮湿，必须烤干后再出铁。

⑬用氧气烧铁口时，手不准握胶管与铁管接合处，以防止回火伤人，操作的用具严禁有电。

⑭提堵渣机时，渣口正面不准站人。

⑮放渣过程中，一切人员不得横跨渣沟。

⑯渣口带铁时，立即将渣口堵上，防止烧坏渣口套或放炮伤人。

⑰在使用开口机、泥炮等设备时，一定要按操作规程使用，防止触电事故发生。

⑱打锤时，先检查锤头是否牢固，并应找好位置和角度，以免跑锤伤人。

⑲跟包人员处理铁水包包壳时，禁止站在铁水包边沿撬壳盖，防止掉入铁水包内。

⑳炉前工听到要水指令、电铃警报声、敲钟声时，远离渣沟，防止冲渣水伤人。

2）炉前液压泥炮工岗位安全规程：

①上岗前佩戴好劳动保护用品，班前、班中禁止饮酒。

②接班后检查电器设备是否完好，液压系统设备是否完全。

③开启泥炮和退出泥炮时先鸣铃，并注意周围是否有人，确认安全后，方可进行作业。

④装泥炮前检查泥炮的质量好坏，严禁用手往泥炮里装泥。

⑤班中检查设备，发现故障及时找电工、机修人员处理。

⑥禁止往泥炮操作室及电器设备上打水。

⑦电器设备及液压站着火，应先切断电源，然后用沙子或灭火器灭火，严禁用水灭火。

3）铁口工岗位安全规程：

①上岗前穿戴好劳动保护用品，班前、班中不准饮酒。

②接班检查好设备、电机、线缆、开口机吊梁是否正常，钎子和各种工具是否齐全。

③发现问题及时找维修人员处理。

④开铁口时不要正面朝铁口，以免渣铁喷出造成烫伤。

⑤出铁时禁止跨越渣铁沟，以免滑倒烫伤。

⑥开铁口时避免钻漏铁口，当铁口深度还有 100~200mm 时，应将开口机推在一旁，用钎子捅铁口。

⑦禁止用湿手摸电器开关，以防触电。

⑧打扫卫生时，不要往电器上打水。

4）炉前电动葫芦岗位安全规程：

①上岗前穿戴好劳动保护用品，班前、班中不准饮酒。

②电动葫芦要有专人操作，不许他人乱动。

③严禁超负荷起吊，严禁吊运的货物从人头上越过，严禁用电动葫芦拔埋在地下的器物，吊具在空中运行时应高于一个人的高度。

④每次在使用前须开动电动葫芦空运转，并认真检查下列项目：按钮能否可靠的控制电动葫芦的升降和运行，电锯是否灵活可靠；丝绳有无异常声音和气味；丝绳是否有断股，若有应及时处理；丝绳在主卷筒上正确缠绕，不正常时及时处理；发现按钮失灵，应立即切断电源，找电工修理。

⑤使用完毕后，将天车钩子升到距地面 2m 以上并切断电源。

⑥不准开快车、带病车，坚决执行"五不准"、"十不吊"制度。

（7）点检工岗位安全规程。

1）遵守厂部或车间各项安全规定，工作前按规定穿戴好劳动保护用品。正确、熟练使用防护器材。

2）工作前做好准备工作，带全点检工器具。

3）熟悉本岗位点检范围内的机械设备及负责范围内的附属设备的机械性能和有关安全技术规程。

4）熟悉和遵守钳工的一般安全操作规程，严格遵守煤气安全规程和制度。

5）点检时应按规定的路线部位进行。

6）点检部位要正确，点检工器具的使用要正确，使用听音棒和点检锤时，不得与设备的运转部位相接触。

7）凡需要停机检查或进行检修时，无论设备运转与否，都需要通知岗位工人停电，确认安全后挂牌，再进行操作，检修设备时要进行三方挂牌制。

8）在设备狭窄部位或进入设备内部点检时，必须采取必要的安全措施（如清除积料、安全带、照明、CO 检测、专人监护等）后方可进行。

9）点检作业中，要将设备的静止状态视为运转状态。

10）在粉尘区进行点检时应戴好防尘口罩。

11）设备上的电气故障应交电工修理，不得自己拆卸。

12）试车、试运转时必须和岗位操作工联系协调进行，统一指挥，应仔细检查设备各部位是否有阻碍物，人员是否撤离到安全部位，遵守试车的一般规定，充分做好试运转的准备工作。

13）在进行设备动态点检时，一定要站在安全栏杆后面，没有栏杆的情况下要和设备保持在0.5m以上距离，检查时要有一人在旁监护。

14）机械运转时，禁止用手触摸、擦拭运转部位，检查、加油、清扫、检修转动部位必须停车，切断电源。禁止用湿布擦拭电机和电气开关。

（8）仪表工点检岗位安全规程。

1）遵守厂部或车间各项安全规定，工作前按规定穿戴好劳动保护用品。正确、熟练使用防护器材。

2）去现场时，带好工作时所需的工具和仪表。

3）检查和操作电器时，要两人以上，首先将电闸拉下，挂上"有人操作，禁止合闸"的标牌，确认安全后，方可进行工作和修理。

4）对电器设备修理时，所使用的工具和绝缘鞋，定期检查绝缘程度，不合格应及时更换。

5）接触有害液体和水银前，事先做好防毒措施，然后再进行工作。

6）去要害车间时，遵守要害车间规定的有关安全规程（如去氧气站、变电站、油站等），与仪表无关的设备严禁乱动。

7）对存放的易燃易爆品，做好管理工作，严禁烟火。

8）对新使用的标准仪器，在操作之前，事先学习操作方法。通电前注意其使用的电压，检查接地情况，防止将仪器、仪表指针打坏、烧毁。

9）去现场测量铁水和钢水温度时，除戴上安全帽，防护眼镜，防护服，防热鞋外，还要注意钢水铁水飞溅，防止烫伤、烧伤。

10）厂区行走时要注意来往汽车、空中吊车、机动车、火车及道口所发出的信号。

11）处理有电容的设备时，先将电容放电再工作。

12）严禁酒后开车。

13）触电急救关键是要及时，首先要采用正确的方法使其脱离电源，然后根据伤者情况迅速采取人工呼吸或人工胸外心脏按压法进行急救，同时立即报告医疗机构。

（9）粒化渣岗位安全规程。

1）遵守厂部或车间各项安全规定，工作前按规定穿戴好劳动保护用品。正确、熟练使用防护器材。

2）非岗位人员未经允许，不得进入岗位操作。

3）严禁酒后开车。

4）起车前，必须对沟头进行检查、维护，防止异物堵塞沟头。如沟头损坏，及时修复，保证出渣的顺利进行。

5）人员进入设备检查时，必须把机旁箱打到"零"位，同时通知集中控制室。进入设备内部检查，使用照明电源电压不得超过36V。

6）对所有设备全面检查，确认无误后，方可按操作顺序起车。

7）设备运行过程中，必须有专人对设备的运行进行机旁监控。遇到紧急情况，及时停车，并与主控室联系，迅速对事故进行处理，保证高炉生产正常进行。

8）起车后，严禁任何人员打开设备上的入孔，严禁任何人员进入设备内部，防止蒸汽及设备旋转部位伤人。

9）运行过程中，主控室操作人员必须严格遵守操作规程中的起、停车顺序及各项注意事项，不得擅自离开，有事故及时同炉前联系并汇报有关领导。严禁非操作人员接触控制台面。

10）停车后，操作工人对设备全面检查、清理，做好记录，并向主控室汇报，保证下次出渣的顺利进行。

（10）铸铁机岗位安全规程。

1）上岗作业前，穿戴好劳动保护用品，班前、班中不准饮酒。

2）操作时必须精心操作，不准和他人闲谈，不准擅自离开岗位。

3）使用时检查工具是否牢固，在平台上不准往下扔杂物。

4）铸铁机必须设专人操作，开车前应显示灯光及音响信号。

5）铸铁机模内不得有水，防止放炮。

6）铸铁机开动时，禁止在上面撬铁或行走，不准跨越铁模。

7）铸铁机开动时，禁止在下面捡铁或行走，防止铁块掉下伤人。

8）使用电磁吊必须专人操作，吊铁块时，必须注意安全，防止碎铁击伤操作人员。

（11）配管工岗位安全规程。

1）班前劳保用品佩戴齐全，坚守工作岗位，班前、班中不准饮酒。

2）非操作人员严禁乱动冷却水阀门和其他冷却设备。

3）冷却水阀门和炉前用水阀门要区别开，防止开错烧坏冷却设备。

4）时刻注意各部冷却水温差变化，发现异常问题立即向工长报告，及时处理。

5）去炉基、炉顶工作或巡检时，通知值班工长，需二人同往，并有专人监护。

6）各段水箱漏水时，不严重时减小水速，防止向炉内漏水。

7）停水时要立即关闭进水总阀，并报告工长。

8）更换冷却设备时，要避开风口正面，防止回火伤人。

9）水压降低时，及时报告工长，停水时应停风处理。

10）来水时，分段缓慢进行送水，防止产生大量蒸气爆炸伤人。

（12）鼓风工安全岗位规程。

1）上岗作业前必须佩戴好劳动保护用品，班前、班中不准饮酒。

2）风机启动前，确认风机转动部位，进风室内无人、无杂物，油压、电压正常方可启动风机。

3）风机供油系统压力低于 0.03MPa 时，风机不准启动，并及时报告工长。

4）不准用湿手操作电器开关，不准带负荷拉刀闸。

5）鼓风机电器系统检修时，应可靠切断电源，挂上"禁止合闸"牌。

（13）内燃机岗位安全规程。

1）上岗前穿戴好劳动保护用品，班前、班中不准饮酒。

2）储油场地必须有禁止烟火警示牌，防火用具和设施必须保证齐全有效，任何人不准乱动。

3）接班时必须检查好机油和柴油的多少，做到心中有数。

4）检查好设备的运转情况，刹车、灯光是否完好，发现问题及时修理或更换机车。

5）溢包跑铁时，严禁机车在已经烧红的铁轨上通过，避免包车掉道或机车着火。

6）出完铁后必须等流嘴处没有铁滴时再通过。

7）机车行走前先观察车前后是否有人或杂物，鸣笛后起车行走。

8）过道口时内燃机车距道口50m开声光报警仪，要鸣笛减速，确认无人和车辆后再通过。

（14）热风炉岗位安全规程。

1）上岗前必须穿戴好劳动保护用品，工作中坚守岗位，班前、班中不准饮酒。

2）热风炉所属煤气区，禁止闲人停留，以防中毒。

3）处理煤气设备时，应先通知当班作业长，制定防范措施后再进行作业。

4）热风系统定期检查，热风炉管道烧红、开焊、有裂纹时，应立即停用，及时处理。各地方防爆孔应定期更换。

5）热风炉燃烧时，不准打开各阀门进行检修。

6）煤气设备检查时一定要插好盲板，禁止带煤气检查。

7）操作工在各部位作业时，必须两人以上，禁止一人单独作业，并注意风向，保证安全。

8）操作工在日常巡检时，必须告知当班值班人员，携带煤气报警仪。

9）严禁随意开关外网煤气管道上的阀门。

（15）煤气除尘工岗位安全规程。

1）班前佩戴好劳动保护用品，工作中坚守岗位，班前、班中不准饮酒。

2）煤气区作业，需两人以上，一人操作，一人监护，注意风向，防止中毒。

3）进入箱体工作前，提前30min打开箱体和入孔进行放散；利用氮气或蒸气吹扫，经过煤气检测人员检验箱体内无煤气和氮气含量后，方可进行操作。

4）更换布袋时，必须由三人一组，确认箱体氮气阀门关闭、氧气含量合格后，悬挂作业牌，在进行箱体作业时，必须有一人在外监护。

5）煤气区域3m内不许动用明火，煤气系统需要检修时，应在煤气切断、氮气吹扫合格后方可进行。

6）密封除尘器入口时，应确认人员和工具材料撤出后方可进行。

7）不准用水冲洗马达、卸灰机等，不准用湿手接触电器开关。

8）严禁随意开关外网煤气管道上的阀门。

9）对箱体进行巡检时，避开防爆孔，防止爆裂伤人。

（16）喷煤作业区岗位安全规程。

1）喷吹岗位安全规程：

①岗位操作人员必须穿戴好劳动保护用品，严格遵守安全生产中的一切规程。

②在检查和处理喷吹管道设施时，必须通知操作台，挂上检修牌，以免误操作发生意外事故。

③检查喷吹罐防爆孔铝板，不得在正面操作，处理管道堵塞或检修充（卸）压阀时严防管道串压伤人。

④各仪表指示应正常无误，发现问题及时与有关部门联系处理，严禁在罐压力（混合器后压力）无指示的情况下操作。

⑤灭火器、氮气及蒸气等消防装置应保持完好。处于备用状态，不得使用氮气搞卫生。

⑥喷吹设施应保持密闭无泄露，检查电气设施时要切断电源并挂牌。

⑦喷吹系统设备应经常检查、加润滑油。

⑧喷吹烟煤（混煤）时，要适当对粉仓进行氮气惰化。

⑨处理氮气泄露时，一定要切断氮气，用空气吹扫，在切断有困难时必须有人监护，注意通风，站在处理部位上风处，戴上呼吸器，在低氧区域（氧体积分数小于18%）作业时间要短。

⑩各部分阀门必须灵活好用，胶管连接处必须用铁丝捆住，以防脱落伤人。

2）配煤岗位安全规程：

①上岗前穿戴好劳动保护用品，班前、班中不准饮酒。

②皮带机不准带负荷启动和停机（紧急事故停车除外）。

③皮带机在更换修理托辊及支架时，要停机挂牌，并有专人监护，防止误开机。

④不准随意跨越皮带，不准在停运的皮带上休息和放置物品。

⑤劳动保护用品穿戴齐全，严禁袖口有拖带物和拖露长发。

⑥在喷煤区内禁止吸烟、点明火。

3）制粉岗位安全规程：

①上岗前穿戴好劳动保护用品，班前、班中不准饮酒。

②制粉时必须具备完好的消防灭火保护装置，如灭火器、氮气保护装置等，操作人员能正确熟练地使用防火、灭火设施。

③磨制烟煤时，投入口 O_2 的质量分数不小于12%应停机或改磨制100%无烟煤。

④制粉所属设备场所，严禁存放易燃、易爆物品，严禁一切火源进入设备系统，喷煤作业现场，严禁吸烟。

⑤检查防爆孔时，人不要面对防爆孔。

⑥检查设备时，只能用低压行灯（36V以下），在进行高空或下煤仓作业时要系好安全带。

⑦检查磨盘瓦时，要停机并切断磨煤机电源，挂牌后进行，同时防止煤气中毒和氮气窒息。

⑧在设备运转部位，要有保护装置，电器部位不能用水冲刷。

⑨在生产中巡回检查时，一定要防止液压油泄露伤人和机械绞伤。

⑩处理氮气泄露时，一定要切断氮气，用空气吹扫，在切断有困难时必须有人监护，注意通风，站在处理部位上风处，戴上呼吸器，在低氧区域（氧的体积分数小于18%）作业时间要短。

⑪严禁用氮气吹扫卫生，高空禁止向下抛垃圾物品。

⑫上下梯子要手扶栏杆，防止摔伤。

4）喷煤空压机岗位安全规程：

①上岗前穿戴好劳动保护，班前、班中不准饮酒。

②认真执行岗位职责制，精心操作，熟练掌握本岗位的工艺参数和各项事故处理方法。

③禁止非岗位人员操作，学习人员未经考试合格不准独立操作。

④操作阀门时要侧身，严禁猛开猛关，严禁用金属敲打设备、阀门、管道。

⑤设备运行时，不准拆卸、紧固螺栓。禁止用汽油等易燃品擦洗设备。

⑥进入岗位严禁吸烟、携带火种，禁止将易燃易爆物品带入岗位。

⑦操作人员要严守岗位，发现不正常现象时要查找原因，采取合理措施进行处理，情况紧急时，立即按紧急事故处理方法进行操作。

⑧所属设备安全装置必须保证灵敏、完好。

（17）煤气取样工安全规程。

1）上岗前必须穿戴好劳动保护用品，严禁酒后上岗。

2）取气前穿戴好防毒用具，并检查是否有损坏漏气现象。

3）取气前通知工长，并两人同去同回，不准单独作业。

4）取气时，人与风向站在一面，以免煤气直吹人体发生中毒。

5）取气后，取样管和敲打工具不得乱放，以免落下伤人。

6）发生煤气中毒事故，应立即将中毒人员救护到无煤气地方，并及时抢救。

7）高空、危险区作业时，须系安全带。

（18）电工岗位安全规程。

1）电气人员必须取得电工有效执照后，方可上岗工作。

2）严禁酒后上岗，正确穿戴好劳保用品，在维修电气设备时，必须至少两人以上作业，并设监护人。

3）在进行作业前，首先验电，确认无电后方可进行作业。一切电气设备，在未查明无电前，一律按有电处理。

4）在高空作业时，必须系好安全带，下面有专人监护。

5）在高压线路和设备停电作业时，必须执行工作票制度，严禁用电话、约时、信号等办法联系停送电，并悬挂标示牌。

6）保险丝规格必须符合额定电流要求，严禁用铜铁丝代替。

7）在煤气区作业时，与生产方取得联系后，方可作业，并设监护人。

8）检修时，要认真执行"五确认"、"工作票"及"摘挂牌"制度，并制定好安全防护措施。

9）禁止带电作业，因特殊情况必须进行带电作业时，应报请有关领导批准后，并采取有效的防护措施，在有专人监护下，方可进行带电作业。

10）在检修结束，必须经"三方"确认无安全隐患后，方可进行试车。

 复习思考题

4-1　简述高炉炼铁生产的工艺流程及附属系统。

4-2　高炉高压操作安全的要求是什么？

4-3　防止煤气中毒与爆炸有哪几点注意事项？

4-4　简述高炉本体系统的组成及内部空间结构。

4-5　高炉本体系统常见事故有哪些？

4-6　导致出铁跑大流的原因有哪些，如何处理出铁跑大流事故？

4-7　高炉炉况失常的主要类型有哪些？

4-8　以任意一种煤气流分布失常的炉况现象说明该类型炉况失常的安全防护知识。

4-9　炼铁岗位安全通则的内容主要有哪些？

4-10　阐述高炉值班作业长（炉长）岗位的安全规程。

4-11　简述炉前工岗位安全规程的内容。

5 炼钢生产安全技术

5.1 炼钢基本工艺及安全生产特点

5.1.1 炼钢生产基本工艺

炼钢就是将铁水、废钢等炼成具有所要求化学成分的钢，并使其具有一定的物理化学性能和力学性能。目前炼钢有转炉炼钢流程和电炉炼钢流程。通常将"高炉—铁水预处理—转炉—炉外精炼—连铸"称为长流程，而将"废钢—电炉—炉外精炼—连铸"称为短流程。短流程无需庞杂铁前系统和高炉炼铁，因而工艺简单、投资低、建设周期短。但其生产规模相对较小，生产品种范围相对较窄，成本相对较高。因此，目前长流程是我国主要炼钢工艺路线。其主要生产工艺流程如图5-1所示。

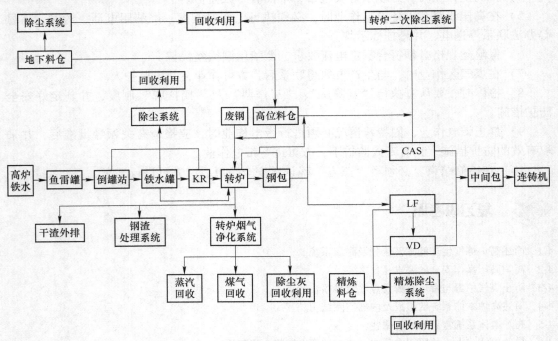

图 5-1 转炉炼钢主要生产工艺流程

5.1.1.1 铁水预处理的工艺及设备

鱼雷罐从高炉将铁水（1350℃左右）运至倒罐站，当转炉需要时，再倒入铁水包。在铁水置换容器过程中，产生的烟尘主要是片状石墨，呈飞灰状，可通过集气罩收集处理。对部分铁水预处理是为了降低铁水中的硫，预处理过程也会产生大量的烟尘，这由除尘系统处理。

5.1.1.2　转炉炼钢的工艺及设备

转炉炼钢是以铁水和废钢为主要原料，向转炉熔池吹入氧气，使杂质元素氧化，提高钢水温度，一般在 25~35min 内完成一次精炼的快速炼钢法。转炉炼钢由转炉、转炉倾动机构、熔剂供应系统、铁合金加料系统、供氧系统、烟气除尘系统、钢包及钢包台车、渣罐及钢渣台车等部分组成，其主要工艺流程如图 5-2 所示。

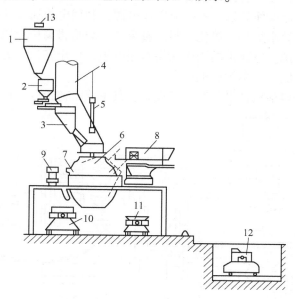

图 5-2　氧气顶吹转炉的工艺流程及设备

1—料仓；2—称量料仓；3—批料漏斗；4—烟罩；5—氧枪；6—转炉炉体；7—出钢口；8—废钢斗；
9—往钢包加料的运输车；10—钢包；11—渣罐；12—铁水罐；13—运输机

转炉作为反应容器，用于装铁水和废钢。转炉炉体由炉壳、托圈、耳轴轴承座四部分组成。转炉倾动机构的作用是倾转炉体。

熔剂供应系统一般由储存、运送、称量和向转炉加料等几个环节组成。熔剂通过皮带运输机运送到转炉的高位料仓，称量后加入到转炉。熔剂用于炼钢的造渣、保护炉衬和冷却钢水，主要有石灰、轻烧白云石和生白云石、萤石、矿石和氧化铁皮等。

铁合金供应系统一般由储存、运送、称量和向钢包加料等几个环节组成。铁合金通过皮带运输机运送到中位料仓，称量后加入到钢包。铁合金用于钢水的脱氧和合金化。转炉炼钢常用的铁合金有锰铁、硅铁、硅锰铁和铝等。

供氧系统一般是由制氧机、加压机、中间储气罐、输氧管、控制闸阀、测量仪表及喷枪等主要设备组成。供氧系统是炼钢工艺中的关键技术，送氧管道和氧枪是炼钢工艺的关键设备。

烟气除尘系统主要是由烟罩、一级文氏管、90°弯头脱水器、二级文氏管、风机等组成，主要用于烟气净化回收。转炉烟气采用未燃法湿式处理方式。

　　钢包及钢包台车：钢包用于盛装钢水；钢包台车将钢水运送到不同的加工、处理地点。

　　渣罐及钢渣台车：渣罐用于盛装热炉渣；钢渣台车将热炉渣运送到不同的加工、处理地点。

5.1.1.3　电炉炼钢工艺及设备

　　传统电弧炉炼钢原料以冷废钢为主，配加 10% 左右生铁。现代电弧炉炼钢除废钢和冷生铁外，使用的原料还有直接还原铁、铁水、碳化铁等。按电流特性，电弧炉可分为交流和直流电弧炉。交流电弧炉以三相交流电作电源，利用电流通过 3 根石墨电极与金属材料之间产生电弧的高温来加热、熔化炉料。直流电弧炉是将高压交流电经变压、整流后转变成稳定直流电作电源。电弧炉的阴极采用石墨电极，位于熔池上方，有单根的，也有三根的；阳极安装在炉底，又称炉底电极。

　　电弧炉炼钢设备包括机械设备和电气设备，其主要工艺流程及设备如图 5-3 所示。

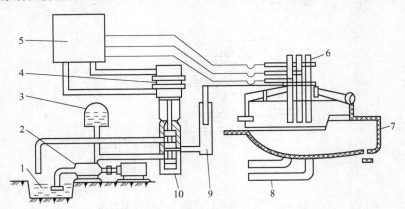

图 5-3　电炉炼钢生产的工艺流程及设备

1—储液槽；2—液压水泵；3—压力罐；4—伺服阀线圈；5—电气控制系统；6—电极；
7—偏心炉底出钢；8—吹气管；9—电极升降装置；10—伺服阀

　　电弧炉的炉体由金属构件和耐火材料砌筑成的炉衬两部分组成。金属构件包括炉壳、炉门、出钢机构、炉盖圈和电极密封圈等。目前电炉以偏心底出钢方式为主。为了便于电弧炉出钢和出渣，炉体应能倾动。倾动机构就是用来完成炉子倾动的装置。偏心底出钢电炉要求向出钢方向能倾动 12°～15°，以出尽钢水；向炉门方向倾动 10°～15° 以利出渣。电极升降机构由电极夹持器、横臂、立柱及传动机构组成。其任务是夹紧、放松、升降电极和输入电流。

5.1.1.4　炉外精炼的工艺及设备

　　精炼方法一般有 LF、VD 和 RH。LF 一般采用在线式双钢包车，VD 采用固定式双罐位。此外，与此配套的还有燃气锅炉房，内设 VD 专用快速燃气锅炉、空压站、烟气净化、供电和供排水设施等，以适应转炉车间快节奏生产的特点。

　　LF/VD 装置用于钢水升温、均匀温度、均匀化学成分、合金微调以及钢水脱硫、脱气等操作，这样为扩大品种、提高质量、调节转炉与连铸机之间时间上的配合创造了有利的条件。此外，当连铸机发生临时故障时，可将钢水回炉至 LF 中进行保温加热，待连铸机故障排除后可恢复生产，保证了钢坯连铸的安全生产。

（1）LF 操作简介。转炉出钢后，钢包由吊年运至精炼跨 LF 待机工位的钢包车上，然后驶向 LF 炉的处理工位。连接氩气软管调节氩气流量和压力对钢水加热，钢水升温速度最高可达 5℃/min，按试样分析结果由计算机计算相关铁合金重量，经微机控制投料系统将合金加入钢水中，完成微调化学成分的工作。由热模型计算确定供电能量和时间，再进行 1~2 次测温取样。当钢水成分和温度达到预置的结果时则断电，提升电极，提升炉盖测温取样，并向钢包中喂入铝丝或硅钙丝。钢包车由 LF 处理工位开出平台外，由吊车将钢包吊到连铸大包回转台或 VD 工位。

（2）VD 操作简介。快速蒸汽锅炉为抽真空提供的蒸汽预先准备完毕。经 LF 处理完毕的钢水由吊车将钢包坐入真空罐中，接上氩气管进行吹氩搅拌。真空罐盖车驶到 VD 工位并降下罐盖压紧真空密封圈开始抽真空，并逐级提高真空度。根据上一工序 LF 分析报告，计算机计算确定加入微调合金的种类和数量，以保证达到预期的目标值。

钢水在 VD 中处理完毕，在打开真空罐之前，需向真空室充气。为防止真空室内 CO 遇到空气发生爆炸，首先向真空室内充 30s 的氮气，然后再自动打开空气阀门，使真空罐内压力与大气平衡。此时可安全提升罐盖和移动罐车并在大气下进行测温、取样、喂丝和吹氩搅拌等作业，VD 处理完毕，由吊车将钢水吊至连铸大包回转台上。

5.1.1.5 浇铸的工艺及设备

在炼钢炉或精炼炉中冶炼的钢水，当其温度合适、化学成分调整合适以后即可出钢。钢水经过钢水包注入钢锭模或连铸机内，即得到钢锭或连铸坯。

浇铸分为模铸和连铸两种方式。模铸又分为上注法和下注法两种。上注法是将钢水从钢水包通过铸模的上口直接注入模内形成钢锭。下注法是将钢水包中的钢水浇入中注管、流钢砖，钢水从钢锭模的下口进入模内。钢水在模内凝固即得到钢锭。钢锭经过脱保温帽送入轧钢厂的均热炉内加热，然后运回炼钢厂进行整模工作。

连铸是将钢水从钢水包浇入中间包，然后再浇入结晶器中。钢液在结晶器内形成一定坯壳后由拉坯机按一定速度拉出结晶器，经过二次冷却装置强迫冷却，待全部凝固完毕或在仍带有液芯的状态下，铸坯被矫直，随后被切割成定尺长度的连铸坯，最后送往轧钢车间。由于连铸具有众多的优势，现已被各大钢厂普遍采用，成为浇铸的主要方式。其工艺如下。

（1）钢水准备。转炉出钢后，经过 LF/VD 精炼处理后的钢水包，用吊车吊上钢包回转台。钢包由回转台转到中间包上方，打开钢包滑动水口，钢水流入中间包，当中间包内钢水深度达到浇铸要求高度后即可开始浇铸。

（2）连铸机浇铸前的准备。

1）修砌后并在干燥完毕的中间包用浇铸跨的吊车运到浇铸平台上的中间包车上，再用平台上的烘烤站将中间包烘烤到 1100℃左右，同时中间包的水口也用水口烘烤装置烘烤到 1100℃左右。

2）浇铸平台上的引锭杆小车开到结晶器处，将引锭杆送入结晶器并向浇铸方向运行直到引锭头到达结晶器内合适位置为止。用石棉绳将引锭头在结晶器内塞紧，并填好冷却用废钢屑。

3）接通结晶器冷却水、二冷水、压缩空气、设备冷却水、液压、润滑系统，使其处于正常状态。

4）火焰切割机用焦炉煤气、氧气等能源介质系统处于正常状态。

5）各操作台、控制箱显示电气系统正常。

（3）浇铸操作。

1）经由钢包进入中间包内的钢水，当其液面高度达到规定高度时，打开塞棒，此时钢水通过浸入式水口注入结晶器。

2）当钢液在结晶器内上升到规定位置时，启动操作箱上的"浇铸"按钮，扇形段驱动按预定的起步速度开始拉坯。与此同时，结晶器振动装置、二冷喷淋水、二冷排蒸汽风机自动开始工作。

3）当结晶器内已凝固成坯壳的铸坯，由引锭杆引离结晶器下口经足辊弯曲段、弧形段往下移动时，被压缩空气雾化的冷却水直接喷到铸坯上进行冷却。

4）弧形的铸坯进入矫直段被矫直，然后进入水平段。

5）铸坯出水平段后与引锭杆脱离，引锭杆由引锭杆卷扬装置将其送到浇铸平台上的引锭杆小车上。

6）与引锭杆分离后的连铸坯按拉坯速度进入一次火焰切割机，火焰切割机切掉300mm左右长度的切头，掉入下部的切头收集箱内。以后的铸坯按要求的定尺或倍尺长度切割。

7）切割成倍尺的铸坯经由运输辊道送到二次火焰切割机，在此切割成定尺长度。

8）切割成定尺长度的铸坯通过去毛刺机将铸坯切口处的毛刺去掉。

9）铸坯如果直接热送，则直接经由打印辊道、推钢机辊道进入热送辊道送往轧钢车间。而不直接热送的铸坯则送往打印辊道进行打印。完成打印后依次将三块铸坯送到推钢机辊道，然后由推钢机将其推至垛板台上。

（4）出坯及堆存。

1）直接热送的铸坯经由热送辊道送往轧钢车间。

2）需精整处理和堆存的铸坯由铸机跨的吊车用吊具将其吊至电动平车上，运往出坯跨进行修磨精整。当轧钢车间需要时，再由电动平车送回至铸机跨，通过卸垛台将铸坯送回热送辊道转运到轧钢车间。

5.1.2　炼钢安全生产的特点及主要危险有害因素

5.1.2.1　炼钢安全生产的特点

转炉炼钢工序环节多，工艺环节之间环环相扣紧密，作业过程依赖行车、过跨车等机械设备做物料转运。电炉炼钢设备多，包括机械设备和电气设备。上述这些特点都给炼钢人员带来一系列潜在的职业危害，炼钢整个过程要求电、水、氧有高度的可靠性。

5.1.2.2　炼钢生产主要危险有害因素

（1）高温。炼钢生产是钢铁工厂中高温热辐射危害最为严重的系统。根据企业提供的高温作业检测结果，某炼钢厂高温岗位职工共计192人，占职工总人数的21.1%，炉前浇铸区、上料和除尘4个高温岗位全部为Ⅱ级，室内温度在30~31℃之间。高温环境会造成人员中暑、头昏、心慌、恶心等生理现象，引起注意力下降，精神不集中，从而诱发事故的发生。

（2）噪声。炼钢厂生产噪声污染较严重，噪声主要来源于炉料输送、蒸汽喷射泵、蒸汽放散等。根据企业提供的高温作业时对噪声的检测结果，产生噪声较大的岗位为风机室，风机室噪声最大为87.1dB。噪声作用于人体能引起听觉功能敏感度下降甚至造成耳聋，或引起神经衰弱、心血管病及消化系统等疾病的高发。另外，噪声干扰影响信息交流，使人员误操作发生率上升，诱导事故的发生。

（3）粉尘。炼钢厂粉尘危害大，接触粉尘工人占职工总数的39%~43%。主要尘源是吹氧烟尘，其次是出钢、出渣、连铸和倾倒铁水作业，修炉、拆炉和修罐作业，以及普遍使用压缩空气吹扫积尘所引起的二次扬尘。炼钢厂粉尘是含大量氧化铁粉和约20%游离二氧化硅、粒度绝大部分小于$10\mu m$的混合粉尘。根据企业提供的高温作业时对粉尘的检测结果，粉尘浓度最高处为炼钢车间废钢区，粉尘含量为$8.0mg/m^3$。粉尘环境会造成硅肺（旧称矽肺，属混合尘肺）。据某钢厂649例炼钢工人胸部X射线摄片检查，硅肺检出率为0.3%，可疑硅肺5.6%，出现网影（硅肺早期X射线表现）12.6%。其中主要是修炉修罐工、炉前工、原料工和吊车工。

（4）电离辐射。液位控制往往采用钴（^{60}Co）检测，如果操作不当、安装不良，会造成电离辐射伤害。放射源发射出来的射线具有一定的能量，它可以破坏细胞组织，从而对人体造成伤害。当人受到大量射线照射时，可能会引起外照射放射病，产生诸如头痛乏力、食欲减退、恶心、呕吐等症状，严重时会导致组织细胞破坏及血液循环系统方面的病变，甚至可能导致死亡。特别是机器发生故障、自动控制失灵、作业人员必须用手制动安全轮使辐射源复位、操作室防护屏蔽厚度不够或有裂缝、作业人员违反安全操作规定未能有效利用防护设备，在这些情况下极易使作业人员患放射病。

（5）工业毒物。炼钢厂能够造成中毒的气体有CO和O_2。CO在血中与血红蛋白结合而造成组织缺氧。轻度中毒者出现头痛、头晕、耳鸣、心悸、恶心、呕吐、无力，血液碳氧血红蛋白浓度可高达10%；中度中毒者除上述症状外，还有皮肤黏膜呈樱红色、脉快、烦躁、步态不稳、浅至中度昏迷等症状，血液碳氧血红蛋白浓度可高达30%；重度患者深度昏迷、瞳孔缩小、肌张力增强、频繁抽搐、大小便失禁、休克、肺水肿、严重心肌损害等，血液碳氧血红蛋白可高达50%。部分患者昏迷苏醒后，约经2~60天的症状缓解期后，又可能出现迟发性脑病，以意识精神障碍、锥体系或锥体外系损害为主。常压下，当氧的浓度（体积分数）超过40%时，有可能发生氧中毒。吸入40%~60%的氧时，出现胸骨后不适感、轻咳，进而胸闷、胸骨后烧灼感和呼吸困难，咳嗽加剧；严重时可发生肺水肿，甚至出现呼吸窘迫综合征。吸入氧浓度在80%以上时，出现面部肌肉抽动、面色苍白、眩晕、心动过速、虚脱，继而全身强直性抽搐、昏迷、呼吸衰竭而死亡。长期处于氧分压为60~100kPa（相当于吸入氧浓度40%左右）的条件下可发生眼损害，严重者可失明。

5.2　炼钢生产安全技术

5.2.1　熔融物遇水爆炸安全技术

钢水、铁水、钢渣以及炼钢炉炉底的熔渣都是高温熔融物，与水接触就会发生爆炸。当 1kg 水完全变成蒸汽后，其体积要增大约 1500 倍，破坏力极大。

炼钢厂熔融物遇水爆炸的情况有：转炉氧枪，转炉的烟罩，连铸机结晶器的高、中压冷却水大漏，穿透熔融物而爆炸；炼钢炉、精炼炉、连铸结晶器的水冷件因为回水堵塞，造成继续受热而引起爆炸；炼钢炉、钢水包、铁水罐、中间包、渣罐漏钢、漏渣及倾翻时发生爆炸；往潮湿的钢水包、铁水罐、中间包、渣罐中盛装钢水、铁水、液渣时发生爆炸；向有潮湿废物及积水的罐坑、渣坑中放热罐、放渣、翻渣时引起爆炸；向炼钢炉内加入潮湿料时引起爆炸；铸钢系统漏钢与潮湿地面接触发生爆炸。

防止熔融物遇水爆炸的安全防护是：对冷却水系统要保证安全供水，水质要净化，不得泄漏；物料、容器、作业场所必须干燥。

5.2.2　炉内化学反应引起的喷溅与爆炸安全技术

炼钢炉、钢包、钢锭模内的钢水因化学反应引起的喷溅与爆炸危害极大。处理这类喷溅与爆炸事故时，有可能出现新的伤害。一旦发生喷溅，切忌惊慌失措，应立即判断喷溅原因和种类，及时调整枪位等操作，以求减轻程度。

（1）造成喷溅与爆炸的原因。

1）冷料加热不好。

2）精炼期的操作温度过低或过高。

3）炉膛压力大或瞬时性烟道吸力低。

4）碳化钙水解。

5）钢液过氧化增碳。

6）留渣操作引起大喷溅。

（2）采取的安全防护技术。

1）低温喷溅。低温喷溅一般在前期发生。由于前期温度较低，熔池反应还不是很激烈，可以及时降低枪位以强化碳氧反应，减少渣积累并迅速提温，同时延时加入渣料或采取其他的提温措施来消除喷溅。

2）高温喷溅。发生高温喷溅时可适当提枪，一方面降低碳的氧化反应速度和熔池升温速度；另一方面借助于氧气流的冲击作用吹开泡沫渣，促使 CO 气体排出。当炉温很高时，可以在提枪的同时适量加入一些白云石或石灰等冷却熔池，稠化炉渣，这也有利于抑制喷溅。

3）金属喷溅。发生金属喷溅时可适当提枪以提高 FeO 含量，有助于化渣，并加入适量萤石助熔，使炉渣迅速熔化并覆盖于钢水面之上。值得注意的是，如果喷溅原因不明，绝不能盲目行动，只能任其喷溅结束。如盲目处理，可能会增强喷溅，反而造成更大的损失。

4）兑铁喷溅。对于兑铁水发生大喷溅的防护，关键是严格遵守操作规程：兑铁水前必须倒尽炉内的残余钢渣；对于采用留渣操作工艺的转炉，进炉前必须严格按规程做好各项操作，如降低炉渣温度（加石灰）、降低炉渣氧化性（加还原剂）等，方可兑铁水。

控制好熔池温度，前期温度不过低，中期温度不过高，禁止突然冷却熔池，保证熔池均匀升温、碳氧反应均衡进行，消除突发性的碳氧反应；通过枪位及氧流量的调节控制好渣中的 FeO 含量，不使 FeO 过分积累升高，以免造成炉渣过分发泡或引起爆发性碳氧反应而形成喷溅；中期要防止 FeO 过低，以免引起炉渣返干而造成金属喷溅；第二批渣料的加入时间要适宜，且应少量多批加入，以免炉温突然明显下降，这样可抑制碳氧反应，从而消除突发性碳氧反应的可能。

5.2.3 氧枪系统安全技术

转炉通过氧枪向熔池供氧来强化冶炼。氧枪系统是钢厂用氧的安全重点。

5.2.3.1 弯头或变径管燃爆事故的预防

氧枪上部的氧管弯道或变径管由于流速大，局部阻力损失大，如管内有渣或脱脂不干净时，容易诱发高纯、高压、高速氧气燃爆。应通过改善设计、避免急弯、减慢流速、定期吹管、清扫过滤器、完善脱脂等手段来避免事故的发生。

5.2.3.2 回头燃爆事故的预防

低压用氧导致氧管负压、氧枪喷孔堵塞，都易由高温熔池产生的燃气倒罐回火，发生燃爆事故。因此，应严密监视氧压。多个炉子用氧时，不要抢着用氧，以免造成管道着火。

5.2.3.3 气阻爆炸事故的预防

因操作失误造成氧枪回水不通，氧枪积水在熔池高温中汽化，阻止高压水进入。当氧枪内的蒸汽压力高于枪壁强度极限时便发生爆炸。冶炼时随时观察氧枪进出水的流量、温度等参数是否正常，若出现异常应立即停止吹氧，将氧枪提出并更换备用枪。

5.2.3.4 氧枪漏水的安全防护

（1）氧枪严重漏水的安全防护。在吹炼过程中如发现水从炉口溢出，说明氧枪严重漏水，应立即进行如下操作：立即提枪，自动关闭氧气快速阀，切断供氧；迅速关闭氧枪冷却用高压水；关键一点，此时绝对不准倾动转炉炉体，以避免引发剧烈爆炸，必须待炉内积水全部蒸发，炉口不冒蒸汽，在确保炉内无水时方可倾动炉体，观察炉内情况；尽快换枪，然后用新枪重新吹炼，避免造成冻炉事故，如温度偏低可加入适量焦炭帮助升温；同时应仔细检查换下的氧枪，找出漏水原因，并制定预防措施。

（2）氧枪一般漏水的安全防护。绝大多数情况下，氧枪的漏水是不会造成炉口溢水的。一般的氧枪漏水，当氧枪提出炉口时，可以从氧枪的头上看到滴水或水像细线般地流下。发现氧枪漏水时，应按操作规程要求，进行换枪操作。

5.2.3.5　氧枪点不着火的安全防护

（1）概念。铁水进炉后炉子摇正，降枪至吹炼枪位进行供氧，炉内即开始发生氧化反应并产生大量的棕红色火焰，称为氧枪点火。如果降枪吹氧后，由于某种原因炉内没有进行大量氧化反应，也没有大量棕红色火焰产生，则称为氧枪点不着火。氧枪点不着火将不能进行正常吹炼。

（2）原因。

1）炉料配比中刨花以及压块等轻薄废钢太多，加入后在炉内堆积过高，致使氧流冲不到液面，造成氧枪点不着火。

2）操作不当，在开吹前已经加入了过多的石灰、白云石等熔剂，大量的熔剂在熔池液面上造成结块，氧气流冲不开结块层，也可能使氧枪点不着火。

3）吹炼过程中发生返干造成炉渣结成大团，当大团浮动到熔池中心位置时造成熄火。

4）发生某种事故后熔池表层冻结，造成氧枪点不着火。

5）补炉料在进炉后大片塌落，或者溅渣护炉后有黏稠炉渣浮起，存在于熔池表面，均可能使氧枪点不着火。

（3）预防处理措施。

1）进炉后正式冶炼时，必须遵守操作规程，先降枪吹氧，再加第一批渣料，这样就不会发生氧枪点不着火的情况。

2）如果因冷料层过厚、结块等原因使氧枪点不着火，一般可以用下列方法来处理：摇动炉子，使炉料做相对运动，打散冷料结块，同时让液体冲开冷料层并部分残留在冷料表面，促使氧枪点火；稍微增加氧气压力，使枪位上下多次移动，使氧流冲开结块与液面接触，促成点火；此法仅适于薄层冻结；补加部分铁水点火吹炼。

3）选择废钢轻、中、重比例搭配合适，勿使轻、中比例过大，造成废钢漂浮，无法点火。向冻炉内兑铁水勿过量，以免吹炼造成喷溅。

5.2.3.6　氧枪黏钢的安全防护

冶炼过程中，熔池由于氧流的冲击和激烈的碳氧反应而引起强烈的沸腾，飞溅起来的金属夹着炉渣黏在氧枪上，这就是氧枪黏钢。严重的氧枪黏钢会在氧枪下部、喷头上形成一个巨大的纺锤形结瘤。

（1）主要原因。氧枪黏钢的主要原因是由于吹炼过程中炉渣化得不好或枪位过低等，炉渣发生返干现象，金属喷溅严重并黏结在氧枪上。另外，喷嘴结构不合理、工作氧压高等对氧枪黏钢也有一定的影响。

1）吹炼过程中炉渣没有化好化透，炉渣流动性差。化渣原则是初渣早化，过程化透，终渣做黏，出钢挂渣。但在生产实际中，由于操作人员没有精心操作或者操作不熟练、操作经验不足，往往会使冶炼前期炉渣化的太迟，或者过程炉渣未化透，甚至在冶炼中期发生炉渣严重返干现象，这时继续吹炼会造成严重的金属喷溅，使氧枪产生黏钢。

2）由于种种原因使氧枪喷头至熔池液面的距离不合适，即枪位不准，且主要是距离太近。造成距离太近的主要原因有以下几点：

①转炉入炉铁水和废钢装入量不准，而且是严重超量，而摇炉工未察觉，还是按常规枪位操作。

②由于转炉炉衬的补炉产生过补现象，炉膛体积缩小，造成熔池液面上升，而摇炉工没有意识到，未及时调整枪位。

③由于溅渣护炉操作不当造成转炉炉底上涨，从而使熔池液面上升。

（2）安全防护。

1）以黏渣为主的氧枪黏钢安全防护

对于一些以黏渣为主的氧枪黏钢，特别是溅渣护炉后，看似有黏钢，实质主要是黏渣，可用头上焊有撞块的长钢管，从活动烟罩和炉口之间的间隙处，对着氧枪黏钢处用人工进行撞击，以渣为主的黏钢块被击碎跌落，氧枪可恢复正常工作。

2）以黏钢为主的氧枪黏钢安全防护

对于金属喷溅引起的氧枪黏钢，黏钢物是钢渣夹层混合所致，用撞击的办法无法清除，用火焰割炬也不易清除，一般是用氧气管吹氧清除。清除方法：操作者准备好氧气管，氧枪先在炉内吹炼，然后提枪，让纺锤形黏钢的上端处于炉口及烟罩的空隙间，由于刚提枪时黏钢还处于红热状态，用氧气管供氧点燃黏钢，然后不断地用氧气流冲刷，使黏钢熔化而清除，同时慢慢提枪，最后将黏钢清除。

3）黏钢严重并已烧枪的安全防护

对于黏钢严重且枪龄又较高，或氧枪喷头已损坏，清除掉氧枪黏钢后氧枪也不能再使用的情况，为了减少氧枪的热停工时间，可用割枪方法将氧枪黏钢割除，然后换枪继续冶炼。但是割枪操作是一项十分危险的工作，必须严格执行操作规程。割枪时必须做到以下几点：

①必须将炉内的钢渣全部倒清，才能将割断的枪掉入炉内。

②割枪前必须将氧枪进出水阀门关闭，当炉内有钢渣时，割断的氧枪端部带着黏钢以自由落体的速度冲击熔池时，往往容易产生爆炸事故。该爆炸的威力会使整个汽化冷却烟道产生移位和损坏，同时会造成人身伤害事故。因此，一般割枪操作必须先将氧枪黏钢清除使枪能提出转炉炉口，使转炉能倾动，以便倒去炉内钢渣后，才能割枪。

③也可将炉口摇出烟罩，使割下的部位落在炉裙上再滑落到炉坑（或渣包）中。

发现氧枪黏钢，个别炼钢厂造高温稀薄渣进行涮枪操作，即利用炉内的高温将枪上的黏钢化掉，但是这对炉衬、对钢的质量有较大的影响。一般钢厂的操作规程内是明确规定不准进行涮枪操作，这种方法是属于违规作业，应予以制止。

（3）注意事项。

1）以黏渣为主的氧枪黏钢，主要是振动、敲击氧枪，使渣脱落，勿采用火焰处理。

2）以黏钢为主的氧枪黏钢，采用火焰处理，勿烧坏氧枪，所以要边烧边观察，氧压不要过大，火焰不要过长。

3）清除过程特别要注意，供氧的氧气管气流不能对着氧枪枪身，也不能留在一点上吹氧；点燃的氧气管不能接触氧枪枪身，以免将氧枪冷却水管的管壁烧穿而漏水。

5.2.4 废钢与拆炉爆破安全技术

炼钢原料中的废钢大件入炉前要经过爆破或切割使其符合尺寸要求。进行这些爆破作业时，如果操作不当引起事故，其危害也是相当严重的。爆破可能出现的危害有爆炸地震波、爆炸冲击波、碎片和飞块、噪声。其安全防护技术是：

（1）重型废钢爆破必须在地下爆破坑内进行，爆破坑强度要大，并有泄气孔，泄气孔周围要设立柱挡墙。

（2）采用拆炉机拆炉，若确需拆炉爆破，则应限制其药量，控制爆破能量。

5.2.5　烫伤安全技术

铁、钢、渣的温度达 1250~1670℃ 时，热辐射很强，又易于喷溅，加上设备及环境温度高，起重吊运、倾倒作业频繁，作业人员极易发生烫伤事故。

烫伤的安全防护技术是：

（1）定期检查或检修炼钢炉、混铁炉、化铁炉、混铁车及钢水包、铁水罐、中间包、渣罐及其吊运设备、运输线路和车辆，并加强维护，避免穿孔、渗漏、起重机断绳、罐体断耳和倾翻。

（2）过热蒸汽管线、氧气管线等必须包扎保温，不允许裸露。

（3）法兰、阀门应定期检修，防止泄漏。

（4）制定完善的安全技术操作规程，严格对作业人员进行安全技术培训，防止误操作。

（5）搞好个人防护，上岗必须穿戴工作服、工作鞋、防护手套、安全帽、防护眼镜和防护罩。

（6）尽可能提高技术装备水平，减少人员烫伤的机会。

5.2.6　炼钢厂起重运输作业安全技术

炼钢过程中所需要的原材料、半成品、成品都需要起重设备和机车进行运输。运输过程中有很多危险因素，如起吊物坠落伤人、起吊物相互碰撞、铁水罐和钢包倾翻伤人、车辆撞人。因此，其安全防护措施是：厂房设计时考虑足够的空间；更新设备，加强维护；提高工人的操作水平；严格遵守安全生产规程。

5.2.7　炼钢厂房的安全要求

（1）应考虑炼钢厂房的结构能够承受高温辐射。

（2）具有足够的强度和刚度，能承受钢水包、铁水包、钢锭和钢坯等载荷和碰撞而不会变形。

（3）有宽敞的作业环境，通风采光良好，有利于散热和排放烟气，要充分考虑人员作业时的安全要求。

5.3　炼钢生产主要安全事故及其预防

5.3.1　铁水预处理常见事故及安全防护

铁水经预处理后进入转炉，即开始炼钢过程，同时还要加入部分废钢。在铁水进入转炉及废钢入炉时都要按规程进行，否则会引起钢水喷溅事故。如废钢中混有易爆物，还会产生爆炸事故。KR 法铁水预脱硫工艺中会产生大量烟尘，要做好烟尘处理，在处理站设置烟尘罩，做好除尘工作。

脱硫剂可以使用镁粉，但镁粉系易燃物品，因此，镁粉的储存要注意安全，要防潮、通风、保持干燥，注意不能有明火和远离火源，输送介质要用惰性气体（氮气或氩气）。为节省费用、降低生产成本，用氮气作为输送介质即可。如对镁粉的储存、运输不按规定操作将引起火灾或爆炸，造成人员伤亡和影响生产。

5.3.2　转炉炼钢常见事故及安全防护

5.3.2.1　转炉炉前与炉下区域

转炉是整个炼钢厂的中心环节，作业频率高，人员集中。冶炼时产生的喷溅、转炉煤气管泄漏、高温辐射、行车运行等存在一定的危险性。

A　常见事故

（1）兑铁水时铁包倾翻过快，引起炉内剧烈氧化，导致铁水喷溅伤人。兑铁水时炉前有人通行或行车指挥人员站位不当，被喷溅的铁水烫伤。

（2）入炉废钢中混有密闭容器或潮湿废钢，在兑铁水时引起炉内爆炸。吹炼时由于操作不当引起转炉大喷或炉体漏钢。

（3）废钢斗起吊前未清理斗口悬挂的废钢，致使废钢掉落伤人。倒渣出钢过程中炉下渣道或渣有积水或潮湿引起放炮。

（4）炉下渣车和钢包车运行时，撞伤过往行人。

（5）转炉进料、冶炼或检修时，炉下有人作业。

（6）烟道内积渣、冷钢，在炉体检修时掉落伤人。

（7）烟道或氧枪大量漏水进入炉内，盲目摇炉引起爆炸。

B　安全防护

（1）兑铁水冶炼时禁止穿越炉前区域，行车指挥人员站在炉前 120°扇形面处。

（2）检查入炉废钢质量，严禁密闭容器进炉。

（3）兑铁水时控制好行车副钩上升速度，防止铁水包倾翻过快。

（4）冶炼时按照工艺操作规程，控制辅料加入量、加入时间和氧枪高度。转炉前后应设活动挡火门，以保护操作人员安全。

（5）加强炉下区域日常检查，发现渣道、罐内潮湿或有积水，及时处理。

（6）炉下渣车和钢包车设置声光报警装置，过往行人需要注意安全。

（7）转炉进料和冶炼时，炉下严禁有人作业。

（8）检修炉体前必须清理烟道内积渣，必要时用盲板封堵烟道口。

（9）遇到炉内有积水时，必须停止冶炼，待积水蒸发、炉内钢渣变红后再动炉。

（10）发生转炉穿炉漏钢时，停止吹炼，从漏点反方向摇炉出钢后再补炉。

5.3.2.2　转炉高层平台常见事故及安全防护

转炉高层平台正常生产时人员少，上下频率低，但危险性大，主要原因是在平台上集中了一次除尘系统、原辅料下料系统、转动皮带、汽化冷却、能源介质管道等系统。容易发生煤气中毒、火灾爆炸、机械伤害、灼烫、窒息等事故。

A　常见事故

（1）汽化烟道各段本体连接处及其附属设施密封异常，重力除尘器水封箱及污水溢流槽水位低，水封高度不够，都可能导致煤气泄漏。

（2）煤气管道及其附属设施动火作业未落实有效防护措施，电焊机接在煤气管道或支架上，引起火灾爆炸。

（3）人员随意出入，明火带入该区域，导致煤气爆炸或火灾事故。

（4）进入该区域进行高空作业、料仓检修未采取有效安全防护措施，导致高处坠落事故。

（5）进入皮带输送区域未走安全通道及安全过桥，造成机械伤害。

（6）平台孔洞不盖板或护栏缺损，导致高空坠物或人员坠落事故。

（7）各平台固定式煤气报警设施失效或监测不准，导致煤气中毒。

（8）入煤气管道或密闭容器内作业，未进行气体分析检测，导致煤气中毒或窒息。

（9）接触蒸汽管道、蒸汽包导致烫伤事故。

B　安全防护

（1）加强管道、阀门的检查和保养，每班进行巡检，及时处理泄漏与腐蚀问题。

（2）每班进行巡检，保证水封箱水位合适、稳定。

（3）固定式煤气报警器专业点检，每周点检，发现异常及时报修，每年标定。

（4）动火必须按规定办理动火证，并严格采取有效防范措施。

（5）进入管道前必须按规定办理危险作业审批手续，并采取有效防范措施。

（6）对该区域进行管制，进入人员必须进行登记，并携带煤气报警器及两人以上前往，严禁携带明火。进入该区域必须走安全通道及安全过桥，禁止穿越皮带机。皮带机运行前必须打铃。

（7）加强对现场隐患的排查整改工作，发现孔洞或护栏缺损现象，及时整改并采取临时防护措施。

（8）烟道上的氧枪孔与加料口，应设可靠的氮封。转炉炉子跨炉口以上的各层平台，宜设煤气检测与报警装置。

（9）上高层平台，人员不应长时间停留，以防煤气中毒；确需长时间停留，应与有关方面协调，并采取可靠的安全措施。

5.3.2.3　转炉本体常见事故及安全防护

A　转炉塌炉

a　转炉塌炉的概念

转炉在新开炉的最初几炉冶炼过程中，炉衬表面发生较大的熔损，或者较大量的炉衬砖因崩裂而脱离炉体，或整块炉衬砖脱离炉体，包括炉底的耐火砖脱离炉体而上浮的现象称为塌炉；老炉子经过补炉后，因补炉料未烧结好在补炉后的一、二炉内即发生较大量地炉衬从表面剥落下来的现象也称为塌炉。即转炉塌炉分为新砌炉塌炉和补炉料塌炉。

　　b　转炉塌炉的原因

　　（1）补炉前炉内残渣未倒净，这是造成转炉塌炉的一个重要原因。炉渣未倒净，损坏炉衬的表面附有一层熔融状的炉渣，补炉时补上去的补炉砂不能直接与炉衬表面黏在一起或黏结不牢固，冶炼时就容易塌落下来。

　　（2）补炉砂过多、烧结时间不足，且原始炉衬表面光滑，这也是造成转炉塌炉的另一个重要原因。补炉砂过多（即补炉层过厚）或烘烤时间不足，都会使补炉料中的碳素未能充分形成骨架，补炉料与炉衬本体还未完全固结为一体，在冶炼过程中，补炉衬脱离炉体而剥落下来，造成塌炉；补炉前，被补炉衬的表面过分光滑，且补炉料层过厚，两者不易牢固烧结，也容易造成塌炉。所以补炉时一定要执行"均匀薄补，烧结牢固"的补炉原则。

　　（3）炉衬砖及补炉料的质量问题。转炉的炉衬从焦油沥青白云石砖发展到镁炭砖后，新开炉的塌炉事故就明显减少了。但镁炭砖也存在高温剥落问题，严重剥落就会引起塌炉，这种严重剥落现象往往是砖的质量问题所致。目前有些转炉厂仍采用沥青白云石作为补炉料，由于白云石中含有 CaO，遇到空气中的水会形成 $Ca(OH)_2$。该补炉衬在高温下，$Ca(OH)_2$ 重新分解成 H_2O 和 CaO，这样就很容易引起补炉料疏松，从而造成塌炉。

　　c　塌炉事故的危险

　　塌炉事故给安全带来很大的威胁，特别是当转炉倒炉时，塌炉下来的耐火材料冲击钢水，会将钢水从炉口泼出；同时塌下来的补炉料与炉渣混合，发生猛烈的 C-O 反应，产生巨大灼热的气浪冲出炉口，从而造成人员伤害事故，尤其是补炉后的第一炉、第二炉更是需要操作人员保持高度警觉及避让。

　　d　转炉塌炉的征兆

　　（1）倒炉时，炉内补炉砂及贴砖处有黑烟冒出，说明该处可能塌炉，或者熔池液面有不正常的翻动，翻动处可能会塌炉。

　　（2）补炉后在铁水进炉时有大量的浓厚黑烟从炉口冲出，说明已发生塌炉。即使在进炉时没有发生塌炉，但由于补炉料的烧结不良，也有可能在冶炼过程中发生塌炉。所以在冶炼中仍应仔细地观察火焰，以掌握炉内是否发生塌炉事故。

　　（3）新开炉冶炼时，如果发现炉气特"冲"并冒浓烟，意味着已经发生塌炉，操作更要特别小心。

　　e　转炉塌炉的安全防护

　　（1）补炉前一炉出钢后要将残渣倒干净，采用大炉口倒渣，且炉子倾倒 180°。

　　（2）每次补炉用的补炉砂数量不应过多，特别是开始补炉的第一、二次，一定要执行"均匀薄补"的原则。这样一方面可以使第一、第二炉补上去的少量补炉砂烧结牢固，不易塌落；另一方面可以使原本比较平滑的炉衬受损失表面经补上少量补炉砂后变得粗糙不平，有助于以后炉次补上去的补炉砂黏结补牢。以后炉次的补炉也需采用薄补方法，宜少量多次，有利于提高烧结质量，防止和减少塌炉。

　　（3）补炉后烧结时间要充分，这是预防塌炉发生的一个关键所在。实践证明，补炉后若烧结时间充分，能提高烧结质量，可避免塌炉事故，所以各厂对烧结时间都有明确规定。烧结时间从喷补结束开始计算，一般为 40min 以上；如一次喷补不合格而需要再次喷补时，由第二次喷补结束时计算，烧结时间在 20~24min，特殊情况下还应适当延长。

（4）补炉后第一炉一般采用纯铁水吹炼，不加冷料，要求吹炼过程平稳，全程化渣，氧压及供氧强度适中，尽量避免吹炼过程冲击波现象，操作要规范、正常，特别要控制炼钢温度，适当控制在上限以保证补炉料的更好烧结。如有可能的话，适当增加渣料中的生白云石用量，以提高渣中的氧化镁含量，有利于补牢炉子。

（5）严格控制补炉衬质量，如喷补料不能有粉化现象，填料与贴砖要有足够的沥青含量且不能有粉化现象。有条件的情况下，要根据炉衬的材质来选择补炉料材质。

f　转炉塌炉的处理过程

发生塌炉事故，首先检查操作人员有无烫伤，并及时救护，然后要确认是什么性质的塌炉，补炉塌炉还是新炉塌炉。如果是新炉塌炉，应尽快地将炉内钢水倒入钢包（新开炉时按规程要求炉下应备好钢包），然后检查塌炉情况及部位，如大面积塌炉，则炉衬只能报废重砌。新炉第一炉由于炉衬温度尚未升高，出现塌炉后如何处理是一个较复杂的问题，要根据现场的实际情况由有经验的专业技术人员和技师们来确定如何处置，如采用补炉时特别要注意炉温较低的情况下补炉料能否烧结，否则会造成再次塌炉的危险。

对于补炉塌炉事故，安全防护措施有：

（1）炉渣清理。塌炉后，塌炉料已进入炉渣，出钢后特别注意将炉渣倒干净。

（2）钢水处理。塌炉后塌炉料进入炉渣，钢水中非金属夹杂物也会因此增加。如果该炉原计划冶炼优质钢，一般在检验时要降级处理，将优质钢改为普碳钢。

（3）炉衬处理。由于塌炉，炉衬受损严重，出钢后要对塌炉区域重新进行补炉。

g　注意事项

（1）平时操作思想要集中，随时要防止塌炉等事故的发生，站立地方要有退路；倒渣及出钢时，在炉口前方，人不能停留或通过，防止塌炉事故发生时灼伤；待炉子摇平后方能取样、测温，操作时人应站在炉门水箱的两侧，动作要快，发现异常情况应迅速向两侧避让。

（2）补炉后第一炉冶炼时期要设立"禁止牌"，人员要绕道行走，远离危险区域。

（3）凡已发生塌炉事故，需在倒炉前与炉下联系，放置清洁渣包，以保可容纳混入塌炉料的渣子。

B　出钢口堵塞

a　出钢口堵塞的概念及危害

在出钢时，由于出钢口的原因炉内钢水不能正常地从出钢口流出，称为出钢口堵塞。出钢口堵塞，特别是由于出钢口堵塞后需要进行二次出钢是一种生产事故，会对钢质造成不良后果。

b　出钢口堵塞的原因

（1）上一炉出钢后没有堵出钢口，在冶炼过程中钢水、炉渣飞溅而进入出钢孔，使出钢口堵塞。

（2）上一炉出钢、倒渣后，出钢口内残留钢渣未全部凿清就堵出钢口，致使下一炉出钢口堵塞。

（3）新出钢口一般口小孔长，堵塞未到位，在冶炼过程中钢水、炉渣溅进或灌进孔道致使堵塞。

（4）在出钢过程中，熔池内脱落的炉衬砖、结块的渣料进入出钢孔道，也可能会造成出钢口堵塞。

（5）采用挡渣球挡渣出钢，在下一炉出钢前，没有将上一炉的挡渣球捅开，造成出钢口堵塞。

c　出钢口堵塞的安全防护

采用什么方法来排除出钢口堵塞应视出钢口堵塞的程度而决定。通常出钢时，转炉向后摇到开出钢口位置，由一人用短钢钎捅几下出钢口即可捅开，使钢水能正常流出。如发生捅不开的出钢口堵塞事故，则可以根据其程度不同采取不同的排除方法：

（1）如一般性堵塞，可由数人共握钢钎合力冲撞出钢口，强行捅开出钢口。

（2）如堵塞比较严重，可由一人用一短钢钎对准出钢口，另一人用榔头敲打短钢钎冲击出钢口，一般也能捅开出钢口保证顺利出钢。

（3）如堵塞更严重时则应使用氧气来烧开出钢口。

（4）如出钢过程中有堵塞物，如散落的炉衬砖或结块的渣料等堵塞出钢口，则必须将转炉从出钢位置摇回，开出钢口位置使用长钢钎凿开堵塞物使孔道畅通，再将转炉摇到出钢位置继续出钢。这在生产上称为二次出钢，二次出钢会增加下渣量，增加回磷量，并使合金元素的回收率很难估计，对钢质造成不良后果。

d　注意事项

（1）排除出钢口堵塞要群力配合，动作要快，否则会延误出钢时间，增加合格钢水在炉内滞留时间，造成不必要的损失。

（2）用短钢钎的操作人员要注意安全，防止敲伤手指。

（3）用氧气烧出钢口时要掌握开烧方向、不要斜烧。同时要注意防止火星喷射及因回火而烧伤操作工人的手指。

（4）如二次出钢则需慎重考虑回磷和合金元素回收率的变化，及时调整合金加入量等，防止成分出格。

（5）如处理时间较长，应再进行后吹升温操作，以防发生低温钢事故。

C　穿炉事故

穿炉是一种危害性较大的事故，因此在遇到穿炉事故时，如何应急处理，将事故损失控制在较低的范围内是十分重要的。

a　穿炉事故及危害

转炉在冶炼过程中，由于受到各种因素的作用使炉衬受到损坏（或熔损或剥落）并不断减薄。当某一炉次钢冶炼时，已减薄的炉衬被局部熔损或冲刷掉，高温钢水（或炉渣）熔穿金属炉壳后流出（或渗出）炉外，即形成穿炉事故。

穿炉在转炉生产中是一种严重生产事故，其危害极大。在发生穿炉事故后，轻则立即停止吹炼，倒掉炉内钢液后进行补炉（有时还须焊补金属炉壳），并影响炉下清渣组的操作。穿炉严重时，炉前要停止生产，重新砌炉，而炉下因高温液体可能烧坏钢包车及轨道（铁路），严重影响转炉的生产。

b　穿炉发生的征兆

（1）从炉壳外面检查，如发现炉壳钢板表面颜色由黑变灰白，随后又逐渐变红（由暗红到红），变色面积也由小到大，说明炉衬砖在逐渐变薄，向外传递的热量在逐渐增加。炉壳钢板表面的颜色变红，往往是穿炉漏钢的先兆，应先补炉后再冶炼。

（2）从炉内检查，如发现炉衬侵蚀严重，已达到可见保护砖的程度，说明穿炉为期不远了，应该重点补炉；对于后期炉子，其炉衬本来已经较薄，如果发现凹坑（一般凹坑处发黑），则说明该处的炉衬更薄，极易发生穿炉事故。

　　c　穿炉的安全防护

穿炉事故的发生有一个过程，而该过程又具有一定的特征。若平时加强观察和防范，认真及时地做好补炉等工作，可以避免穿炉事故的发生。预防穿炉发生的措施一般有以下几个方面：

（1）提高炉衬耐火材料的质量。穿炉主要是由于炉衬抵抗不了化学侵蚀等各方面的作用而损坏所造成，所以炉衬砖的质量，特别是原料的纯度、砖的体积密度、气孔率以及砖中碳素含量等都会影响到砖的使用寿命，特别要防止使用在高温条件下会产生严重剥落的砖砌在炉衬内。

（2）提高炉衬的砌筑质量。应严格遵守"炉衬砌筑操作规程"砌筑和验收炉衬。目前大多数的转炉采用综合砌筑，由于转炉炉衬各部损坏的原因与程度不同，所以在砌筑不同部位时应砌入不同材质的耐火砖，使整个炉衬成为一个等强整体，使其侵蚀速度相等。综合砌炉既可提高炉衬的使用寿命，又能降低炉衬的砌筑成本。砌筑时特别要注意砖缝必须紧密，以防止在吹炼过程中因部分炉衬砖松动而掉落或缝内渗钢而造成穿炉事故。

（3）加强对炉衬的检查。了解炉衬被侵蚀情况，特别是容易侵蚀部位，发现预兆及时修补，加强维护；炉衬被侵蚀到可见保护砖后，必须炉炉观察、炉炉维修；当出现不正常状况，例如炉温特别高或倒炉次数过多时，更要加强观察，及早发现薄弱环节，及时修补，预防穿炉事故发生。

　　d　发生穿炉事故的应急处理

穿炉事故一般发生的部位有：炉底、炉底与炉身接缝处、炉身。炉身又分前墙（倒渣侧）、后墙（出钢侧）、耳轴侧或出钢口周围，因此当遇到穿炉事故时首先不要惊慌，而是要立即判断出穿炉的部位，并尽快倾动炉子，使钢水液面离开穿漏区，如炉底与炉身接缝处穿漏且发生在出钢侧，应迅速将炉子向倒渣侧倾动；反之，则炉子应向出钢侧倾动。如耳轴处渣线在吹炼时发现渗漏现象时，由于渣线位置一般高于熔池，故应立即提枪，将炉内钢水倒出炉子后，再进行炉衬处理。对于炉底穿漏，一般较难处理，往往会造成整炉钢漏在炉下，除非在穿漏时炉下正好有钢包，且穿漏部位又在中心，则可迅速用钢包去盛漏出的钢水，减轻穿炉造成的后果。

　　e　发生穿炉事故后炉衬的安全防护

发生穿炉事故后，对炉衬情况必须进行全面的检查及分析，特别是高炉龄的炉子。如穿漏部位大片炉衬砖已侵蚀得较薄了，此时应进行调炉作业。对一些中期炉子或新炉子整个炉内的砖衬厚度仍较厚，仅因个别部位砌炉质量问题或个别砖的质量问题导致局部出现一个深坑或空洞引起的穿炉事故则可以采用补炉的方法来修补炉衬。但此后该穿漏的地方就应列入重点检查的护炉区域。补穿漏处的方法一般用干法补炉。

干法补炉是目前常规的补炉方法，首先用破碎的补炉砖填入穿钢的洞口，如果穿钢后造成炉壳处的熔洞较大，一般应先在炉壳外侧用钢板贴补后焊牢，然后再填充补炉料，并用喷补砂喷补。如穿炉部位在耳轴两侧，则可用半干喷补方法先将穿炉部位填满，然后吹1~2炉再用补侧墙的方法，用干法补炉将穿炉区域补好。

穿炉后采用换炉（重新砌炉）还是采用补炉法补救是一个重要的决策，应由有经验师傅商讨决定，特别是补炉后继续冶炼，更要认真对待，避免再次出现穿炉事故。

f　注意事项

（1）冶炼过程中要注意炉壳外面和炉内的检查，发现有穿炉征兆应及时采取措施，以防造成穿炉。

（2）正确判断穿炉的部位，迅速使炉子向相反方向倾动，以免事故扩大。

（3）一旦有穿炉迹象或已穿炉，切勿勉强冶炼，以免造成伤亡事故。

D　冻炉事故

转炉炼钢过程中由于某种突发因素，造成转炉长时间的中断吹炼，造成大部分或全部钢水在转炉内凝固的现象称为转炉冻炉。转炉冻炉事故在转炉炼钢厂是极少见的事故，因为转炉停止吹炼后 2~3h（大型转炉 4~5h 后），炉内的钢水经氧枪再吹炼一下后才能全部倒出。但是一旦发生冻炉事故，大量的钢水（或铁水）在炉内凝固成一个整体，处理极其困难，因此如何合理地处理好冻炉事故必须予以重视。

冻炉事故的处理，要针对事故形成的原因及牵连发生的事故状况，以及冻炉的时间与严重程度的不同，采取不同的措施予以处理。

a　冻炉事故的原因

（1）吹炼过程中由于某种原因造成转炉机械长时间不能转动，如外界突然停电且短时间无法恢复，或转炉机械故障需要较长时间的抢修，转炉无法转动，钢水留在转炉内也无法倒出，最后形成冻炉。

（2）转炉穿炉事故或出钢时出现穿包事故，流出钢水将钢包车和钢包车轨道黏钢并烧坏，钢包车本身也被烧坏无法行动，而转炉内尚有剩余部分钢水没有出完，必须等待炉下钢包轨道抢修及调换烧坏的钢包车，致使炉内剩余钢水凝固，引起冻炉事故。

（3）氧枪喷头熔穿，大量冷却水进入炉内，需长时间排水和蒸发后方能动炉和吹炼，结果在动炉前就已形成冻炉。

b　冻炉事故的安全防护

对于上述产生冻炉事故的主要原因，由外界原因造成的是无法预防的；而由设备造成的原因，重在加强点检及巡检，发现传动设备有异常现象，如传动声音不正常、运行不平稳、发现转炉与托圈的固定有松动现象，必须及时地安排检查及维修，绝不能带病作业，造成冻炉事故。

对于因穿炉或穿包造成的事故，在不影响抢修的情况下，如发生穿炉或穿出钢口事故时，已经将钢包车烧坏，钢包车不能运行，此时干脆将炉内的钢水全部倒入钢包内，然后空炉等待出钢线铁轨的修理和调换钢包车，以避免冻炉；在出钢时发现有穿包现象时，最好能立即停止出钢并加紧将钢包车开出平台下，让吊车迅速吊走钢包。一般情况下出钢线的恢复较快，因此要求出钢时，钢包车的操作人员应密切注意出钢时钢包的变化，发现问题及时联系，避免事态扩大。否则，待钢包车已烧毁，再摇起炉子停止出钢，因是穿包事故，炉内的剩余钢水不能往下继续倒，就会被迫出现冻炉事故。

c　由外界条件引起的冻炉事故的处理

由于所有设备都是完好的，因此，关键在于确定炉内钢水的凝固状况，再决定如何处理。如停炉时间很长，炉内钢水已全部凝固，则只能先兑入部分铁水（约 1/4~1/2 的原始装入量），主要考虑超装后的允许总量，并加入一定量的焦炭、铝块或硅铁，然后吹氧升温，待铁水碳收火，立即将钢水倒出。并观察炉内的冻炉量，可按炉子的公称容量许可的超装量（包括残余的冻炉余量在内）再次进铁水，重复上述操作。吹氧时也应适当造渣，以保护氧枪不黏枪和起到一定的保温作用。反复上述的处理方法直至凝固的钢水全部熔化掉，转炉可继续冶炼（化最后一次凝钢时，转炉就可正常冶炼）。

这种处理方法也可用于因设备故障造成的冻炉，只是处理冻炉前必须对设备的检修进行仔细的验收，确保设备完好，才能进行冻炉处理。绝不允许在处理时设备再次损坏，超装部分又冻在里面则就无法处理了。如果冻炉还没有全部凝固，但熔池面凝固壳已很厚，处理方法同上，但在兑铁水时必须十分小心，避免产生喷溅。

d　因穿漏事故造成的冻炉事故的安全防护

特别是穿包造成的事故，一般来说炉内冻结的残余钢水量不会很多，应待炉下出钢线检修完毕，并放入备用钢包车，全线验收合格后，再按上述的方法，按正常的装入量扣除冻炉的钢水量兑入铁水，适当加一些焦炭、铝块或硅铁，并加入一定量的石灰造渣，吹炼过程中要重视温度的变化情况。由于炉底、炉壁有凝固的冷钢存在，钢水会出现虚假的温度现象，即使测温达标，但因冷钢的熔化吸热，其结果会造成温度偏低，故吹炼时要加强炉内的搅拌，倒炉时要观察凝固的冷钢是否全部熔化。在冻炉量不大的情况下，有可能一次吹炼就能将冷钢洗清，同时还能得到一炉合格的钢水，以减少经济损失。

对于因穿炉造成的冻炉，一方面修复出钢线钢包车及渣包车的轨道，另一方面应在钢水凝固后，在摇炉时保证无液体流动的情况下，将炉子穿漏部位修补好，保证不穿漏。然后用上述办法将冻炉的凝钢熔化后倒出炉子，并认真检查炉子，决定是重新补炉后继续使用还是换炉（对于炉龄后期的老炉子一般以换炉为主）。

e　注意事项

（1）兑铁水要细流缓慢，小心谨慎，避免产生喷溅。

（2）处理冻炉事故前，需对设备进行验收，确保设备完好，严禁超装，正确判断钢包的可用性。

5.3.2.4　加料跨常见事故及安全防护

炼钢厂行车是炼钢工艺必不可少的一部分，贯穿了整个炼钢过程，尤其是吊运液体金属的行车，其吨位重、吊物温度高，一旦发生事故将给炼钢厂带来严重后果。

A　常见事故

（1）触电。行车配电箱电线、电缆老化或破损，行车驾驶员接触滑触线，检修时未断电等情况可能发生触电事故。

（2）机械伤害。各传动联轴器防护罩缺损引起机械伤害；大小车开动时发生挤压事故。

（3）烫伤。兑铁水时发生喷溅；兑完铁水铁水包退出时剩余铁水溅出。

（4）高处坠落。检修行车时未系安全带、清扫行车大梁或行车检修后孔洞未复位发生坠落事故。

（5）起重伤害。吊挂重罐歪斜、脱钩、滑钩，引起重罐倾翻。

（6）物体打击。吊运废钢时，废钢从料槽内滑落；吊运红坯中心不准，脱钳致板坯滑落；检修、清扫行车后高空抛物。

B 安全防护

（1）上下行车抓好扶手，注意脚下障碍物，按门铃待车停稳后从安全门上下。

（2）准备必要的防护设施，断电检修维护。

（3）各传动联轴器防护罩安装齐全。

（4）吊挂钢水包耳轴时，听从地面指吊人员指挥，两边耳轴钩挂好再起吊，铁水包倾翻时主小车不能操作过快。

（5）动车前确认大车上没有无关人员。

（6）铁水、钢水装入量不能过满，吊运中保持平稳。废钢装入料槽不能过满，起吊前清除槽口废钢。磁盘调运废钢严禁从人员上方经过。

（7）吊运过程中避开地面设备和人，发出警报，启动行车不能过快。

（8）吊板坯时必须找准中心点，确认夹紧后听从指挥方可起吊。

（9）严禁从行车等高空抛物，加强对行车上物品的管理，所有物品必须固定，避免在行车走动过程中由于惯性导致物品滚动坠落。

（10）加料口堵塞安全防护：

1）在溜槽上开一观察孔（加盖，平时关闭），处理堵塞时打开观察孔盖，将撬棒从观察孔中伸到结瘤处，然后用力凿或用锤子敲打撬棒，击穿、打碎堵塞物后使加料口畅通。这种方法是目前最主要和常用的方法，也较安全。

2）在平台上用一根长钢管自下而上伸到加料口堵塞处进行凿打；也有用氧气管慢慢烧掉堵塞物的，如用氧气烧开则要用低氧压且在过程中加强观察。这两种方法也很有效，但由于存在着不安全因素，用时一定要小心，一般不常采用。

3）堵塞如属溜槽设计中的问题，则需要在大修中进行改造；如因漏水造成堵塞，必须查明漏水原因并修复。

5.3.3 电炉炼钢常见事故及安全防护

5.3.3.1 电极事故

（1）铜瓦打弧。

1）原因：铜瓦一段内无电极糊；铜瓦太松；电极壳变形造成电极与铜瓦接触不好。

2）安全防护：若电极悬糊，则要将悬糊处理下来；若铜瓦太松或电极壳局部变形，则需要调整上下闸环及压放电极。

（2）电极流糊。

1）原因：电极流糊是由于铜瓦打弧击穿电极壳或电极壳焊接不好出现孔洞。

2）安全防护：电极流糊轻微时，可以适当降低负荷继续焙烧；流糊严重时，则需要将流糊的部位堵塞并补焊好电极壳。

（3）电极硬断：是指电极在已经焙烧好的部位断裂。

1）原因：电极氧化严重，电极直径变小；电极焙烧好后糊面低，新加入电极糊与已焙烧好的电极烧结结合不好；停炉后进入灰尘，电极分层。

2）安全防护：若硬断在400mm以内，可以压放后继续送电；若硬断比较长则需要逐步压放，另外两根电极送电，待电极焙烧足够长后，再行送电。

（4）电极软断：是指断口在尚未焙烧好的部位。

1）原因：电极壳焊接不好，使焊缝的导电面积减小，电流密度增大；电极流糊未及时处理形成空隙；电极下滑未及时抬起；电极不圆，铜瓦电流分布不均。

2）安全防护：电极硬断后需要重新焊接电极壳底，将电极糊加至1.700m焙烧，焙烧后正常送电。

5.3.3.2　跑炉事故

跑炉事故通常是指炉前放出口及其周围跑冒堵不住，大量低镍锍冲出炉外的事故。炉后跑渣较为少见。

（1）造成跑炉的原因：熔体过热；衬套及衬砖腐蚀严重；炉前放出口安装、维护未按要求执行；准备工作没做好；技术不熟练，放锍操作不当。

（2）跑炉事故的安全防护：

1）在跑炉初期应组织人力强堵，保持溜槽畅通，及时调运低镍锍包接锍。

2）在大跑炉时，应采取紧急措施，电极停止送电，炉后迅速排渣以降低熔体压力，靠炉前料管多压料以降低熔体温度。

3）无希望堵住时，应关闭炉前铜口冷却水套冷却水，人员撤离，让低镍锍流入安全坑。

4）跑炉后的排放口应彻底检查，特别是衬砖、水冷件应更换的必须更换，重新安装衬套。处理完后再恢复生产。

5.3.3.3　漏炉事故

漏炉由于部位不同，有漏锍漏渣之分，并以侧墙与炉底反拱交接处为多见。漏锍的影响大，极易烧坏围板、底板、立柱、拉杆、弹簧等构件，大漏炉损失更大。

（1）造成漏炉的原因：炉渣成分发生变化或低镍锍品位下降；高负荷而返渣及配料少，造成炉渣和镍锍过热；电极插入渣层过深，引起镍锍过热；炉子衬砖腐蚀严重；水冷件漏水，砖体粉化。

（2）漏炉事故的安全防护：

1）漏出量较少时，可以降低负荷和铜面，在事故点通风冷却或用黄泥堵塞。

2）漏出量较多时，首先是电极停电并迅速排渣排锍，炉内加料降低温度。

3）在处理漏锍时严禁浇水，以免放炮伤人，漏渣后期，可以浇水使之冷却。漏炉处理结束后，应对炉体检查鉴定，修复后再开炉生产。

5.3.3.4　水冷系统故障

贫化电炉炉体采用水冷方式冷却，水冷系统故障会经常发生，处理不当将会造成严重后果。

贫化电炉由于存在返渣作业，水冷件漏水相对于其他不返渣的炉子来说显得更加危险，所以在处理操作上应更加谨慎。水冷件漏水，包括冷却铜水套、水冷梁、电极铜瓦、水冷烟道等的漏水。水冷件漏水漏到炉体外面并不可怕，但漏水积于炉内，在电极下插或返渣时，熔体强烈搅动，水流到熔体下部，遇到熔锍后，将会发生炉内爆炸事故。轻者破坏炉顶，重者对炉体、骨架均可严重破坏，并可能造成人员伤亡。

（1）水冷系统故障的原因：

1）铜水套工艺孔渗漏，加工质量差，打压验收不认真，没有按规定执行。

2）水冷件长时间断水没有及时发现，在水套温度很高的情况下，突然送水，水套遭急冷急热冲击后漏水。

3）水套被低镍锍烧蚀而漏水。

4）水冷梁烧损，埋铜管漏水。

5）铜瓦打弧造成铜瓦漏水。

（2）水冷系统故障的安全防护：

1）炉体外部发现有漏水现象，必须查清漏水部位，在没有确认漏水部位时应停产；在能够确认漏水不会漏到炉内的情况下，可以一边生产一边处理，并且一定要彻底处理好。

2）发现炉内积水，应立即停止返渣、停止加料，电极不做任何动作，分闸停电，以防止熔体搅动发生爆炸；立即组织查找漏水点，找到漏水点后关闭进水，漏水点处理好后，待炉内积水蒸发干，再恢复正常生产。

5.3.3.5 翻料事故

当贫化电炉加入物料含水过高，嵌入熔体部分料堆水分剧烈蒸发，或者料坡过高而渣层薄、锍层厚时，料堆嵌入太深，与锍层接触发生快速反应，释放的 SO_2 等气体无法排出，导致恶性翻料。

（1）造成翻料事故的原因：加入物料含水过高；加料过多，料坡过高；炉内熔体表面温度过高。

（2）翻料事故的安全防护：

1）发生翻料时，物料甚至熔体会从炉体的各个孔洞喷出，现场人员应迅速撤离炉体，特别要撤出炉顶位置。

2）翻料后要对炉体周围设施进行检查，因为翻料时高温烟气和熔体喷出可能会使周围可燃物着火，特别是电极胶管等，发现着火，应立即扑灭。

3）避免翻料事故的发生，重在防范。一是在配加料时要检查物料含水情况，含水大的物料不得加入；二是加料时要严格贯彻勤加、少加、均匀加的原则，控制好料坡。

5.3.4 炉外精炼常见事故及安全防护

炉外精炼常见事故及安全防护技术见表5-1。

表 5-1 炉外精炼常见事故及安全防护技术

事故	阶段	触发事件	形成事故原因	影响	危险程度	控制措施
LF水冷炉盖漏水引起的爆炸	生产运行阶段	水遇到高温突然膨胀产生爆炸	LF水冷炉盖漏水浸湿耐火材料或漏水遇到钢水，则发生爆炸	损坏设备，伤及操作人员	6	（1）严格检查水冷炉盖的水管系统，发现渗漏不得使用并及时修复；（2）LF水冷炉盖水系统应设水温水压监测和自动切断装置，发现漏水立即停止冶炼

事故	阶段	触发事件	形成事故原因	影响	危险程度	控制措施
VD 炉残留 CO 爆燃	生产阶段在 VD 处理结束后	CO 达到一定浓度可能会爆燃	VD 处理结束后其系统中残留 CO 在升盖遇空气达到一定混合浓度时可能产生爆燃	烧坏设备，伤及人员，严重时会发生火灾造成经济损失	9	钢水在 VD 中处理完毕，在打开真空罐之前，首先向真空室内充氮 20.5min，然后再自动打开空气的阀门充气，真空罐内压力与大气平衡时，才可安全提升罐盖和移动罐盖车
钢包炉滑动水口漏钢	钢包炉被注入钢水后	钢水从滑动水口处漏出，若遇水则发生爆炸	钢包炉的滑动水口处密封不严，滑动水口的滑道间隙过大	损失钢水，损坏设备，遇水爆炸会伤及人员或钢水烫伤人员	11	安装滑动水口前要严格检查滑动水口质量，不合格的不能用，安装时要按操作规程办
电气设备过流时引起火灾，变压器升温后烧毁	电气设备运行中	电气设备故障、超载运行、变压器升温、油温高	（1）电气设备故障或过载、过流；（2）变压器升温使绝缘水平下降；（3）油温高，易造成变压器着火	设备烧坏引发火灾，伤及人员	6	（1）定期检查、检修，及时排除故障，防止过载、过流；（2）冷却系统保持正常运行，保证冷却器或油道畅通，无堵塞现象
快速燃气锅炉爆炸	燃气锅炉运行时	违反操作规程，设备出现故障，承压部件泄漏，运行中超温超压	快速燃气锅炉系统属于高温高压操作，设备故障或操作不当则有可能发生爆炸或烫伤人员	承压部件爆炸，大量高温高压水汽喷出，造成设备损坏、人员群伤群亡的恶性事故	6	（1）严格遵守快速燃气锅炉的操作规程，设备及时检修，发现故障及时排除，结合维修进行安全性能检查，严防锅炉缺水和超温、超压发生，严禁在水位表数量不足、安全阀解裂的状况下运行；（2）防止升压速度过快或压力温度失控，造成超温、超压现象
机械伤害、高处坠落	操作机械设备时，人员在现场作业或走动时	机械设备操作不当，高空作业	（1）违反机械设备操作规程或操作不当；（2）操作平台、梯子及沟等处无防护设施	人员伤亡	10	（1）机械设备操作人员必须持证上岗，严格遵守操作规程；（2）各主要生产设备之间设有必要的安全联锁装置；（3）所有设备裸露的传动部分设有必要的安全网罩或隔离栏杆；（4）操作人员需要跨越的设备，设安全走台或过桥

事故	阶段	触发事件	形成事故原因	影响	危险程度	控制措施
燃气燃爆	燃气锅炉运行时	燃气泄漏遇火源	（1）燃气嘴回火； （2）燃气压力不稳定； （3）仪表故障、操作失误； （4）遇其他火源	设备损坏，人员伤亡	10	（1）燃气设施必须合格； （2）按设计选用、安装、测试仪表； （3）配备熄火自动报警器； （4）有联锁保护装置； （5）安装可燃气体报警器
触电	电气设备运行时	人员接触电气设备	（1）设备漏电； （2）漏电保护器失效； （3）人员误接触； （4）检修违章合闸	人员触电	10	（1）电气设施必须合格； （2）绝缘良好； （3）安装性能良好的漏电保护器； （4）按安全用电规程检修
烟尘污染	LF处理过程中	LF处理过程中产生污染	高温产生烟尘	污染环境，影响健康	16	在相应区域设除尘设施

注：危险程度 6~9 级指危险的，会造成人员伤亡或财产损失，是不可接受的危险，要立即采取措施；危险程度 10~16 级指临界的，在事故边缘，暂时不会造成人员伤亡或财产损失，是有控制接受的危险，应予以排除和采取措施。

5.3.5 浇铸常见事故及安全防护

5.3.5.1 浇铸跨常见事故

浇铸跨常见事故包括中间包发红，结晶器漏水、断水，结晶器变形等危险事故，还包括浇铸漏钢，二冷区断水，喷嘴堵塞，拉矫机出现液压、机械或电气方面的故障等事故。

5.3.5.2 浇铸跨安全防护

（1）中间包的安全防护。因中间包包衬破坏或变薄等原因，高温钢水会使中间包壁发红，此时应立即开走中间包，停止浇铸。

（2）结晶器的安全防护。

1）结晶器冷却水软管漏水。若漏水过于严重致使结晶器冷却不足时，应停止该流的浇铸。

2）结晶器冷却水中断。若因冷却水泵停止运转而导致结晶器冷却水中断，必须立即终止浇铸，接通事故供水系统，快速从结晶器中拉出铸坯，否则易引起结晶器变形损坏。

3）结晶器漏水。结晶器漏水的主要原因是结晶器未按规程组装及试压、密封材料不佳、铜管变形严重等。如水漏入结晶器内腔进入钢液面区，则应立即中断浇铸，否则可能造成钢水飞溅，危及操作人员，且浇出的铸坯也是废品。假如漏水部位在结晶器底部，则仍可用该结晶器浇铸到这炉钢水浇完为止，但随后必须更换新结晶器。

4）结晶器变形及划伤。浇铸过程中结晶器内壁与外壁间温差的作用以及浇铸间歇时间的冷却作用，会引起铜管的变形，尤其在钢液面区域，这种变形特别严重。因此，必须经常检测结晶器内壁。每个铜管应配一检查记录卡，记录检查及修理情况。凹陷严重的结晶器可造成拉漏及纵裂，必须进行更换。内壁划痕只在液面区有害，若在结晶器下部，用磨料打光尖锐的棱边仍可继续使用。

5）结晶器振动停止。若振动停止，则在任何情况下都不能继续浇铸。否则坯壳与结晶器壁的黏连易在结晶器下部造成漏钢。

6）结晶器溢钢。若由于中间包水口或拉坯产生故障使结晶器内钢水溢出，则应立即停止该流浇铸。不得已时，用塞头从下面堵塞水口，停止该流浇铸。无论如何，应避免钢水通过结晶器盖板流至振动台与结晶器之间，否则会造成重大事故。

（3）二次冷却的安全防护。

1）二次喷水中断。若喷水全部中断则应停止浇铸，否则有漏钢的危险，且辐射热可能造成辊子变形。

2）喷嘴堵塞或喷水管定位不准。如果仅个别喷嘴堵塞，则可增大喷水量或稍降低拉坯速度。为了能均匀冷却铸坯，必须定期检查喷嘴。清除堵塞物或更换新喷嘴。

若所有喷嘴都对准不好，使冷却水不能有效地喷在铸坯表面上，必须在浇铸间隔时间内进行位置调整。由于铸坯表面冷却不均匀对铸坯质量极为有害，故应特别注意检查与调整喷嘴。

（4）拉矫机的安全防护。对拉矫机液压、机械或电气方面的所有故障，都需短时间停止浇铸。但随后必须很快地发现并排除故障，因为在任何情况下都要尽量使连铸坯在热状态下从铸机拉出。若停机时间过长，铸坯已过冷时，需用切割枪（烧嘴）切割成一段一段，从拉辊处运出。

（5）拉漏。在结晶器以下发生漏钢时，必须立即中断钢水浇铸，但拉矫机系统应继续运转，使尾坯能在塑性状态下从结晶器和二冷区拉出来。若拖延时间过长，铸坯冷冻在二冷区中时，则必须在二冷区中用人工切断铸坯，再把它们运出。但在强制拉坯、铸坯打滑不能拉动时，则应停止拉矫机传动装置，用切割枪在拉漏区将铸坯切断，把下面一段铸坯拉出。这一操作应尽快完成，防止铸坯过冷。浇铸结束后，应清除结晶器和夹辊区的残钢，若辊子上残钢太多时，应更换辊子、导坯架或结晶器。

5.4　炼钢事故案例分析

5.4.1　转炉炼钢事故案例分析

5.4.1.1　违规向转炉冲水引起转炉爆炸伤人事故

事故经过：1986年11月7日，某钢铁公司六厂2号转炉早班工人于15时14分出完超计划的第二炉钢（计划6炉钢）后，倒渣并清理炉口残钢，准备换炉。此时车间副主任兼冶金工段长钟某指挥当班班长洪某用水管向炉内打水进行强制冷却，以缩短换炉时间。16时工人接班。这时钟某指挥中班工人准备倒水接渣，并亲自操作摇炉倒水。当炉体中心线与水平夹角为30°时，炉内发生猛烈爆炸，气浪把重约3.3t的炉帽连同重约0.95t的炉帽水箱冲掉，飞出约45 m，打碎钢筋混凝土房柱，当场造成6人死亡，重伤3人，轻伤6人，造成全厂停产。

事故原因：当时炉内约有280mm厚残渣，体积约0.6m³，重约2t。在爆炸残渣处于液态状态，当水进入炽热炉内后，水被大量蒸发，渣液表面迅速冷凝成固体状，而渣液表面以下部分仍处于液态状态，在进行摇炉倒水操作时，由于炉体大幅度倾斜，在自身重力作用下，炉内残渣发生倾覆，下部液渣翻出并覆在水上，以致液渣下部大量蒸汽无法排除，造成爆炸。

洪某忽视安全，缩短吊装换炉时间，向炉内冲水，应负主要责任。钟某安全管理不严，长时间违章冲水不过问、不制止，对吊装前留渣检查督促不严，负次要责任。

5.4.1.2　擅用普通起重机起吊钢包造成钢包滑落倾覆事故

事故经过：2007年4月18日7时53分，辽宁铁岭市清河特殊钢有限公司装有30t钢水的钢包在吊运下落至就位处2~3m时，发生钢水包倾覆特别重大事故，如图5-4和图5-5所示。造成32人死亡、6人重伤，直接经济损失866.2万元。

图5-4　钢包滑落倾覆事故现场

事故原因：事故直接原因是该车间违反炼钢安全规程，没有采用冶金专用的铸造起重机，而是擅自使用一般用途的普通起重机起吊钢包。另外设备日常维护不善，如起重机上用于固定钢丝绳的压板螺栓松动；作业现场管理混乱，厂房内设备和材料放置杂乱、作业空间狭窄、人员安全通道不符合要求；违章设置班前会地点，该车间长期在距钢水铸锭点仅5m的真空炉下方小屋内开班前会，钢水包倾翻后造成人员伤亡惨重。

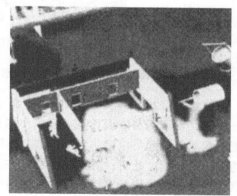

图5-5　钢水包脱落示意

5.4.1.3　铁水罐倾翻事故

事故经过：2010 年 12 月 8 日 7 时许，位于山东省莱芜市富伦钢铁有限公司炼钢厂发生铁水罐倾翻事故，如图 5-6 和图 5-7 所示。发生倾翻的是一个 240t 行车吊铁水罐，当时铁水罐正在被运入车间，起吊的过程中，行车的一根钢丝绳突然滑落，铁水罐从 5m 左右的高度下坠并且倾翻，罐中的 100 多吨铁水瞬间涌出，正在附近进行正常作业的 8 名职工躲闪不及，造成人员伤亡。

图 5-6　倾翻的铁水罐

图 5-7　铁水罐倾翻发生事故现场

事故原因：事故直接原因是行车吊故障导致铁水罐倾翻。

5.4.1.4　错误指挥违规吊运造成钢水外泄爆炸事故

事故经过：2003 年 4 月 23 日 0 时 20 分，某钢铁集团所属分公司炼钢车间 1 号转炉出第一炉钢，该车间清渣班长陈某到钢包房把 1 号钢包车开到吹氩处吹氩。0 时 30 分，陈某把钢包车开到起吊位置，天车工刘某驾驶 3 号 80t 天车落钩挂包（双钩）准备运到 4 号连铸机进行铸钢。此时，陈某站在钢包东侧（正确位置应站在距钢包 5m 处）指挥挂包，但仅看到东侧的挂钩挂好后就以为两侧的挂钩都挂好了，随机吹哨明示起吊。刘某听到起吊哨声后起吊。天车由 1 号炉向 4 号连铸机方向行驶约 8m 后，陈某才发现钢包西侧挂钩没有挂到位，钩尖顶着钢包耳轴中间，钢包倾斜，随时都有滑落坠包的危险。当天车行驶到 3 号包坑上方时，刘某听到地面上多人的喊声，立即停车。在急刹车的惯性作用下，顶在钢包西侧的吊钩尖脱离钢包轴，钢包严重倾斜（钢包自重 30t，钢水 40t），扭弯东侧吊钩后脱钩坠落地面，钢水撒地后因温差而爆炸（钢水温度 1640℃），造成 8 人死亡、2 人重伤和 1 人轻伤，事故直接经济损失 30 万元。

事故原因：直接原因是 3 号天车起吊钢水包时，两侧挂钩没有完全挂住钢包的耳轴，而是勾尖顶在西侧耳轴的轴杆中侧，形成钩与耳轴"点"接触。陈某指挥起吊时站位不对，他只看到挂钩挂住东侧钢包耳轴，而并没有看到西侧挂钩是否挂住钢包西侧耳轴，就吹号指挥起吊，造成钢包西侧受力不均匀，钢包倾斜，导致天车工刘某操作天车时因急刹车惯性力的作用，使西侧挂钩从耳轴上脱落，扭弯钢包东侧吊钩而致钢水倾翻。另外，该炼钢车间操作工人生产确认制、责任制、安全操作规程实施不到位，指车工陈某在没有确认两侧吊钩挂牢就指吊，天车工刘某违规操作，发现陈某指挥吊车站位不对没有告示，起车时没有按操作规程"点动-试闸-后移-准起吊"程序操作。

5.4.1.5 不明情况瞎指挥致转炉喷爆事故

事故经过：2002 年 11 月 11 日 10 时左右，某钢铁厂照生产计划安排对 3 号转炉停炉检修并更换炉衬。出完钢后，3 号转炉总炉长李某与责任工程师吕某商量决定先进行涮炉作业。2min 后发现炉口溢渣，因怕烧坏炉口设备，遂将氧枪提出，发现氧枪漏水。李某让赵某上到 26.8 m 平台处关闭水阀，并通知钳工更换氧枪，赵某上到氧气通廊时发现氧枪已发生喷漏，但未反映情况。2min 后李某让高某去查看漏水情况，高某只上到 15.8m 平台处随便查看就认为氧枪漏水情况不严重，并向李某汇报。此时，吕某对李某说应当倒掉炉内钢渣再兑点铁水，涮炉效果会更好。15min 后，李某带领高某等人到转炉炉口处观察，确认没有蒸汽冒出（事实上冒出的是过热蒸汽，用肉眼观察不到），便安排高某准备倒渣。在高某摇炉时，炉内积水与钢渣混合，发生喷爆事故。事故造成 3 人死亡、5 人重伤，直接经济损失 174.65 万元。

事故原因：直接原因是 3 号转炉总炉长李某接收了高某提供的错误信息，对氧枪漏水的严重程度及炉内积水的情况作出了错误的判断，决定摇炉，使炉内积水与钢渣混合，水急剧汽化，发生喷爆。主要原因是该厂领导重生产、轻安全，对曾多次出现的氧枪、烟道漏水等事故隐患整改不力。事故发生前，氧枪头铜铁接合部位已有 2cm 宽的裂缝，致使炉内积水过多。该厂生产现场布局不合理，炉前场地狭窄，化验室距转炉的距离过近。

5.4.1.6 氧气泄漏致人烧伤死亡的事故

事故经过：2006 年 4 月 11 日 23 时 20 分，辽宁省某钢铁公司转炉停炉检修结束后，该厂设备作业长指挥测试氧枪，不到 2min 时间，约 1685m³ 氧气从氧枪喷出后被吸入烟道排除，飘移近 300m 到达烟道风机处。23 时 30 分，检修烟道风机 1 名钳工衣服被溅上气焊火花，全身工作服迅速燃烧，配合该钳工作业的工人随即用灭火器向其身上喷洒干粉。火被扑灭后，将其拽出风机，但经抢救无效死亡。

事故原因：标准状况下空气和氧气的密度分别为 1.295g/L 和 1.429g/L。氧气密度略大于空气密度，因此氧气团在微风气象条件下，不易与大气均匀混合。当氧气沿地面飘移

300m 后，使该钳工处于氧气团包围之中。处于氧气团作业钳工的工作服属于可燃物质，遇到高温气焊火花点燃，即猛烈燃烧而将钳工严重烧伤致死。

5.4.1.7　安全标志不清楚误开入孔导致的人员窒息死亡事故

事故经过：2006 年 4 月 19 日 13 时 20 分，某炼钢厂 2 号转炉停炉检修，维修车间接到停炉通知后，班长指派机械维检工张某、刘某、郭某三人到炼钢厂厂房顶部清理 2 号转炉除尘管道积灰。13 时 46 分，刘某到动力煤气回收风机房确认 2 号炉风机处于手动低速位后，挂上"禁止操作"牌，14 时 30 分三人一同上到炼钢厂厂房顶部准备检查 2 号转炉除尘管道。约在 14 时 50 分，将 2 号转炉除尘管道东侧入孔打开检查完湿旋脱水器出口后，刘某让张某、郭某去打开 2 号炉西侧除尘管道入孔，张、郭二人却将 3 号炉除尘管道西侧入孔打开。张某又让郭某去通知刘某 2 号炉除尘管道西侧入孔已经打开了，刘某接到郭某通知后，从 2 号炉除尘管道东侧入孔进入管道，检查管道内积灰情况，走到西侧入孔处时，却发现除尘管道西侧入孔没有打开，用扳手在入孔处敲了两下没有反应，又返回到东侧入孔处。14 时 59 分，郭某又到 2 号炉除尘管道东侧入孔处找到刘某，告诉刘某说："风机提速了"，刘某感觉情况不对，便和郭某一同又到厂房西侧去确认，快走到时，刘某见打开的不是 2 号炉除尘管道入孔，赶紧告诉张某说："打错了"，张某听到后转身便去盖 3 号炉除尘管道入孔盖板，刘某赶紧冲张某喊："别关"，喊话的同时，张某已被吸在入孔处，刘、郭二人迅速跑上去将张某腿抱住，并打电话通知炼钢调度让风机降速，风机降速后把张某从入孔处救出，随即送往医院，经抢救无效死亡。

事故原因：

（1）机械维检工张某在对 2 号炉除尘管道清理积灰作业时，本应打开 2 号炉除尘管道西侧入孔，因没有对管道进行正确确认，误将 3 号炉除尘管道入孔打开，发现开错后，在管道负压过大的情况下违章去盖入孔盖板，被吸在入孔处，是导致其一氧化碳中毒死亡的直接原因。

（2）炼钢厂现场管理不到位，厂房顶部共有四条除尘管道，包括管道上的入孔在内，没有明显的安全标志，使作业人员在现场不能对除尘管道进行明显辨识，是导致本次事故的重要原因。

（3）炼钢厂安全管理工作不到位，在员工安全教育及相关规章制度的落实等方面存在漏洞，致使员工安全素质较差，制定的检修作业前安全预案内容不完善，没有根据除尘管道检修作业程序制定出有针对性的预防措施，是导致本次事故的间接原因。

（4）炼钢厂检修作业应急预案不完善，若发现除尘管道入孔打错后，需要重新将入孔盖板复位时，必须在风机转入低速运行的状态时才可盖入孔盖板，炼钢厂未针对此种情况做出明确的安全规定或有关作业指导性文件，造成张某错开入孔后盲目去关闭入孔盖板，也是导致本次事故的间接原因。

5.4.2　电炉事故案例分析

5.4.2.1　钢水遇到冷却水发生爆炸事故

事故经过：2004 年 7 月 30 日 3 时 40 分左右，位于江苏省江阴市青阳工业园区的无锡兆顺不锈钢有限公司 1 号电炉发生爆炸事故，造成 6 人死亡，多人受伤，如图 5-8 和图 5-9 所示。

图 5-8 钢水遇水爆炸事故现场

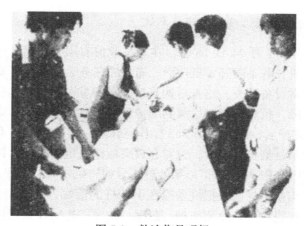

图 5-9 救治伤员现场

事故原因：炼钢分厂 50t 容量的 1 号电炉内钢水遇到冷却水后发生爆炸，爆炸同时引燃电炉周围的 2t 液压油，引发大火。

5.4.2.2 因不识安全色导致的触电伤亡事故

事故经过：2005 年 6 月 1 日 15 时 30 分，某钢厂电炉工段一名工人不听旁人的劝告擅自攀登竹梯释放瓦斯。因该梯上面二档损毁，触不到瓦斯阀门，随机从另一边铁扶梯爬到变压器顶上。由于他不懂得涂有红、黄、绿颜色的扁形金属条均带有高压电流，当他跨越扁形金属条的瞬间，当即被高压电击倒身亡。

事故原因：事故直接原因是电炉工违章操作，未经过严格的安全培训，不识安全色所代表的意义，从而导致触电身亡。间接原因是工厂管理混乱（工厂明知该电炉工违规操作却没有进行及时的强制阻止），同时工厂没有相应的防护措施。

5.4.2.3 吊运中吊带突然断裂粉料包坠落伤人事故

事故经过：2006 年 10 月 2 日 22 时 23 分，某钢铁股份有限公司不锈钢分公司炼钢厂

2 号电炉通电，冶炼不锈钢母液。23 时 24 分停电并打开电炉密闭罩，操作工陈某、金某按作业程序到操作平台进行测温、取样。此时，指吊工路某指挥吊运两包硅铁粉和两包碳粉，起重机驾驶员周某操作 20 号桥式起重机（210/80t）用副钩的 10t 小钩吊运。当小钩上升到离电炉操作平台上方高 7m 时，向西（电炉密闭罩门方向）开动 1m，即开动起重机大车，途经 2 号电炉平台，编织袋的一根吊带突然断裂，导致该粉料整包坠落，砸在正在测温取样工作的操作工陈某身上，急送医院抢救，终因伤势过重抢救无效死亡。

事故原因：造成这起事故的直接原因，是在吊运过程中，硅钢粉编织袋碰擦到电炉密闭罩门铭牌的南上角，造成编织袋破损，一根吊带突然断裂，粉料包坠落。造成事故的间接原因，一是起重机驾驶员对作业周边环境观察不仔细，违反起重作业"十不吊"规定及本岗位操作规程；二是操作工陈某在起重机鸣号运行情况下，未采取主动避让措施；三是炼钢厂对作业区内交叉作业的不安全作业隐患未充分辨识。

5.4.3 浇铸事故案例分析

5.4.3.1 引锭杆钩头脱落砸死维修工事故

事故经过：2006 年 11 月 24 日 16 时，在马钢股份有限公司第二钢轧总厂连铸分厂 4 号连铸机乙班接班，机长陈某召开了班前会，布置完任务后，交代了安全注意事项。随后维护班组成员进行正常设备巡查，巡查后回到现场休息室休息。22 时 30 分左右，4 号连铸机 4 流大剪出了故障，拉矫剪切工徐某到维护班组休息室喊陶某和梁某到 4 号连铸机处理，22 时 45 分处理完毕后，两人回到 P45 操作室休息，23 时左右，4 流开机引锭杆未进入存放架，陶某和梁某赶到操作平台，查看存放架液压系统，发现引锭杆已从存放架出来 2~3m 左右。机长陈某喊 F1 号行车工彭某处理 4 号连铸机 4 流引锭杆，彭某将行车开到 4 流位置，并将行车挂钩落下，徐某把链条拴在引锭杆的前端，徐某指挥彭某将挂钩提升，然后打铃起吊，引锭杆脱离了存放架架槽，彭某一边吊一边听徐某指挥，当钩头已到存放架末端位置时，挂引锭杆的钩头突然脱落，引锭杆倒向北侧，砸到位于过桥的梁某的胸部，陶某立即将梁某抬到 1 号连铸机和 4 号连铸机之间的通道上，随后送往医院抢救，终因抢救无效于 23 时 50 分死亡。

事故原因：该事故的直接原因是引锭杆脱落倒下，砸到梁某的胸部导致死亡。间接原因是引锭杆没有进入存放架，导致引锭杆在拉钢过程中需要固定；安全教育不够，少数职工安全意识不强；作业现场确认检查不够。

5.4.3.2 铸型车间钢水爆炸事故

事故经过：2006 年 8 月 15 日某炼钢铸造厂铸型车间温度闷热。两个大如碾盘的电解熔化炉吊在半空中，沿着上方钢铁滑道慢慢地来回穿梭。为了最大限度地降低高温对工人的影响，技术人员按照以往用高压水管将冷水喷向电解熔化炉和净化炉炉壁底部的方法而达到降温效果，两次水枪喷水使地面积水达 8cm 左右，在大家感到些凉爽的同时，一场罕见的爆炸事故即将发生。作业人员开始净化坩炉里钢水上漂浮杂物，使坩炉里钢水变得较为纯净。就在启动电动开关，要将坩炉倾斜开始浇铸的时候，机械传导部分出现了故障，不能呈现出既定的倾斜角度，钢水无法倒出。技术人员正要关掉断电开关，坩炉的机械传导部分忽然剧烈抖动起来，猛然地发生了倾斜。由于机械故障，使得坩炉的位置发生了偏移，直接将1500℃的高温熔融钢水注向地面，瞬间发生了连环爆炸。造成7人死亡，3人受伤，厂房坍塌，损失惨重。

事故原因：经调查，此次事故是由于操作不慎和机械设备控制故障，造成盛装高温熔融钢水容器不规则倾斜，钢水外溢遇地面积水导致爆炸，属爆炸事故分类Ⅲ——由于过热液体蒸发的爆炸，即Ⅲ——A传热型蒸汽爆炸。

5.4.4 炉外精炼事故案例分析

事故经过：2006年11月15日上午，某钢第二炼轧厂机修车间炼钢钳工工段长郭某，根据夜班值班人员反映精炼炉下料套堵料情况，通过副工长张某，安排乔某和李某到现场查看，郭某开完车间调度会后也来到现场，通过检查确认下料套内有异物。9时30分，郭某安排李某、王某、张某拆卸下料套下法兰螺钉，打开下料套取出堵塞钢板，而后组织回装。工作过程中，郭某发现下料套上法兰有两处螺钉松动，就安排乔某紧上法兰螺钉，自己和其他三人配合紧下法兰螺钉，上午10时，乔某从精炼炉盖和平台缝隙间坠落地面（高7.5m），现场人员将其送往总医院全力抢救，于12时40分抢救无效死亡。

事故原因：事故的直接原因是乔某自我安全防护意识差，违反检修安全规定，未系安全带；主要原因是工段长郭某未进行安全确认，未尽到安全监护职责；管理原因是第二炼轧厂安全教育不到位，机修车间安全管理存在漏洞，职工安全意识差，各项安全管理制度未能落到实处，安全监护不力；检修现场无警示标志，安全设施存在缺陷，也是造成本次事故的一个重要原因。

5.5 炼钢岗位安全技术规程

炼钢岗位安全规程主要包括转炉车间、连铸车间、准备车间、维检车间等岗位安全规程。以下仅对主要岗位进行讲述。

（1）炼钢岗位安全通则。

1）凡进入岗位的人员必须经过三级安全教育，考试合格后方能上岗。

2）必须认真贯彻执行"安全第一、预防为主"的方针，坚持安全生产，以预防为主、以自防为主、以安全确认为主。

3）班前、班中严禁饮酒。

4）工作前要检查工具、机具、吊具，确保一切用具安全可靠，发现问题及时处理。

5）各岗位配备的消防器材，任何人不得随意动用，统一由岗位消防员管理。

6）各操作室严禁非操作人员入内，非本操作室人员不得随意开闭各种开关。

7）停机检修或处理机坑时，除挂牌设有明显标志外，必须有专人负责监护。

8）严禁乱动电气设备，电气设备或线路发生故障，要找电工处理。

9）试车前必须检查是否有人检修或工作，安全确认后再送电。

10）指挥天车吊运物品时注意周围环境，通知周围人员避开且手势明确清楚。

11）各岗位操作人员，对本岗操作的按钮在确认正确后，方可操作。

12）连铸车间应配备足够的照明，若有坏的要及时更换。

13）在高氧气含量区域不得抽烟或携带火种，在煤气区域人员不得停留穿行。

14）在高氧气含量区或煤气区工作时，必须有安全措施。

15）氧气、煤气管道附近，严禁存放易燃、易爆物品。

16）岗位生产使用的氧气、介质气、煤气、割把、烘烤器的胶带及接头必须完好，无破损、无漏气；严禁在非作业时间向大气排放氧气、介质气、煤气，并按规定装好安全阀门。

17）严禁戴油污的手套接触氧气、煤气，严禁在燃气、氧气、高压容器及管道等危险源附近停留或休息。

18）吊铁水包、废钢斗时，必须检查两侧耳轴，确认挂好后，方能指挥运行。在放铁水包时，地面一定要平坦。确认放好后，才能脱钩走车。

19）严禁在废钢斗外部悬挂废钢等杂物。外挂物清理好后，方可起吊、运行。

20）铁水包、钢水包的金属液面要低于包沿 300mm。转炉吹炼时炉前、炉后、炉下人员不得工作或停留。转炉在兑铁水及加废钢时，炉前严禁通行。转炉出钢时，炉后严禁通行。

21）加造渣剂时应从炉嘴侧面加入，其他人员必须避开。增碳剂不得在出钢以前提前加入钢包。

22）连铸车间内使用的电风扇必须有安全可靠的防护罩。铸机的水温表、水压表、流量计及报警系统必须安全可靠。

23）切割枪、烧氧管不得对着人，以防烧伤。

24）进入二冷室必须二人以上，作业时必须站稳；上下同时作业时，须设专人看护，指挥协调。

25）生产准备人员量零位时，首先把氧、氮气管道手动截止阀关闭，并从氧枪上摘掉输氧软管，确认底吹氮气管道总阀门已经关闭，最后人员才可以进入炉内。

26）使用气焊割枪时，要按照气焊操作规程执行。

27）打氧枪黏钢时，要看清楚底下是否有人，检查风镐无故障方可使用。

28）在准备开炉试车时须上下检查好设备，无人检修再开始试氧。

29）事故驱动系统每周必须检查一次，并试用一次。

（2）LF 炉通用岗位安全规程。

1）遵守厂部或车间各项安全规定，工作前按规定穿戴好劳动保护用品。正确、熟练使用防护器材。

2）非岗位人员未经允许，不得进入岗位操作。

3）LF 炉在生产过程中属带电作业，操作人员在操作时禁止接触和碰到带电部位，如电极、二次短网等，禁止随便进入变压器室等带电场所，注意有电标志牌。

4）在更换电极时，要有专人指挥，协调一致，避免误操作，避免安全事故。

5）凡进入岗位的人员必须经过三级安全教育，考试合格后方能上岗。

6）各岗位配备的消防器材，任何人不得随意动用，统一由岗位消防员管理。

（3）生产组长岗位安全规程。

1）遵守厂部或车间各项安全规定，工作前按规定穿戴好劳动保护用品。正确、熟练使用防护器材。

2）非岗位人员未经允许，不得进入岗位操作。

3）班前、班中严禁饮酒。

4）向职工认真宣传、贯彻公司制定的安全方针。

5）模范遵守安全生产的各项规章制度，发现违章冒险作业时，立即制止，并对其进行批评教育。

6）认真执行安全生产负责制，发现问题及时解决，解决问题不拖拉。

7）认真执行"五同时"制度，对事故要坚持"三不放过"原则。

8）指挥天车吊运时，要提前通知平台上人员注意安全。严禁违章指挥天车，蛮干。

（4）炉长岗位安全规程。

1）开炉前，必须检查炉衬是否有掉砖、断砖、因漏水炉衬受潮、有不明杂物等现象。并且倾动系统、炉下车辆、氧枪升降、散装料及合金料下料系统、炉前炉后等所有机械设备、电器设备和所有报警联锁设备等安全装置必须经过试运转，确认正常后方可兑铁生产。

2）确认水冷却系统的流量、压力正确后，方可兑铁生产。

3）倒炉时，炉长应到炉前指挥，发现炉内反应激烈、火焰大，要立即摇起转炉，防止钢渣涌出伤人。

4）当钢水试样由炉内取出后，炼钢工必须用干燥的木板（或纸管）拨除样勺内的炉渣，炉渣黏稠时不要用力过大。不得对着人拨渣，避免烫伤其他人员。

5）钢样模要保持干燥、无油、无杂物。

6）当在钢包内加入大量增碳剂（100kg 以上）时，要在增碳剂反应完成后再靠近钢包。向钢包内加脱氧剂、增碳剂或出钢时，必须叫开钢包周围的人员。

7）不得使用潮湿的脱氧剂，脱氧剂应在出钢过程中加入，不得在出钢前加入钢包底部。

8）为避免吹炼过程中钢水升温过快而引起的大喷，造成浇坏设备、烧烫伤人等事故的发生，应严格遵守操作规程。

（5）一助手岗位安全规程。

1）在雨雪天，加废钢后要先点吹 30s 再兑铁水，防止爆炸。

2）氧枪黏冷钢严重，需要割枪时，首先要用钢丝把已割开的上端捆住或上端留有一段暂不割开。

3）氧枪枪位测量的安全规范。首先检查枪身有无可能脱落的残渣，如果有必须在处理后方可作业。测量氧枪枪位必须是两人以上在氧枪口平台操作。氧枪头进入氧枪口后，应该在人离开氧枪口后，再降枪测量。补炉后第一炉严禁测量枪位。

4）如发现氧枪升降系统有异常现象，应立即停止作业，并通知调度室及设备维修人员检查处理，确认正常后再动枪。

5）在正常作业时，如发现倾动系统有异常现象，应立即停止操作，通知主控室及有关人员检查处理，确认正常后再操作。

6）妥善保存工作牌，做到认真交接。

7）出完钢时，钢水液面应距钢包上口留有 300mm 的安全高度。

8）在吹炼期间，如果炉口火焰突然增大，需提枪检查，确认无误后方可生产。

9）氧枪在吹炼过程中，如出现升降系统失灵，须立即将氧压改为 0.2~0.3MPa，并及时通知调度室和维修人员（过吹时间小于 2min，否则应及时关闭氧气），提枪后认真检查氧枪，确认无误后方可生产。

10）在吹炼过程中，如果氧枪供水系统报警或炉内反应异常，应立即提枪关氧至等候点以上，停止供氧、供水、下料。经确认不是氧枪漏水后，立即找维修人员进行维修。如果是氧枪漏水，不得动炉，设好警戒线和安全哨，炉前、炉后不得有人和吊车停留或通过，经确认炉内无水后，在专人指挥下，将炉子缓慢摇出烟罩，确认一切正常后，方可生产。

（6）二助手岗位安全规程。

1）兑铁水时，在确认铁水包离开炉口后，方可摇炉。

2）倾动机械、电气方面有故障时，不得摇炉。

3）炉下有人工作时，禁止摇炉。

4）倒炉取样时禁止快速摇炉。

5）熟练掌握炉子与氧枪的联锁装置情况，并经常检查各种联锁装置及事故报警装置状况，发现问题立即找有关人员处理，严禁解除联锁操作。

6）摇炉工在离开摇炉岗位时，须切断所有操作设备的电源。

7）摇炉工不得在炉子倾动时交接班，摇炉控制器未复零位，操作人员不得离开岗位。

8）严禁将钢水倒入渣斗中。

9）有人处理氧枪黏钢时，不得兑铁加废钢。

（7）末助手岗位安全规程。

1）在取样时，时刻观察炉渣液面是否平稳，防止因炉内剧烈反应而发生钢渣喷溅伤人事故。

2）在取样时，样勺、样模必须干燥，取样者身体应侧对取样孔；在每次取样后，样勺须放在干燥的地方。

3）在测温时，测温者身体侧对取样孔，避免溅渣伤人。

4）在向炉内加挡渣棒之前，必须确认挡渣棒干燥。

5）用氧气烧出钢口时，不得用手握在烧氧管与氧气带接口处，手套不得有油污。当胶管发生回火时，不得将燃烧的胶管乱扔，应立即关闭氧气阀门，用水将燃烧的胶管浸灭。不得使用破损的胶管烧出钢口。

6）开新炉或出钢口过长打不开时，要在外面把吹氧管点燃，不得过早将吹氧管放在出钢口内。

（8）钢包浇铸工岗位安全规程。

1）遵守厂部或车间各项安全规定，工作前按规定穿戴好劳动保护用品。正确、熟练使用防护器材。

2）非岗位人员未经允许，不得进入岗位操作。

3）禁止戴有油污的手套，禁止握胶管与烧氧管的接口处，氧气管长度不得小于 1500mm。

4）在浇钢前，钢包回转台事故驱动系统压力必须正常，否则禁止开浇。

5）在浇钢的过程中，钢包浇钢工应密切监视钢包壁，发现包壁透红，漏钢或滑动水口失控，须立即停止浇铸，并通知平台及地面上的人员，按操作规程的要求，以最快的速度将钢包转到事故包上。

6）拆装滑动水口快速接头时，必须站稳，脚下不得有油污和其他杂物，等待钢包停稳后进行操作。

7）吊运烧氧管时，必须使用两根钢丝绳，捆绑牢固后，方可吊运，防止烧氧管滑脱伤人。待中间罐到达浇钢位置后，方能启动滑动水口。

8）用氧管烧钢包水口处的冷钢或清除长水口托架上的冷钢时戴好防护眼镜，避免氧气管正对着其他操作人员，防止烫伤。

9）严禁在废钢斗外部悬挂废钢等杂物。外挂物清理好后，方可起吊、运行。

（9）连铸大包回转台岗位安全规程。

1）接班后要认真检查大包回转台运转情况。浇钢前，必须提前准备好事故包，否则不准开浇。

2）钢包操作台上的液压缸、油管必须安全可靠，并备有足够的备件，液压泵要始终保持正常，操作平台上的物品做到定置管理，不准随意乱放。

3）指挥天车摆放大包动作时应缓慢，不许剧烈冲撞。浇钢时，大包工须始终注意观察大包使用情况和中包液面。如遇漏包、关不住、滑板刺钢事故时，要处理正确，及时果断，防止发生损坏大包回转台及伤害人身的事故。

4）启动回转台时，同时启动警报或指挥人员安全躲避。

5）中包没有到位，钢水包不得转至浇钢位。

6）钢包浇铸工须在水口对准中包浇铸孔后，方准开浇。大包开浇后，要选择适当时机试验滑动水口关闭，以防失灵。

（10）钢坯精整工岗位安全规程。

1）钢坯必须码放整齐，避免倒垛伤人。

2）使用割把要认真遵守使用安全规程，点火时要避开手脸，不得正对枪嘴点火，不得在脸部试验是否有气，不得骑带工作，戴好防护眼镜。

3）切割时不得将脚和带放在被切割物下面，切割下来废钢不得接近爆炸物。

4）工作完成，切割人员必须将介质和氧气阀门关闭，避免跑气伤人。

5）在加工钢坯时，必须按指定地点加工；在吊运钢坯时，上下确认无误再给动车手势，防止伤害他人和各种设备；在钢坯垛中间不得停留取暖。

6）不论何种工序在吊运铸坯时，必须检查确认所用吊具是否安全可靠，严禁脚踏坯垛作业，避免绊倒伤人。

7）在吊运废坯时，不得与改尺铸坯同时加工，待将所有废坯吊运完成后，方能进行切割。

8）加工改尺铸坯时，必须有专人监护天车运行，避免电磁吊断电坠物伤人。

9）指挥天车吊运物品时注意周围环境，通知周围人员避开且手势明确清楚。

（11）中间包烘烤工岗位安全规程。

1）用煤气烤包，须专人操作，有人监护。无关人员不得乱动烤包设备，不得进入烤包区域。

2）在点火前，认真检查所用的煤气系统，在确认设备正常、煤气合格、无泄漏后，方可工作。

3）在点火前，必须与煤气防护员联系，得到对方同意后方可操作。

4）在点火前，先开煤气，煤气点燃后，再开空气阀门，而后再逐步增加煤气量和鼓风量；停止烘烤，先关煤气，后停助燃风。

5）必须执行先点火，再开煤气的原则。如点不着火要先关阀门，后查原因。

6）烤包过程中认真观察煤气压力和燃烧情况，发现熄火后立即处理，若有异常现象及时与专业人员联系。烤包工不得擅自处理。

7）严格执行煤气设备动火管理的规定。

8）煤气使用区发现有人头晕、恶心、眼花等中毒现象，应将中毒者带出现场放到通风安全地带抢救，并立即通知煤防人员，现场测定煤气浓度及采取相应措施。

9）不得用金属物及硬物敲击煤气设备。烤包平台严禁火种及易燃物。

10）凡进入岗位的人员必须经过三级安全教育，考试合格后方能上岗。

（12）装铁工（含混铁炉工）岗位安全规程。

1）遵守厂部或车间各项安全规定，工作前按规定穿戴好劳动保护用品。正确、熟练使用防护器材。

2）非岗位人员未经允许，不得进入岗位操作。

3）班前、班中严禁饮酒。

4）工作前要检查工具、机具、吊具，确保一切用具安全可靠，发现问题及时处理。

5）不许用铁水包压炉嘴或烟罩。

6）铁水包尾钩必须良好挂牢，要经常检查，更换尾钩轴销。

7）不准用大钩子压包盖，冶炼后期严禁添铁。

8）装铁前要掌握炉内状况，严禁留渣。补炉后第一炉在装铁时要喊开周围人员回避，装铁人员自己要站在安全位置，并指挥天车人员小流慢装，以防喷溅伤人。

9）装铁前将活门开至两侧，注意不要撞坏烟罩。

10）起吊铁水包时，应确认挂好后，方可起吊，并应领行。

11）未出钢时，重铁水包不许开至炉前等装铁。

12）铁水包铁水在 2/3 以上时，不许钩铁水包盖，以防包倒洒铁。

13）发现铁水包有缺陷，威胁设备或人身安全时，禁止使用。

14）严格按照混铁炉操作规程控制混铁炉倾动，注意与炉下人员的配合。

（13）上料工岗位安全规程。

1）遵守厂部或车间各项安全规定，工作前按规定穿戴好劳动保护用品。正确、熟练使用防护器材。

2）机械运转时，禁止用手触摸、擦拭运转部位，检查、加油、清扫、检修转动部位必须停车，切断电源。禁止用湿布擦拭电机和电气开关。

3）在未上料前，要仔细检查微机各系统是否正常，皮带是否处于良好状态，否则严禁上料。

4）随时检查拉线开关和跑偏仪是否处于良好状态，以便应付突发事故。

5）在清扫、检查皮带或小车时，必须与调度室联系，在确保转炉停吹的情况下，再进行作业，防止煤气中毒。

6）认真维护和使用现场照明及安全设施，发现隐患及时与检修人员联系。

7）各转运站及走廊通道必须每班清扫，清理的散料和杂料不得向通道外倾倒，散料应清到皮带上或料仓内。

8）在上下料仓内的梯子时，要注意滑跌。

9）操作人员在进入煤气区域时，必须配备煤气检测设备。

10）在工作中，如发生人身事故，应立即组织抢救，并且立即向上级报告。

（14）氧枪维修岗位安全规程。

1）在修枪工作前，首先检查确认电焊机是否有可靠的接地，是否受潮，电线绝缘是否破损，电缆接头是否牢固可靠。

2）在气焊作业前，检查确认割枪、氧带、介质带及各处接头是否安全、牢固、可靠，发现问题应及时处理。

3）在做辅助工作时，如搬运工作，每次搬抬不得超过50kg/人，如使用起重设备，需配备专用吊具（绳、钩）。

4）在使用铲具铲工作物时，不得向有人方向铲。

5）在氧枪试压和处理氧枪渣皮时，必须戴好防护眼镜。

6）工作中如遇停电或离开岗位时，应将电焊机电源切断。

7）在检修氧气、介质、氮气、氩气管道阀门时，必须与生产有关人员取得联系，挂好"检修"标志或设专人看护，在确认总阀门关闭后方可作业。

 复习思考题

5-1 简述转炉炼钢的主要生产工艺流程。
5-2 转炉炼钢的主要设备有哪些？
5-3 炼钢生产主要危险有害因素包括什么？
5-4 造成喷溅与爆炸的原因有哪些，应采取哪些安全防护技术？
5-5 导致氧枪黏钢的原因有哪些，如何进行有效的安全防护？
5-6 简述转炉炉前与炉下区域的常见事故及安全防护措施。
5-7 何为出钢口堵塞，其产生的原因有哪些，如何进行安全防护？
5-8 简述加料跨常见事故的类型及安全防护措施。
5-9 电炉炼钢生产有哪些常见事故？
5-10 简述炉外精炼常见事故的类型及安全防护方法。
5-11 浇铸跨常见事故包括哪些，如何进行安全防护？
5-12 炼钢岗位安全通则的主要内容有哪些？
5-13 简述炼钢一助手岗位安全规程的主要内容。
5-14 简述钢包浇铸工岗位安全规程的主要内容。

6 轧钢生产安全技术

6.1 轧钢基本工艺与安全生产特点

6.1.1 轧钢基本工艺

轧制是金属压力加工的主要方法，是钢铁冶金联合企业生产中的最后一个环节，肩负着成材的任务。在钢的生产总量中，除少部分采用铸造及锻造等方法直接成材外，约90%以上的钢都是经过轧制成材。

轧制按温度的不同可分为热轧与冷轧；按轧制时轧件与轧辊的相对运动关系可分为纵轧和横轧；按轧制产品的成型特点可分为一般轧制和特殊轧制。轧制同其他压力加工一样，是使金属产生塑性变形轧制成产品。其中型材、线材、板带的轧制工艺流程基本相同，主要工序有钢坯加热、轧制、精整处理等。无缝钢管的轧制稍有不同，其原料是圆管坯，经过切割机的切割加工成坯料，送至加热炉加热，圆管坯出炉后要经过穿孔机进行穿孔，再进行轧制。

6.1.2 轧钢安全生产的特点及危险因素

6.1.2.1 轧钢安全生产的特点

（1）生产工序多，生产周期长，易发生人身和设备事故。

（2）车间设备多而复杂，轧机主体设备（或主机列）与辅助设备（如加热炉、均热炉、剪切机、锯机、矫直机、起重设备等）交叉作业，由此带来很多不安全因素，危险作业多、劳动强度大、设备故障多，因而发生伤害事故也多。

（3）工作环境温度高，噪声大。绝大多数轧钢车间是热轧车间，开轧温度高达1200℃左右，终轧温度为800~900℃；加热车间在加热炉或均热炉的装炉和出炉过程中，高温热辐射也很强烈。在此条件下作业，工人极易疲劳，容易发生烫伤、碰伤等事故。

（4）粉尘、烟雾大。轧钢车间燃料燃烧产生烟尘、酸洗工序产生酸雾、冷却水遇高温产生大量水蒸气，叠轧薄板轧机用沥青油润滑时散发大量有毒烟雾等，都会危害工人健康。

6.1.2.2 轧钢生产主要危险区域

从轧钢基本工艺看，轧钢系统机械设备多，检修繁杂，涉及高温加热设备、高温物流、高温运转的机械设备、电气和液压设施、能源和起重设备以及带有辐射伤害的测厚仪、凸度仪等设备。在轧钢生产车间，主要危险场所有以下区域：

（1）煤气等易燃易爆气体的加热炉区域、煤气和氧气管道等。

（2）易燃易爆液体的液压站、稀油站等。

（3）高压配电的主电室、电磁站等。

（4）高温运动轧件和可能发生飞溅金属或氧化铁皮的轧机、运输辊道（链）、热锯机、卷取机等。

（5）辐射伤害危险的测厚仪、凸度仪等。

（6）易发生起重伤害的起重机。

（7）积存有毒或有窒息性气体或可燃气体的氧化铁皮沟、坑或下水道等场所。

6.1.2.3 轧钢车间主要危险因素

（1）火灾。轧钢生产的火灾事故包括电气火灾、油品火灾、气体火灾和明火作业引起的火灾。

1）电气火灾。轧钢设备负荷大，高电压、大电流、大电机、大功耗设备使用多，当超温、超负荷运行，变压器爆炸，电气设备开路缺相、短路放炮，电机运行打火时，可能引发火情，酿成火灾。

2）油品火灾。液压油库、液压泵站、高压油液管线等用以传递控制轧钢的重要动力介质，几乎覆盖轧钢所有工序。液压油库、泵站加油换油，设备管件跑、冒、滴、漏（可燃物），为燃烧火情提供了必要条件。虽然大多数液压油都采用了阻燃油，但当维护不到位、处理不及时、超温过闪点或外因引发火源时，可能引发火情。

3）气体火灾。轧钢常用气体（如 O_2、H_2、CH_4 等）易燃易爆。气体在储罐容器中积存时，气体异常混合、遇火后容器升温升压、施气使用不当都极可能引起严重的爆燃火灾事故。

4）明火作业火灾。轧钢各工序生产抢修和设备检修时电、气焊明火作业和现场可燃物清理不彻底是引起火灾的主要原因。

（2）中毒窒息。轧钢工序中大量使用燃烧气体（如 CO、高焦混合煤气等）和一些保护气体（如 N_2、H_2 等），当人进入炉内检修，进炉前氧气置换量不够，阀门关闭不严、泄漏或开启时，会引起人员缺氧窒息，轻者会头晕、恶心、呕吐，重者会神志不清、窒息昏迷，救治不及时还会危及生命。

（3）机械伤害。轧钢流程可以概括成轧材在一系列辊组中移动的过程，操作维护人员与辊系接触的机会甚多。伤害事故统计证明，辊系对人体的挤压伤害是机械伤害的主要构成部分。

（4）高处坠落。轧钢厂房空间高，地下设施下沉空间深，像地下介质管网、开卷取等设备地下运行空间大且深离地面，加上轧钢工序油泥较多，容易造成跌滑及高处坠落。

（5）物体打击。轧钢是在高速运动状态下完成的。旋转部位的零件松动、断裂飞出，高强度、高硬度轧钢辊系"掉肉"飞溅，轧材断带，检修锤击造成的金属飞溅，都极易造成物体打击伤人。

（6）起重伤害。起重设备承担着各类钢材成品、半成品的吊运，检修物件的安装拆除。高空钢丝绳维系的吊具晃动、电磁吊具下的重物意外失磁坠落以及各类夹吊具的功能丧失，都可能造成起重伤害。

（7）电气事故。检修或操作人员因超越安全距离，靠近超过安全电压的裸露带电体时，可能会遭电击伤害；当电路老化、电机绝缘损坏或保护接地失效时，人体接触带电体，则可发生触电事故；当人体直接位于变压器旁，电气短路所产生的电弧可能造成电弧灼伤，甚至引发火灾。

6.2　轧钢生产安全技术

6.2.1　热轧安全技术

轧钢的危害因素和事故特点与轧钢设备特点密切相关。大多数危险有害因素具有共性，但因工序特点不同，某些危险有害因素表现形式与危害程度具有工序突出的个性。热轧生产的主要工序包括原料准备、加热、轧制和精整等，以下按工序分别介绍热轧安全技术。

6.2.1.1　原料准备安全技术

热轧原料来自于炼钢车间，目前常用的原料是连铸坯。原料工序的主要任务是原料的有序堆放吊运、原料缺陷的清理处置。由于工作环境区域地面状况差、单体坯料重、吊运频率高，与之对应的安全事故主要包括吊运过程的挤压伤害、高处坠落伤害、清理过程的热灼伤害以及使用气体造成的人员中毒事故。

（1）轧钢原料存放的安全防范措施。钢坯堆垛要放置平稳、整齐，垛与垛之间保持一定的距离，便于工作人员行走，也避免吊放钢坯时相互碰撞。垛的高度以不影响吊车正常作业为标准，吊卸钢坯作业线附近的垛高应不影响司机的视线。工作人员不得在钢坯垛间休息或逗留。挂吊人员在上下垛时要仔细观察垛上钢坯是否处于平衡状态，防止在吊车起落时因受到振动而滚动或攀登时踏翻，造成压伤或挤伤事故。检查中厚板等原料时，垛要平整、牢固，垛高不超过 4.5m。

（2）原料吊运的安全防范措施。

1）起重作业人员属特种作业，须先培训取证后方可上岗操作，吊运时必须听从地面指挥人员的指令。在使用夹钳吊装时必须选择规格型号与钢坯匹配的夹钳，作业前应检查易损件（各类轴销、齿板、开闭器等）的磨损情况，若超过磨损极限则及时通知维修人员维修更换。

2）在使用磁盘吊时要检查磁盘是否牢固，连接件是否超过磨损极限，电气线路是否完好，以防脱落伤人。

3）使用单钩卸车前要检查钢坯在车上（或桩子上）的放置状况。钢丝绳和车上的安全柱是否齐全、牢固，使用是否正常，钢丝绳有断丝超过 10% 或断股等缺陷必须报废处理。卸车时要将钢丝绳穿在中间位置上，两根钢丝绳间的跨距应保持 1m 以上，使钢坯吊起后两端保持平衡，再上垛堆放。温度在 400℃ 以上的热钢坯不能用钢丝绳卸吊，以免烧断钢丝绳，造成钢坯掉落砸、烫伤。

（3）原料清理的安全防范措施。大型钢材的钢坯一般采用火焰清除表面的缺陷，其优点是清理速度快。火焰清理主要用煤气和氧气的燃烧来进行工作，使用时要严格遵守操作规程。在工作前要仔细检查火焰割炬、煤气和氧气胶管、阀门、接头等有无漏气现象，氧气阀、煤气阀是否灵活好用。点火时，先开煤气阀，打火点燃；熄火时先关快风阀，再关煤气阀，最后关风阀。火焰清理时，操作者要选择合理站位，不得处于下风向作业，被清理物要搁置平稳，防止切割物分离坠落发生挤压或高温灼伤事故。在工作中出现临时故障要及时排除，例如当发生回火时，要立即关闭煤气阀，同时迅速关闭氧气阀，以防回火爆炸伤人。火焰清理完毕，要认真检查煤气阀门是否可靠关闭，严防煤气泄漏造成煤气中毒。另外，火焰清理气源、器具要远离更衣室、休息室、洗浴间，存放在通风避人的地方，严禁人员靠近。

6.2.1.2 加热炉安全技术

（1）加热炉炉型及使用燃料。轧钢加热炉一般分为步进式加热炉和推钢式加热炉两种，步进式加热炉目前在轧钢生产中应用较为广泛。原料加热的目的主要是提高金属的塑性，降低金属的变形抗力，便于轧制成形。

轧钢加热炉用的燃料分为固体燃料（如煤炭）、液体燃料（如重油及轻柴油）和气体燃料（如煤气及天然气等）。燃料与燃烧的种类不同，其安全要求也不同。气体燃料有运输方便、点火容易、易达到完全燃烧等优点，但煤气等气体燃料为易燃易爆物品，具有爆炸危险，使用时要严格遵守安全操作规程。使用液体燃料时，为防止油管的破裂、爆炸，要定期检验油罐和管路的腐蚀情况，储油罐和油管回路附近禁止烟火，应配有灭火装置。使用液体燃料时，应注意燃油的预热温度不宜过高，点火时进入喷嘴的重油量不得多于空气量。

（2）燃气加热炉存在的主要危险有害因素。燃气加热炉存在的主要危险有害因素如下：

1）煤气中存在大量的一氧化碳，一旦泄漏易发生中毒事故，同时煤气还易发生燃烧爆炸事故。

2）存在高温钢坯和蒸汽灼烫的危险。

3）传动设备的机械伤害。

（3）加热炉作业采取的安全措施。

1）煤气操作人员必须经过相应操作技能的培训方可上岗操作，无关人员不得进入煤气区域。

2）点火的安全技术。开炉前先检查炉子烧嘴是否堵塞或损坏，电源及氮气、煤气、空气和排水系统的管网、阀门、各种计量仪表系统，以及各种取样分析仪器和防火、防爆、防毒器材，是否齐全完好。重点检查煤气阀、法兰盘、接头及烧嘴等是否有泄漏。先开启鼓风机，检查煤气压力，若压力不足时要找出原因及时处理，压力过低不得点火。点火前用氮气吹扫煤气支管，打开各支管放散阀，用氮气置换煤气管道中的空气；然后再打开煤气总阀，在取样口做爆发试验，待爆发试验合格后方可点火，并关闭所有放散阀。点火时先用点燃的火把靠近烧嘴后再打开烧嘴前阀门，点着后再调整煤气、空气量。烧嘴要一个一个点，不得向炉内投火把点火。若通入煤气后并未点着火，则应立即将煤气阀门关闭，同时要分析原因并消除后，重新点火。

3）停炉（熄火）的安全要求。逐个关闭烧嘴的煤气阀，停止输送煤气，关小空气阀，以保护烧嘴。停炉时间较长时，则打开放散阀用氮气进行吹扫；若停炉较短（不超过24h），可以不用吹扫。

4）日常检查、维护安全要求。在有煤气危险的区域作业，必须两人以上进行，并携带便携式一氧化碳报警仪。第一类区域，带煤气抽堵盲板、换流量孔板、处理开闭器，煤气设备漏煤气处理、煤气管道排水口与放水口、烟道内部作业，应戴上呼吸器方可工作；第二类区域，烟道、渣道检修，煤气阀等设备的修理，停送煤气处理，加热炉煤气开闭口，开关叶型插板，煤气仪表附近作业，应有监护人员在场，并备好呼吸器方可工作；第三类区域，加热炉炉顶及其周围，加热炉的烧嘴、煤气阀，煤气爆发试验等作业，应有人定期巡视检查。加热炉发生事故，大部分是由于维护、检查不彻底和操作上的失误造成的。因此，应该加强维护保养工作，及时发现隐患部位，立即整改，防止事故发生。

6.2.1.3　热轧作业安全技术

（1）高压水除鳞机的安全技术。

1）主要危险有害因素：高压水的压力可达到18MPa以上，所以其喷溅伤害是主要的危险因素。

2）相应的控制要求：钢坯加热后表面形成一层氧化铁皮，轧制前需进行清理，否则影响钢材的轧制质量。高压水除鳞是由喷射到轧件表面的高压水产生打击、冷却、汽化和冲刷作用，从而达到破碎和剥落氧化铁皮的目的。因高压水的压力可达到18MPa以上，所以其喷射力较强，飞溅的铁屑易伤害周围作业人员，因此，除安装好防护罩外其附近还应划出警戒区域，人员禁止进入。

（2）型钢和线材轧制的安全技术。

1）型钢和线材规格。普通型钢按其断面形状可分为工字钢、槽钢、角钢、圆钢等。型钢的规格以反映其断面形状的主要轮廓尺寸来表示。如圆钢的规格以直径的毫米数表示，直径30mm的圆钢记 $\phi30$。线材主要是指直径5~9mm热轧圆钢和10mm以下螺纹钢。

2）型钢和线材生产过程中常见事故：运行中设备的机械伤害、高速运行中轧件等的物体打击、高温轧件的灼烫、起重作业过程中的伤害等。

3）相应的安全防护。

①轧辊安装时主要控制吊运过程中的安全。轧辊的单重较大，预装后质量更大，故吊运必须平稳，选用吊绳必须在额载标准内。轧辊安装时要有专人指挥和监护。轧辊安装时放入翻转机要稳固，以免中途脱链，翻转作业时周围人员撤离至安全区域，作业人员不得在翻转机上攀爬。

②轧制过程中轧钢工必须严格遵守安全操作规程，启动轧机主设备及辅助设备前必须先鸣笛，再通冷却水，地面人员不得站在轧机前后运输轨道上，轧机过钢时不得从事调整辊缝等调整、维护工作。各道轧制时在线手工测量必须示意操纵工停止输送钢坯和喂钢。打磨孔型时要等轧机停稳后方可实施，操作人员站在轧机出口方向，并要戴好防护眼镜。

③型钢轧制时由于钢坯加热过程中有阴阳面之分，钢坯经过轧制后因变形差异有不同程度的弯曲，从出口导卫装置出来后易发生外冲现象；若导卫装置安装不正也会产生轧件扭转现象，故轧钢工要严密注视钢坯运行轨迹，不得站在出口方向；同时因钢坯有弯曲和扭转现象，喂钢时需人工辅助扳钢，所以轧钢工要注意站位，与操纵工协调配合确认，及

时脱出扳叉，确保人员安全。

④低温钢、黑头钢、劈头钢不得喂入轧机，以免造成卡钢或设备故障。

⑤更换进出口导卫装置时要注意与天车工的配合，要采用专用吊具，落实专人指吊。进出口导卫装置安装要牢固，以免轧件飞出造成伤害。

⑥因轧件的运行速度较快，正常生产时人员要与轧线保持一定的安全距离，禁止跨越轧线。

⑦液压站、稀油站等易燃易爆区域禁止动火，检修动火须办理危险作业审批，落实相应的防火措施。

（3）板（带）轧制的安全技术。

1）板（带）生产过程中常见事故：运行中设备机械伤害、高速运行中轧件等物体打击、高温轧件灼烫、起重伤害、放射源的辐射伤害等。

2）相应的安全防护：

①板（带）生产线目前大多采用先进的全线自动化控制技术，轧钢工接班后对所用设备、仪表进行详细检查和确认；启动轧机主设备及辅助设备前先鸣笛，再给水。设备运行时机旁不得站人，开轧第一块钢要鸣笛示警，轧机出口处不得站人。

②抢修、处理事故及更换毛毡时，除做好停电手续外，有安全销的部位必须插上安全销。使用 C 形钩更换立辊时，必须插好安全销轴。

③轧辊拆装、行车吊运要有专人指挥。临时停机需进入机架内作业时，如有必要抽出工作辊，当支撑辊平衡缸将上支撑辊升起后，为确保作业人员安全，在上、下支撑辊轴承座间放防落垫块，以防平衡缸泄压伤人。

④测量侧导板时，所在工作区域对应轨道必须封锁，关闭有关射线源和高压水，测量人员必须在指定位置作业。立辊轧机调整作业时所在区域有关设备系统必须封锁。测量时至少有两人同时工作，指挥人员手势正确明了。台上人员严格按台下人员的指令动作操作有关设备。对出口采用放射源工作的测厚仪、测宽仪等在"发射源工作"状态下时，任何人不准到测量区域工作或行走。临时停车、工作辊换辊、检查或到测量区工作时，必须联系停掉发射源，并确认处于"关掉"状态，方可允许通过危险区。

⑤正常生产时禁止跨越轧线，尤其是精轧机后的辊道。

⑥地下室、液压站、稀油站等易燃易爆区域禁止动火，检修动火须办理危险作业审批，落实相应的防火措施。

（4）钢管轧制的安全技术。

1）钢管轧机设备：穿孔机、轧管机、定径机、均整机和减径机等。

2）热轧无缝钢管生产过程中常见事故：运动中设备的机械伤害、运动中轧件等的物体打击、高温轧件的灼烫、起重伤害等。

3）相应的安全防护：

①更换顶头、顶杆和芯棒，应采用手动直接操作。

②作业前要检查确认穿孔机、轧管机、定径机、均整机和减径机等主要设备与相应的辅助设备之间电气安全联锁是否完全可靠，各传动部件处各类防护措施是否完全可靠。

③开动穿孔机前要检查穿孔机顶头是否完好（有无塌鼻、压堆、裂纹等），如有损坏应及时更换。

④热装轧辊要戴上棉手套，以免烫伤。

⑤更换轧辊时应停机断电；调试过程中调整轧辊、导板、顶杆及受料槽等，要与操纵工做好安全确认工作，不应在设备运行时实施调整作业。

⑥穿孔、轧管、定径（减径）、均整时不得靠近轧件，防止钢管断裂和管尾飞甩及钢管冲出事故伤害。

⑦质检钢管时为手工挑选，要防止手指的挤压伤害。

（5）在线监测的安全技术。

1）在线监测的主要设备有测厚仪、凸度仪、测宽仪、测径仪。其主要原理是利用电离辐射进行测量和检测，故常见事故是电离辐射等。

2）相应的安全防护：

①无关人员一律不得进入工作区，非岗位人员和工作人员未经同意免入。

②测厚仪工作、停止与关闭状态有醒目的标志，在"发射源工作"状态下，不准到测量区域工作或行走。

③临时停车、工作辊换辊、轧机在检查或到测量区工作时，必须联系停掉发射源，并确认处于"关掉"状态方可允许通过危险区。

④较长时间的停车，如检修等，发射源由测量部门人员在测量房关闭安全开关，关闭的期限（日、时、起止时间）应通知有关人员。

⑤测量仪检修，需要发射源打开时，自行封闭危险区。

6.2.2　精整作业安全技术

（1）锯切的安全技术。

1）锯切常见事故：复杂断面型钢轧制后需按定尺进行锯切。锯切生产过程中常见事故有高速运行设备机械伤害、高温型材灼烫、锯切过程中飞溅锯花伤害、锯片爆裂飞溅伤害等。

2）相应的安全防护：

①热锯机启动前先检查确认各类旋转部件安装防护罩是否完好，检查锯片有无裂缝，尤其是锯片须安装强度可靠的钢板防护罩，以防锯片爆裂时发生飞溅伤害。

②正常生产时地面操作人员不得站立于锯片的正前方，以防锯花飞溅和锯片爆裂伤害。锯切不能超过额定的钢材支数。

③锯切时必须待型钢停稳后方可进锯。锯切时不得送钢，以免撞击锯片发生碎裂事故。

④更换锯片必须待锯片完全停稳后方可进行，高速运行的锯片不得用刚性物件止停，只能用木材等摩擦止停。

⑤锯片有锋利刃口，故搬运时必须戴好手套，吊运锯片必须使用专用吊索具。

（2）剪切的安全技术。

1）剪切常见事故：棒材轧制后需进行剪切工序，目前大多采用液压剪切机。剪切生产过程中常见事故有高速运行设备机械伤害、高温型材灼烫、物体打击及油类燃烧爆炸等。

2）相应的安全防护：

①操作前先熟悉剪切机安全使用说明和操作规程，操作时与地面人员落实安全确认。

②启动前检查确认各类安全防护措施是否安全可靠。

③对剪切机进行检修、调整以及在安装、调整、拆卸和更换刀片时，应在机床断开能源（电、气、液）、液压系统卸压、机床停止运转的情况下进行，并应在刀架下放上垫块或插上安全销。

④擦拭设备、清理垃圾必须停机断电。

⑤液压系统检修、动火，必须停泵并卸压，办理审批手续，落实清洗、隔离等防火措施。

（3）矫直的安全技术。

1）矫直常见事故：型材冷却后有不同程度变形，故需进行矫直工序。矫直机分压力矫直机、辊式矫直机等，生产过程中常见事故有高速运行设备机械伤害、物体打击等。

2）相应的安全防护：

①操作前先熟悉矫直机安全使用说明和操作规程，操作时要与地面人员落实安全确认。

②启动前检查确认各类安全防护措施是否安全可靠。

③更换矫直辊要选用合适的吊索具，捆绑牢固，吊放平稳。

④送钢时要保持一定的安全距离，要用钩子去拉钢，不得用手直接接触钢材，以免弯钢摇摆造成伤害。

⑤液压系统检修处理必须停泵并卸压，动火作业须办理动火作业审批手续并落实相应的防火措施。

（4）钢轨钻铣的安全技术。

1）钢轨钻铣的常见事故：钢轨因工艺要求需进行头部钻铣工序。钻铣生产过程中常见事故有高速运行机床机械伤害、物体打击、液压系统燃烧爆炸等。

2）相应的安全防护：

①操作前先熟悉钻铣床安全使用说明和操作规程，操作时要与其他人员落实安全确认。

②使用砂轮机磨钻头和刀片时必须戴好防护眼镜，以免砂屑伤眼。

③拆装刀片和钻头及处理故障时必须停机断电，送钢时要做好相互间的确认。

④操作钻铣床时不得戴手套。

⑤清理钻屑要停机，并用专用工具操作，不得用手直接清理铁屑，以免割伤或被机械卷入伤害。

⑥液压系统检修处理必须停泵并卸压，动火作业须办理动火作业审批手续并落实相应的防火措施。

（5）卷取/运输作业的安全技术。

1）卷取/运输作业常见事故：线材、板卷轧制后需进行卷取工序。卷取/运输作业过程中常见事故有高速运行机床机械伤害、物体打击、液压系统燃烧爆炸等。

2）相应的安全防护：

①操作前先熟悉卷取机安全使用说明和操作规程，操作时要与地面人员落实安全确认。检查设备运转情况，必须通知台上操作人员，说明去向情况。

②处理废品时，现场必须有专人指挥、专人监护。在堆钢辊道上穿钢绳或切割废品时，必须先切断相应辊道组的驱动电源。

③处理和吊运卷取机内的废钢时，卷取机周围所有人员必须撤离至安全区。

④启动运输链及步进梁系统设备，应先确认运输链及步进梁系统区域无人工作。启动

后，运输链及步进梁附近不准有人停留，以免翻卷伤人。

⑤运输链及步进梁运转时不准跨越。

⑥进入卷取机内作业时，必须将所有卷取机的上张力辊落下，活门关闭，上导板辊台上升，成型辊打到最大限位，插上安全销。

⑦液压系统检修处理必须停泵并卸压，动火作业须办理动火作业审批手续并落实相应的防火措施。

6.2.3　冷轧安全技术

冷轧是在常温状态下，通过轧机设备对轧制钢材进行冷态加工形成最终产品，获得合适硬度、强度、塑性等力学性能，改善产品平直度、光洁度等使用性能。冷轧产品不仅有性能指标的严格要求，同时还有非常严格（如汽车板表面零缺陷交货）的表面质量要求。冷轧是轧钢企业中，生产工艺最为复杂、控制技术最为先进、危害因素最难识别的轧钢工序。高科技、高精度、高速度、高质量代表了冷轧的发展方向，构成了冷轧设备技术的特点，也预示了安全技术的科技特点。

6.2.3.1　冷轧工艺

冷轧是以热轧板带为原料，经过酸洗处理后，在常温状态下进行生产。而热镀锌板卷、电镀锌板卷、电镀锡板卷、复合板卷、彩色涂层钢等则是以冷轧带钢为原料，经镀层与涂层深加工得到的特殊用途的产品。

冷轧生产涉及的工艺燃料、辅料和动力能源介质与热轧相比较，主要是辅料和动力能源介质的种类有所增加，这也是影响冷轧安全生产的一个重要方面。

工艺燃料：除电加热外，冷轧生产半成品和成品退火使用的燃料多数是煤气，有的是天然气或石油液化气。

辅料：一是酸洗、盐浴、热处理等用的硫酸、盐酸、硝酸、氢氟酸以及工业盐酸等化工物料；二是冷轧、修磨、液压、润滑、脱脂等专用的轧制油、乳化液、修磨液、液压油、润滑脂以及脱脂液等油脂物料；三是镀层、涂层、彩板生产等使用的锌、锡等金属材料和聚酯、塑料等化学溶胶；四是机械除鳞、修磨、抛光、卷取、堆积、防锈、包装等使用的钢砂、修磨带、抛光轮、工艺纸、包装箱、打包带等精整或深加工用辅助物料。

动力能源介质：包括一些加热、退火工艺（如光亮炉）使用的氢、氮等保护气体；一些特种钢材在连续生产线上焊接用的氩气、二氧化碳等气体。

6.2.3.2　冷轧生产中常见事故

基于冷轧生产的工艺、设备特点和动力能源介质与原料、辅料、燃料类型，冷轧生产几乎囊括冶金工厂常见的各类危险、有害因素和伤害事故。相对于冶炼、热轧等前部工序，冷轧还有其独特之处。冷轧生产中，如高处坠落、触电、灼伤、电磁、高低温、振动及噪声等类同冶金工厂常见的各类危险、有害因素和伤害事故，前面各章节已有叙述，此处不再赘述，除此之外还主要包括以下几个方面。

（1）火灾。

1）炉窑炉压突高，炉口喷火，煤气、油气储存和输送设施泄漏失火。

2）用氢气做保护气体的热处理炉进出口密封失效，氢气溢出失火。

3）盐浴炉、油淬火炉装入料潮湿产生高温炉液、炉油等喷溅引燃。

4）轧制油、修磨油、液压油、润滑油等油库、管沟区域用火失控。

5）变、配、用电设施使用不当、失修老化等产生放炮起火。

6）涂层、彩板使用的聚酯、塑料等化学溶胶的存储、使用不当失火。

7）积坑、地沟、下水管道等位置的废纸、纱絮，因火星失控引发火灾。

（2）爆炸。

1）煤气炉窑的点火、配气、燃烧、停炉等操作不当产生的回火爆炸。

2）用氢炉窑的氧含量、露点过限，或炉压失控而应急不当产生的爆炸。

3）水冷件缺水、堵塞，或配风配气的泄爆装置不动作产生的炉件爆炸。

4）煤气、煤尘、油雾等在半封闭空间达到爆炸极限，遇明火发生爆炸。

5）各类压力容器和管道的安全阀失效导致容器超压爆炸。

6）高压气瓶、液化气瓶及附件在运输、使用中破损产生气瓶爆炸。

7）热镀设备周围有水、工具及物料带水或液面过高，漏锌发生爆炸。

8）变压器、开关盘柜、高压电缆或高压电气故障产生燃爆及"放炮"。

（3）中毒。

1）使用、输送煤气的设施泄漏发生煤气中毒。

2）排放、泄漏处理酸、碱等不当，发生化学反应产生毒害气体引起中毒。

3）封闭或半封闭的水池、地沟、水井等场所产生的硫化氢气体引起中毒。

4）氰、砷、汞化合物等检验用有毒试剂存取、使用不当引起中毒。

（4）窒息。

1）进入含氮气、氢气的设施未进行彻底吹扫、置换，缺氧产生窒息事故。

2）使用的二氧化碳气体泄漏，进入相对封闭空间并积聚产生窒息事故。

3）进入球罐、炉窑等空间，吹扫、置换、通风不良等导致缺氧产生窒息事故。

（5）机械伤害。

1）在轧机、送料辊等入口侧作业不当造成肢体被成对的辊子咬入碾轧。

2）在卷取机、托辊等入口侧作业不当造成肢体被带钢卷进缠绕。

3）在链运机、活套等运动部件上作业，肢体被链条、牵引绳绞入撕拉。

4）在横切剪、废料剪等运动部件下处理故障不当造成肢体被剪切离断。

5）在狭小空间作业不当被突然推进或升降的运动物体造成肢体挤伤。

6）钢卷或成捆成垛钢材塌落、滚动、散包或"抹牌"造成肢体受碾压。

7）作业中冲头、压下、导板等装置失控，造成接触人员肢体受砸击。

8）某些钢种带钢、型钢等生产中产生的飞边、裂片等造成肢体受击打。

9）高速过钢的钢管头、钢筋头失控和人员站位不当造成肢体被刺戳。

10）在钢丝生产中接触钢丝不用工具或手套，手指不慎被毛刺划破。

11）打包机穿带或拉紧操作人员配合失误，造成手指被夹挤划伤。

12）作业场地有水有油、光线缺失、坑洼不平等造成人员砸伤或摔伤。

（6）起重伤害。

1）钢卷或线盘 C 形钩、立卷吊具等使用、维护不当，造成吊运中坠物。

2）捆带强度不够突然断裂，或打捆不当造成吊物在吊运中"散包"。

3）穿带或断带处理中使用行车辅助作业不当，造成料头或绳索头甩出。

4）罩式炉内外罩、轧机辊组等大型工具吊落太猛、移动晃动造成的挤撞。

5）在吊出单件时成排、成垛的钢卷、盘条等失稳产生的混动、塌落。

（7）化学性危害。

1）酸洗工艺中的酸雾收集、处理不良，易造成接触人员的吸入伤害。

2）某些除鳞液、脱脂液、清洗液逸散气体易造成接触人员的吸入伤害。

3）某些磷化、钝化、涂胶溶剂等逸散气体易造成接触人员的吸入伤害。

4）铅浴炉盖、覆盖剂，通风和个体防护不良，易造成人员的吸入伤害。

5）装卸、加注酸碱操作防护不当，溅出液体易造成人员的接触伤害。

6）酸洗设备、管道维修不良，跑冒滴漏的酸液易造成人员的接触伤害。

7）酸槽、盐浴炉上物料装卸失误，溅起液体易造成人员的接触伤害。

8）液氨瓶嘴阀或氨分解装置泄漏，氨液易造成人员的接触伤害。

9）进入酸碱装置未采取排空、冲洗等防护措施，易造成人员的吸入伤害。

（8）粉尘危害。

1）直接用煤粉炉窑炉压控制、烟尘和炉渣处理不当，易造成粉尘危害。

2）喷丸和喷砂设施密封耗损、回收和除尘装置不良等，易造成粉尘危害。

3）机械除鳞设施密封和除尘装置不良，铁鳞处理不当，易造成粉尘危害。

（9）放射性危害。

1）测厚仪、板型仪等隔离和屏蔽措施失控，易造成人员的放射性伤害。

2）射线型料位、液位计隔离和屏蔽措施失控，易造成人员的放射性伤害。

6.2.3.3　冷轧生产的安全防护

冷轧安全生产技术除了与机电安全通用技术、冶炼及热轧等其他工艺有相同之处外，还有自己独特的要求。

（1）防火。

1）对油库、主电室、电缆隧道等重点部位要规范操作管理和定置管理，严格巡检及动火管理；大型机组要有火灾探测、报警及自动灭火装置。

2）强化煤、煤气、液化石油气等的储存、传输和使用管理。大型储煤槽、储油罐、储气柜要有火灾探测、报警和安全联锁装置。

3）用氢气做保护气体的退火炉要保证炉体和炉口密封，严格炉压控制，特殊的部位要设置火灾监测、报警、联锁和自动灭火装置。

4）冷弯型钢、冷轧（拔）等用油淬火、回火工艺的熔融炉窑要有温度、火焰监控及安全联锁。冷却部位要有防止冷却水倒流措施。

5）轧机、修磨机等抽油雾装置，地下油库、液压站等通风换气装置的控制应与火灾自动报警、灭火装置有安全联锁装置。

6）涂镀、彩板等生产车间必须独立设置，应保证防火间距、消防通道和应急器材。必须有良好的接地保护、强制通风和消防措施。涂镀、彩板等生产工艺中使用的溶剂、树脂液、黏合剂等应集中统一配置，要采取相应的安全防范措施和消防应急手段。

7) 供排油系统要有压力显示、泄压保护和安全联锁设施，重要的地下油库、管廊设置火灾监测、报警和自动灭火装置。

8) 保证变压器用油、开关灭弧、变配电柜和电缆、用电装置等的电器防护措施。重要部位设置火灾监测、报警、联锁和自动灭火装置。

9) 冷轧工厂的现场和地下积坑、管廊、地沟、下水管道等处的废纸、废布和油脂等易燃物要及时清理。动火与焊割前要确认无隐患，加强监护。

10) 保持消防安全通道畅通，保持现场油脂、化工稀料、垫纸及垃圾等易燃物料定量定置管理有效，实施严格的现场禁烟制度。

（2）防爆。

1) 煤气、燃气及易燃易爆溶剂存在区域要有明确的划分和告知标志。厂房建筑要符合防火防爆等级，使用防爆电气和照明设施必须符合规范。

2) 炉窑要规范点火、升温、降温、停炉及事故应急操作，严格控制炉温与炉压，防止炉温过高塌炉和炉压失控回火炸炉。

3) 热处理炉用供气、供油主管网要有低压监测、报警和安全联锁；加热设备、引风机、鼓风机之间应设置风压监测、安全联锁和泄爆装置。

4) 炉窑烧嘴中途断火的处理、煤气燃气设备设施及附件等的故障处理，要严格按规范执行确认、关气等安全措施。

5) 有水冷壁、水梁等水冷件的炉窑应配置安全水源并保证水质、水温、水压等测量及报警装置。

6) 氢气做保护气体的退火炉要严格控制炉压及炉气含氧量和露点，要设置自动在线监测、报警和安全联锁及泄爆装置，保证有应急充氮设施。

7) 压力容器和压力管道要严格按规范使用，压力表、安全阀要定期校验。气瓶要固定，安全附件要齐全。

8) 热镀设备和接触镀液的工具以及投入镀液中的物料，应预热干燥。锌锅内的液面要严格控制与上沿的距离。热镀设备周围不得有积水。

9) 高压电动机、变压器、开关盘柜和无功补偿装置等要按额定要求使用和定期整理调校；严防超载使用和违章操作造成电气"燃爆"。

（3）防中毒。

1) 规范酸、碱、盐等化学物料的装卸、储存和使用，防止处理不当发生化学反应产生毒害气体。严禁乱用不同酸、碱种类的储槽、储罐。

2) 进入水处理池、地沟、下水井等要保证通风换气和现场监护，对硫化氢等有毒有害气体检测合格后方可入内作业。

3) 严格执行检验中氰、砷、汞化合物等有毒试剂的存取、使用等管理，严防丢失、扩散引发中毒事件。

（4）防窒息。

1) 进入氮气、氢气、二氧化碳的设施要对气源进行可靠切断，要用空气吹扫置换，检测含氧量合格方可进入作业。

2) 进入球罐、炉窑等密封或半密封空间，要保证吹扫、置换、通风手段，在检测含氧量合格情况下方可进入作业。

（5）防机械伤害。

1）在轧机、矫直机、送料辊、刷洗辊、挤干辊等入口侧作业，禁止手脚等接触转动辊子的咬入部位。

2）禁止不停车在卷取机、收线架、废边卷、转向辊、张力辊、托辊等入口侧作业处理带钢、线材、钢丝、废边角料等跑偏、黏料、缠丝等作业。

3）不得在链式运料机、活套塔、打包机等运动部位跨越、停留或作业；作业、巡检等过程中肢体不得靠近链条、牵引绳、钢带边。

4）在横切剪、纵切剪、碎边剪、废料剪等机械上处理故障必须停车，并且采用可靠的定位装置固定住剪切部位后方可进行。

5）在不能停机的情况下要到狭小空间工作，必须事先三确认：一确认运动件方向；二确认自己不会被挤；三确认能与外界保持联系。

6）钢卷或成捆、成垛钢材的移动、装卸、堆放时，要保证捆绑牢靠、环境无障碍及人员安全，放置位置平整或有卷架、挡铁。

7）对未退火的冷轧钢卷打捆带或开捆带中必须使用压辊压住带头，要选用强度有保证的钢捆带、卡具。人员站位要回避钢卷头甩出方向。

8）在型钢冷弯、冲压、矫平及冷轧钢管、钢筋矫直等作业中，站位要保持安全距离。禁止不停机接触冲头、压下、导板等装置。

9）要对某些钢种在冷轧、冷冲压等工艺过程中易产生的飞边、裂片有事先认识，避免接近设备周边；有条件的可设置挡板或护网。

10）在过钢速度较高的冷轧钢管、冷轧直钢筋生产中，作业人员不得站立于管头、钢筋头运行路线的前方。

11）钢丝在拉模、牵引机、导轮等各运行部位中，禁止作业人员徒手接触钢丝。处理异常必须停机。

12）在自动打包机穿钢、捆带或拉紧过程中，作业人员不得接近设备，禁止用手脚或工具接触钢捆带。

13）作业场地要平整，光照适度，及时清理积水和油污；在油库、液压站、润滑站等用油脂的设备设施上下梯、台时，人员要注意行走安全。

（6）防化学伤害。

1）保持酸洗设备的酸雾处理或废气排放装置处于有效状态，环境通风换气正常，作业人员做好个人防护。

2）使用某些除鳞液、脱脂液、清洗液等化工物料的装置要保持密封有效，环境通风换气正常，作业人员做好个人防护。

3）涂层、镀层、彩板工艺用的磷化、钝化、涂胶、涂色溶剂等在工艺装置中要保证密封有效，环境通风换气正常，作业人员做好个人防护。

4）使用铅浴炉热处理钢丝的工艺，要保证炉盖密封有效，覆盖剂充足，环境通风换气正常，作业人员做好个人防护。

5）装卸、加注、加热工艺用酸、碱、盐的作业人员要使用带面具的头盔、防酸碱的手套和工作服，要保持与加注管头的安全距离。

6）加强酸罐、酸管道阀门和酸加热装置等的检查维修，及时处理跑冒滴漏，作业人员做好个人防护。

7）冷轧钢管、冷弯型材或拉拔钢丝等在酸液槽、盐浴炉等进行处理时，要严格捆绑、吊运、装卸操作，保证物件轻入慢出，防止飞溅。

8）装卸液氨瓶要防止碰撞瓶口阀。使用氨分解制氢、氮保护气体的装置，要保证设备的严密性，要规范氨分解气化的操作。

9）酸、碱化工装置在入内检查、清理废渣、动火修理等作业时，必须按规范进行排空、冲洗，并采取防护及专人监护措施。

（7）防粉尘伤害。

1）直接使用煤粉做燃料的加热炉要控制炉压为微正压，保证抽尘和炉渣装置有效，通风换气正常，人员要做好个人防护。

2）喷丸、喷砂方式除鳞设施，要保证密封、丸粒回收和除尘装置有效，通风换气正常，人员要做好个人防护。

3）机械方式除铁鳞设施，要保证密封、除尘和铁鳞处理装置有效，通风换气正常，人员要做好个人防护。

（8）防放射性危害。

1）测厚仪、板型仪等装置的隔离和屏蔽措施必须牢固有效，周边有安全警示牌和禁止靠近的措施。非专业人员严禁接触设备。

2）射线型的料位、液位控制装置的隔离和屏蔽措施必须牢固有效，周边有安全警示牌和禁止靠近的措施。非专业人员严禁接触设备。

6.2.3.4 平整分卷的安全防护

（1）设备启动前，要确认设备周围、沟坑无人，方可启动。

（2）在步进梁上做捆带切除时，必须注意站位，防止卷尾弹开伤人，上料步进梁启动前，必须确认天车夹具已离开钢卷。不得跨越带钢、辊道、步进梁。

（3）不得用手直接触摸钢卷，避免烫伤。处理异常卷时注意自身站位，避免钢卷外圈伤人。

（4）测量原料参数时，要注意自身站位，待步进梁静止时才能进行测量。

（5）处理检查矫直辊、张力辊时，必须在上、下辊间垫木头，需要更换相关件时，也必须停止本设备液压系统并卸压。

（6）进入地沟作业必须两人以上，加强联系确认，设立警示标志或派专人监护。处理作业线上的异常情况或进行带钢分离作业时，必须全线停机，专人监护。

6.3 轧钢生产事故案例分析

6.3.1 热轧生产事故案例分析

6.3.1.1 手臂被绞事故

事故经过：3月12日21时某钢轧总厂线棒分厂更换12架轧机导卫，并于21时03分

27 秒发出停机指令。根据事先安排，二级作业长陈某、轧钢工甘某换 12 架出口导卫，主操蒋某、轧钢工郑某更换 12 架进口导卫。4 人在 3 号台发出停机指令后，在轧机还处于自转的情况下就上去准备操作。21 时 04 分郑某走到轧机旁不慎一脚踏空，身体前倾，双手本能地往前一趴，寻找支撑点，不慎右手臂被尚处于自转状态的轧机绞入。郑某连忙呼叫，经过现场工友 20 多分钟的施救，郑某的右手臂从轧机内抽出。由于伤情严重，郑某的右小臂被截肢。

事故原因：郑某在轧机未完全停稳仍处于自转的状态下，就走到轧机旁准备作业，并且行走时注意力不集中，一脚踏空，导致右手被轧机绞入，是这起事故的直接原因和主要原因。线材轧钢作业区安全管理不到位，对职工安全教育不严，对违章作业现象制止不力，是事故发生的间接原因。

6.3.1.2　钢尾跑出打飞护板致死事故

事故经过：2007 年 1 月 28 日，某钢厂公司二钢轧厂二高线丙班接班后停车进行检查，换精轧机导卫和轧辊。2 时 40 分，精轧机成品辊换辊 20min 左右后开车过钢。大约 3 时 44 分，在第 5 次过钢时，张某站在精轧机地面站前观察 2 号卡断剪运行情况，刘某站在距精轧机北侧 6m 处工具箱东数第一个门处，轧机过钢后从吐丝机吐出若干圈后废品箱堆钢，张某按下地面站面板上的 2 号卡断剪按钮卡钢，看到大约 3000mm×8mm 螺纹钢从 25 号精轧机北侧的挡板处撞开飞出，同时飞出两个红色的钢头打在刘某颈部右侧主动脉处而导致刘某死亡。

事故原因：在轧钢过程中，由于废品箱堆钢造成钢尾从导卫和导管间隙处跑出，将护板打飞，钢尾断头打在刘某颈部右侧主动脉处，是造成该起事故的直接原因。主要原因有，在安装护板时焊点少，焊接不牢固，抗冲击力不够，同时无相关安全防护装置；设备使用过程中，检查、维护工作不到位，对护板大的隐患没有及时发现和排除；车间安全管理中，监督检查不力，规章制度落实不够，安全管理不严格；职工安全教育不够，安全意识差，技术素质低等。

6.3.1.3　违规使用自制吊索具挂钩脱落致人员伤亡事故

事故经过：2006 年 4 月 3 日上午 10 时左右，某钢铁有限公司连轧分厂精整工段旋转臂 A 区，维修钳工高某、米某，遵照班组长的安排，抢修精整工段旋转臂 A 区北头第一块盖板下方传动链条。高某与米某用自制的丁字形挂钩，分别拴在盖板东南角和西北角两处，将盖板吊起并平移至靠北头第二块盖板上方，然后高某和米某分别下至链条故障部位检修链条，此时吊装旋转臂盖板的东南角丁字形挂钩突然意外脱落，导致盖板飞快斜向撞击到高某头部而导致死亡。

事故原因：直接原因是当班操作人员未经领导同意，违规使用设计不当、结构不合安全规范的自制丁字形挂钩，挂钩脱落导致。主要原因是公司对检修作业、吊装作业的安全管理制度不健全，职工无章可循和作业场地狭窄等。间接原因是吊装作业劳动组织不合理，作业现场指挥、索具检查人员职责不明确，致使吊装旋转臂改版的丁字形挂钩突然脱落和特殊工种作业人员无证上岗等。

6.3.1.4 带钢切断手指事故

事故经过：2010年1月3日凌晨3点40分，某钢铁公司轧钢厂一车间480轧机精轧调整工田某放卷时，发现带钢芯南侧有弯，就通知卷曲维护工孙某对卷取机进行调整。孙某独身上到机上对压簧调整，用扳手松开压簧备母螺丝时，螺丝掉落在卷取机进嘴处，孙某当时用左手去捡时，被轧制的带钢将左手大拇指切掉。

事故原因：孙某盲目进行卷曲机调整作业，当发现螺丝掉到卷取机进口时，没有对轧机生产情况进行确认，用手去捡掉落螺丝，违章作业是造成此次事故的直接原因。造成此次事故的主要原因有安全联保人安全意识薄弱，在孙某作业时没有起到安全监护作用；班长未履行安全职责，对职工日常安全教育不到位。

6.3.1.5 操作工盲目操作导致维修人员挤压致死事故

事故经过：2006年9月6日中班16：10左右，某集团型钢有限公司板带厂热轧车间按正常工作程序停机换辊，匡某、任某、岳某、高某4名作业人员，利用换辊时间更换精轧F6机架冷却水管，其中换水管计划30min。根据分工，任某与匡某配合，在F6的入口处导卫上方拆装水管法兰螺栓，岳某与高某配合，在机架内拆水管活结及管卡，大约10min左右卸完出来。匡某、任某在作业过程中扳手失手掉入F6入口导卫北侧下面，由于更换的管件不合适，匡某等人去找新管件，任某未打招呼就进入轧机后侧下方。17时左右，王某、周某观察F6入口导卫，未能发现有人作业，便操作入口导卫，入口导卫动作时将任某挤在导卫和机架牌坊之间，现场职工发现后及时组织现场抢救，并及时通知厂领导和主管部门，在生产现场采取必要的紧急抢救措施后，立即送医院抢救，经抢救无效死亡。事故经济损失约30万元。

事故原因：造成这起事故的直接原因，是任某在F6入口导卫北侧下面捡扳手时被启动的F6轧辊挤压致死。造成事故的间接原因，一是操作工王某、周某在操作F6入口导卫作业前，没有对与之相对应的停机操作牌进行安全确认，启动导卫进入轧机，违反了轧钢厂安全操作规程的规定；二是型钢板带厂热轧车间安全管理不到位，值班长在没有认真进行安全确认的情况下，发出操作指令，操作工周某对现场确认存在失误；三是型钢板带厂安全管理存在薄弱环节，对交叉作业缺乏有效的统一安全管理，对职工的安全教育培训力度不够，职工安全防护意识不强。

6.3.2 精整作业事故案例分析

事故经过：2004年3月20日上午7时，某紧固件厂带钢打卷机操作工谭某与杨某、秦某一起操作带钢打卷机。谭某在打卷机北端操作卷带，秦某在南端操作发料，杨某在该机中间负责操作。7时20分左右杨某去拉煤，回来后谭某已被打卷机的传动轴卷进。秦某听到有人说出事后立即去拉断总闸，看见谭某的衣服被传动轴缠住而导致死亡。

事故原因：直接原因是谭某忽视安全生产，操作时没有扣好工作服的扣子，衣角被传动轴卷进导致。间接原因是职工安全教育仅口头提醒，但没有制定岗位操作规程，职工在操作时无规可循和该厂设备传动部位没有设置防护装置。现场管理混乱、地面积水、杂物随地堆放是造成事故的又一原因。

6.3.3 冷轧生产事故案例分析

6.3.3.1 不停机处理设备故障导致的伤害事故

事故经过：1992 年 2 月 21 日，某冷轧厂原料酸洗工段机组甲班上夜班按时开班前会，对各岗位人员进行了分工。吴某负责开卷，接班后按照生产计划酸洗厚度为 3.5mm 的不锈钢板卷。约 4 时 30 分许，当准备第 17 个钢卷时，吴某发现链运机链条不能正常运转，随即报告班长陈某。陈某在检查中发现卷筒弧形垫块卡在链条和开卷机架之间，便找到一个长约 1.6m 的切条，自制成钩子，站在开卷机架东南侧钩垫块。这时吴某随后也到开卷机东北侧趴在开卷机架上，将头伸入开卷机架东侧挡板内观察，头部不慎被挤在卷筒胀缩缸和挡板之间而导致死亡。

事故原因：直接原因是陈某不停开卷机处理故障，违章作业，而吴某将头部直接伸入正在运转卷筒和机架挡板间观察导致挤伤。间接原因是开卷机卷筒垫块固定不牢，时有脱落问题。管理原因是安全培训教育不够，现场动态管理有漏洞，作业人员安全意识不强，自我防范能力较差，盲目冒险作业等。

6.3.3.2 横剪机挤伤手事故

事故经过：2008 年 2 月 22 日冷轧厂重卷机组丁班接班后，重卷机组生产第一卷时，由杨某和杜某配合进行取样，待取完两块样板后，准备正常过钢时带钢卡在 2 号横剪机入口，此时卷取工杨某在未使用工具并且没有明确的语言联络和手势的情况下，背对操作台用左手去搬动带钢进行穿带。这时另一名卷取工杜某，试图抬高横剪机剪刃，使带钢头抬起通过剪刃区域，但在启动剪刃前，没有通知杨某启动设备，私自按下横剪机按钮，造成杨某左手食指、中指、无名指被挤伤。

事故原因：直接原因是杨某在处理卡钢时没有使用专用工具，违反冷轧厂卷取工"严禁徒手触摸运行中的带钢和设备"的规定。主要原因是杜某在启动设备前，没有对在横剪机入口工作的杨某进行严格的安全确认，违反冷轧厂卷取工岗位安全操作规程。

6.3.3.3 违规用手调整运转设备致人身伤害事故

事故经过：2002 年 8 月 26 日 10 时 40 分，某钢铁公司轧钢厂精整车间副主任陈某在经过清洗机列时，发现从清洗箱出来一块板片（2mm×820mm×2080mm）倾斜卡住。陈某在没有通知主操纵手停机的情况下，将戴手套左手伸入挤水辊与清洗箱间空隙（约 350mm）调整倾斜板片。由于挤水辊在高速旋转，陈某左手被带入旋转挤水辊内，造成手部重伤。

事故原因：这是一起典型的由于违反安全操作规程而造成的事故。事故的原因是陈某在不停机状态下处理故障，并戴手套操作旋转设备；主操纵手工作不负责，未及时发现设备故障；同时，车间安全管理混乱，管理制度不完善，监督管理不严。

6.3.3.4 违规进入开卷机行程导致的人员伤害事故

事故经过：2006 年 10 月 28 日，某不锈冷轧厂精整工段 1 号纵切机组丙班上白班。班前会上进行了分工，班长杨某负责头部上料、记录工刘某负责带领新工人郝某做生产记录、任某在尾部负责卷取、张某在机组下部负责废边卷取。接班后，按照计划先剪切1.0mm、0.7mm厚度不锈钢卷各一个，9时45分剪切完毕。9时50分许，开始剪切0.5mm钢卷，开卷后钢带头停滞在矫直机入口过不去，反复几次，钢带均在导料舌板处下垂没有穿入矫直机。刘某从记录台上下到头部开卷小车地沟，用手托起下垂的钢带，对杨某说："穿吧"。杨某说："你慢点"。然后操作卷筒向前开关，同时操作导料舌板（当时导料舌板处在高位）下降，下落的导料舌板将站在开卷小车地沟里的刘某的头部挤在舌板与机架之间，刘某随后摔倒。杨某立即停机，跑到开卷小车地沟抱住刘某并喊人，闻讯赶到的郝某立即拨打急救中心电话，随后杨某安排在场人员报告调度和工段领导，并将刘某抬到车间门口，工段及厂领导迅速赶到事故现场将刘某送医院急救中心抢救，抢救无效，于11时15分死亡。

事故原因：造成事故的直接原因，是刘某在作业过程中，违反作业标准，下到开卷机地沟舌板行程范围内，被下降的舌板挤伤头部。造成事故的间接原因：一是班长杨某，未制止刘某的违章行为，且继续操作舌板下降，导致刘某头部被挤伤；二是现场安全管理存在漏洞，操作标准及管理制度落实不到位；三是冷轧厂对职工安全教育和培训不到位，职工安全意识淡薄和自我防护意识差，违章作业导致事故。

6.4 轧钢岗位安全技术规程

轧钢岗位安全规程主要包括岗位安全规程总则、棒线加热炉区、棒线轧机区、棒材精整区等其他岗位安全规程。以下仅对主要岗位进行讲述。

（1）轧钢岗位安全通则。

1）全体职工必须认真执行国家有关安全生产方针和国家劳动保护法令、政策及公司的安全规程。

2）遵守厂部或车间各项安全规定，工作前按规定穿戴好劳动保护用品。正确、熟练使用防护器材。

3）上班前要休息好，严禁班前班中饮酒。

4）在厂内外通道上，要遵守交通规则，注意来往车辆，不超速，不抢道，不撞红灯、红旗，不钻道杆。通过道口时，做到一停、二看、三通过。

5）骑车或步行要看清路面，注意沟桥和障碍物。禁止脚踏碎铁烂木，防扎伤。

6）工作时要精力集中，不准嬉戏、打闹，不准脱串岗，不准从事与本职工作无关的事，不准操作其他岗位设备。

7）在铁路轨道两旁堆放的原料，各种物品，距离铁路轨道要求1.5m以外，龙门吊轨道要求距离是1m以外，厂内公路两旁堆放物品要求离路边0.8m以外。要保证公路清洁、畅通，凡在铁路、龙门吊轨道、厂内公路两旁堆放物品、原料时，必须码放和堆放平稳、坚固，防止散堆。

8）职工及其他人员对挂有"严禁牌"标志的机电设备及开关部位，都不许动用和操作，需要操作时，要找直接的有关人员联系确保安全方可操作。

9）安全电压有36V、24V、12V、6V，从事临时工作需要活动照明时，宜采用安全电压照明灯，其电压不大于 36V。如采用低压照明时，要在电工的安装指导下工作，在使用时要做到细检查防漏电，在金属容器内，潮湿处其电压不能大于 12V。

10）到生产岗位参加劳动的非岗位职工，工作前都要学习好本岗位的安全规程，按规程要求从事工作。

11）出了人身轻伤事故，要在下班 4h 内，报告给安全人员和相关部室及部领导，24h 内写出事故报告并上报。对死亡事故、重大人身或设备事故、险肇事故，要在保护好现场的同时，用最快的速度和方法，将情况上报上级有关管理机构、公司领导和有关部门、处、室，对事故要坚持"四不放过"原则。

12）职工在工作时间内，不得随意进入配电箱、变电室、主电室、主控台闲谈和休息。更不得靠近电磁站、电阻箱、变压器。

13）生产职工在班中清扫场地，禁止向电气设备、电源线管路等喷洒水，不得向设备基础边扫脏土杂物，脏土杂物一律运到指定地点。

14）对使用电扇类轻型电动运转设备，需要挪动时要停止运转。在运转的部位近处不得搭衣服和其他物件，人身不能靠近。

15）每个职工对厂内，车间内外明露的电源线头，不得动用和处理，要及时找电工维修，尤其发现有电的断线头，要有人看守并快速通知电工处理。

16）乙炔瓶和氧气瓶的安全距离是 5m，10m 以内不得有明火，非电气焊、气割工不得随意动用，任何人不得用氧气带管当做打气工具，给各种车的内胎打气。

17）对手持电动工具进行工作时必须安装漏电保护器。

18）2m 以上的作业为高空作业，要遵守高空作业规定，使用安全带、安全绳、安全网。要将防护用品穿戴整齐合体，防护鞋要适合作业要求，不准穿防滑不好的鞋，监护好现场、避免物体掉下来伤人，需要扔物体时上下人员要联系好，保证安全，遇到 6 级以上大风、雨天等严禁从事高空作业。

19）职工都要遵章作业，遵守技术操作规程，不懂规程不准操作，不得蛮干。

20）一切高低压电设备都必须有良好性能的防雷和接地线防护设施，机械设备要有可靠的接地防护，要按时检查和试验，接地电阻不大于 4Ω。

21）女工在戴安全帽时，头发需扣在帽子内。从事高温作业人员，在岗位操作时，不许脱工作服、赤胳臂和卷起裤腿进行操作。

22）机械设备明露、转动、防触电部分都要有牢固的安全防护罩及醒目的安全标志，要有检查维修制度，对擅自拆卸掉或损坏安全防护装置的要追查责任。

23）在从事由领导指派进行非本工种的工作时，要安排专人负责安全工作，其他人员要服从指挥、防止发生设备和人身事故。

24）车间内外生产场地要保持清洁，每班进行认真接班，道路要畅通，要留出消防通道，各种坑、沟、井池要设有盖板或栏杆。

25）凡进入岗位的人员必须经过三级安全教育，考试合格后方能上岗。

（2）起重工岗位安全规程。

1）遵守厂部或车间各项安全规定，工作前按规定穿戴好劳动保护用品。正确、熟练使用防护器材。

2）使用天车人员指挥手势必须明确，指挥手势如下：天车吊钩上起时，手掌向上摆动，下落时手掌向下摆动，天车向左行走时手掌向左摆动，向右行走时手掌向右摆动，移动天车上小车时随行走方向摆动手势，停止时双手高举伸掌表示。

3）熟悉钢丝绳安全负荷规定和拴绳吊运的角度负荷量，并严格遵守执行。

4）使用滑轮吊拉物体时，吊钩上必须设有防脱钩环，以防吊物脱钩造成事故。

5）在吊起重大工作物件时，必须使之稳定妥当后，或与其他物体连接紧固，方可将吊钩卸下，以保安全。

6）天车不能超负荷使用，吊物行走时，不能从人身、设备和建筑物上方通过，要警铃长鸣，严禁用皮带、铁丝当钢丝绳使用，严格执行"十吊"、"十不吊"。

7）起重所用的钢丝绳接近电线时，特别是高压线等，必须将该线路电源切断。

8）当发现吊起的物体有损坏或不良现象时，绝对不准在悬吊中进行核准或修理，以防骤然下落造成重大事故。

9）安装和拆除重大物体时，应随着安装或拆除情况，在下边放枕木垫上，使其充分牢固，吊运中工具折断时，能够支持物体重量，不致发生重大事故。

10）吊重大物品时要根据物体重量来使用钢丝绳扣，不准用麻绳及其他棕绳。

11）在其他车间工作时，事先要与该车间负责人取得联系，然后再进行工作。

12）必须熟悉每件起重工具安全负荷，不准超过起重负荷工具。必须执行起重钢丝绳的选用、维护和检查规程。

13）危险作业岗位，在其周围应有明显标志，或用绳子围栏隔离。预知有危险时，必须告诉全体人员注意。

14）工作前要检查工具、机具、吊具，确保一切用具安全可靠，发现问题及时处理。

（3）高空作业岗位安全规程。

1）高处作业时，下边不准作业、行人，必要时上、下联系好，上、下之间设防护板（网）。作业人员禁止穿高跟鞋、鞋底带有油污的工作鞋从事高空作业。

2）高处作业时，使用的工具和材料要用线索传递，不准上、下随便乱扔。

3）高空作业上面不准存料过多，暂不用的材料用绳子拴好放妥当，以免振动或风吹落下伤人，下班时剩余材料、工具必须拿下来。

4）高空作业者要身体强壮，遇有下列情况禁止登高作业：大病初愈、精神疲倦、高血压、心脏病、头晕等。

5）上高前，必须检查一下脚手架，登高梯子是否符合安全要求，禁止使用钉子的梯子及缺层的梯子，梯子下角必须有防滑装置或用人扶着，一个梯子禁止两人同时上下。

6）高空作业时必须注意高压明线及其他电线、电气设备，如有不当，找电工处理后再工作。

7）露天高空作业时，超过6级大风应停止工作。

8）高空作业人员必须系好安全带，携带工具袋，使用前必须严格检查，确认安全无误方可使用。

（4）装钢工岗位安全规程。

1）热装辊道区域内非检修人员禁止在辊道沟内停留行走，禁止跨越热装辊道。

2）提升链及下钢辊道以及旋转辊道在正常运行时，距设备2m以内不得停留、跨越。

3）操作人员、岗位工在操作室、作业现场作业时，要站在设备护栏外侧，不得进入禁止区域。

4）检修时，严格按安全规程实施，检修后要恢复设备的安全护栏、轮子护罩和防护盖。

5）保持夜间区域内的照明正常，出现照明故障要及时处理恢复正常。

6）配电室、操作室严禁吸烟和外人随便进入，必须执行门禁登记制度。

7）指挥天车将钢坯落放在台架上，严禁天车碰砸拨爪。台架上钢坯要摆放整齐，禁止叠放。上料工必须等天车走了之后才能检查钢坯质量。

8）由上料台架往辊道上拨钢和由剔出装置剔钢时，辊道对面不允许站人。

9）在天车吊运剔出收集框里的钢坯时，不许启动剔出装置。

10）上料辊道启动前，辊道旁必须无人，行人一律走过桥。

11）操作设备出故障时必须通知有关部门，由专业人员修理，严禁擅自拆修。

（5）汽化冷却工岗位安全规程。

1）汽化属于要害部门，除值班人员外其他非工作人员不得入内，如有事联系，需按要害部位进行登记。

2）汽化室内不得存放自行车及私人物品，不得洗衣服、晒烤衣服。

3）汽化设备的安全附件如压力表、安全阀、水位计等，要经常检查维护，保持灵敏有效。

4）发现炉体水管及汽包严重缺水时，不得马上补水，以防引起爆炸。

5）梯子及扶手必须齐全牢固，任何人员不得在梯子上打闹。

6）汽化场地及室内照明必须齐全并有足够的亮度。

（6）棒线轧机区岗位安全规程。

1）遵守厂部或车间各项安全规定，工作前按规定穿戴好劳动保护用品。正确、熟练使用防护器材。

2）上班前要休息好，严禁班前班中饮酒。

3）工作时要精力集中，不准嬉戏、打闹，不准脱串岗，不准从事与本职工作无关的事，不准操作其他岗位设备。

4）轧线操作侧 5m 内，不得堆放任何设备，不得有任何杂物和油污，场地必须保持清洁，防止磕拌和滑倒。

5）开车前要认真检查本岗位导卫、导管、辊环安装是否牢固完好。如有问题，必须固定、更换或修复后方可开车。

6）在开车前必须将安全挡板等其他安全设施就位，同时确认所有安全设施有效，方能启动轧机。开车时各岗位人员，必须离开轧机 2m 以外。

7）在生产和设备运转过程中，严禁任何人蹬蹭、横跨（穿越）轧钢设备。严禁手摸轧机及导卫、导槽、水管、剪胎、剪刀等部件。

8）轧机启动、停车要有固定信号。即启车单臂转动，停车是双手交叉。主控台操作人员必须清楚地观察到并确认后才能执行。发信号的人必须是本岗位操作工或是本班的组长、班长。其他人员无权发启、停车信号。

9）主控台操作人员在接班后，必须认真检查核实与各地面站的联系系统是否良好。开车前，发出开车信号并鸣笛15s，清楚确认各岗位人员已离开轧机，并具有安全开车条件，方可启动设备。

10）在班中需处理事故或更换导卫等零件时，必须由岗位工通知主控台先停机，停机得到确认后，方可进行处理和操作。并且主控台要有专人监控。处理事故时间在1h以上的事故，必须停机、停电、挂牌。

11）处理事故和维护修理期间，主控台操作人员不得离开操作岗位，不得随意拨动与地面相关联的按钮，时刻保持与人员的联系与配合。轧机试钢时，轧机出口严禁站人，打磨孔槽，必须反向点动。轧机未停止转动时，不准移开安全设施。所有轧线故障（转动部分及导卫）必须在停车后方可处理，严禁在轧机运行中处理。

12）用手检查导卫和轧槽时，严禁戴手套。

13）吐丝机、精轧机在检查和换辊、导卫时，必须用铁棒做安全销，防止大盖突然扣下。

14）轧线操作点的采光必须良好。

15）利用液压小车更换辊环时，操作人员必须站在防护板后面方可加压操作，以防工具部件在压力作用下破碎伤人。

16）轧机岗位在进行吊运机件操作时和从事气割操作时，必须严格遵守《起重工安全操作规程》和《气焊工安全操作规程》以及《总则》要求。

17）冬季注意结冰滑倒。雾气大时，要做好安全确认。

18）2m以上的作业为高空作业，要遵守高空作业规定，使用安全带、安全绳、安全网。要将防护用品穿戴整齐合体，防护鞋要适合作业要求，不准穿防滑不好的鞋，监护好现场、避免物体掉下来伤人，需要扔物体时上下人员要联系好，保证安全，遇到6级以上大风、雨天等严禁从事高空作业。

19）凡进入岗位的人员必须经过三级安全教育，考试合格后方能上岗。

（7）棒线打包工岗位安全规程。

1）遵守厂部或车间各项安全规定，工作前按规定穿戴好劳动保护用品。正确、熟练使用防护器材。

2）上班前要休息好，严禁班前班中饮酒。

3）工作时要精力集中，不准嬉戏、打闹，不准脱串岗，不准从事与本职工作无关的事，不准操作其他岗位设备。

4）手动操作时，操作人员要和处理事故人员互相确认、配合方可操作打包机。

5）要随时注意检查各操作钮的电源线是否漏电，一旦发现问题要及时找有关维修人员处理，以防电击伤人。

（8）砂轮机岗位安全规程。

1）遵守厂部或车间各项安全规定，工作前按规定穿戴好劳动保护用品。正确、熟练使用防护器材。

2）使用砂轮机前必须检查主轴螺丝母与压板是否松动，砂轮片是否有裂纹，如发现异常停止使用。

3）使用前必须检查托架与托板是否适当，砂轮与托板最大间隙不得超过3mm，防止工件在研磨时夹入托架与砂轮之间引起砂轮爆炸。

4）使用砂轮机时不得用力过猛，还应站在砂轮机侧面。当砂轮片直径磨损到 1/3 时报废更换。不允许磨铝、锡、紫铜等软金属以及胶皮木料等非金属。

5）砂轮罩标准的直径与新砂轮片的直径间隙不小于 10cm，罩的开口直径不小于 90°，不大于 120°。

6）使用电动手砂轮时必须安装触电保安器。

（9）铣工岗位安全规程。

1）遵守厂部或车间各项安全规定，工作前按规定穿戴好劳动保护用品。正确、熟练使用防护器材。

2）照明、应急灯、消防器材和安全防护装置应保持齐全、有效。

3）女工在戴安全帽时，头发需扣在帽子内。从事高温作业人员，在岗位操作时，不许脱工作服、赤胳臂和卷起裤腿进行操作。

4）所有电气设备发生故障，必须找电工修理，操作时须站在木质绝缘板上。

5）上落工作物时，要停止铣、滚刀运转，以防发生事故。

6）机床运转时，不准擦拭加工面。禁止用手直接清理切屑，必须用适当工具。

7）冷却水管不可太靠近刀具，机床运转时，不可隔着机床传递工具，不准在床面上存放工具和其他物品。

8）不准开着车离开工作岗位，必须离开时应停止。

9）必须熟悉棕绳、钢丝绳负荷规定和砂轮规程，并严格遵守。

10）必须爱护使用量具工具，不能开车量活。

11）熟悉并掌握本机床说明书，并遵守其规定。

（10）气焊工（气割）岗位安全规程。

1）工作前要检查乙炔瓶、氧气瓶气压表、风带，并检查割把的螺丝扣有无损坏，不合格者，不得使用。

2）氧气带与乙炔带不要通过横道，必须通过时，要加盖保护。

3）空油桶切断，必须用苏打水（碱水）洗净除油，不准在带有压力的容器上进行焊割作业。

4）两个单位同时进行焊割工作时，必须互相联系，保证安全。

5）氧气、乙炔系统冻结时，严禁用明火烘烤，应用 40℃ 以下的热水解冻。

6）氧气瓶、乙炔瓶使用时，应直立，严禁卧放。开关时，操作者应站在阀门的侧后方，动作要轻缓。

7）严禁乙炔气瓶与氧气瓶及易燃易爆物品同车运输。氧气瓶、乙炔瓶应轻装轻卸，严禁抛、敲、滑、滚、碰。

8）严禁铜、银、汞等及其制品与乙炔接触，必须使用铜合金器具时，合金含铜量应小于 70%。

9）乙炔气瓶必须安装乙炔回火器，使用压力不得超过 1.47×10^5Pa，同时乙炔气瓶内气体不得用尽，必须留有不低于规定的剩余压力。

10）氧气瓶内气体不得用尽，必须留有 $0.49 \times 10^5 \sim 1.47 \times 10^5$Pa 的压力。

11）氧气瓶嘴处严禁粘油，安装压力表前应先开氧气瓶开关，将接口吹净。

12）氧气瓶、乙炔瓶与电焊一起使用时，如地面是铁板，瓶子下面要垫木板绝缘，严禁放在橡胶等绝缘体上。

13）点火（闭火）时，先开（关）乙炔门，再开（关）氧气门，不可用力过猛，开关时不准用手锤敲打。

14）点火时发生响声接着熄灭，这表示回火，应关闭慢风。如失效时，要迅速拔掉乙炔管，以防引起爆炸事故。

15）要防止火星和热金属掉落在乙炔气瓶和氧气瓶附近。

16）点火时严禁割焊嘴对人，不准对嘴点火，以免烧伤，不准向脸部试验是否有气体，不准双腿骑在两条带上进行作业。

17）不准将燃烧的割把放在地上进行其他工作，割把过热时，必须先关闭乙炔阀门，待冷却后再用。

18）需要动火审批的作业，须先履行动火审批手续，作业点下方或 10m 以内不得存放易燃易爆品。

19）氧气瓶、乙炔气瓶严禁暴晒。工作完毕，要把各阀门关闭，熄灭余火，确认后方可离开。

20）乙炔瓶和氧气瓶的安全距离是 5m，10m 以内不得有明火，非电气焊、气割工不得随意动用，任何人不得用氧气带管当做打气工具，给各种车的内胎打气。

（11）线切割机岗位安全规程。

1）遵守厂部或车间各项安全规定，工作前按规定穿戴好劳动保护用品。正确、熟练使用防护器材。

2）开机前应检查油泵、高频、风扇、步丝、运丝机床是否关闭，开机后稳压电源指针在 220V 再开运丝机床。

3）检查走丝、撞块是否适当，以防螺丝走出，接通走丝检查是否运转正常，如撞块失灵，电机不能反转，立即松动撞块，关闭走丝。

4）丝杠的摇动不能用力过猛，如不滑块，应拆下冲洗后再装。

5）在加工过程中，不得离开机床，如有事需关闭机床后方可离开。

6）如中途断电，要查看丝筒位置，松动撞块。

7）维修机床时应停车断电，如带电维修必须请电工且两人以上，并备有良好的绝缘设备和工具。

（12）电动葫芦岗位安全规程。

1）电动葫芦升降机必须经常检查和调整，发生意外故障后，可做到立即制动。

2）电动葫芦工作时，禁止有人在吊梁上停留，检修人员处理故障时，应与操作人员直接联系。必须在垂直位置起吊重物，禁止斜拉歪吊，不吊重量不明的重物。

3）禁止超负荷使用电动葫芦，操作人员做到"十不吊"。

4）电动葫芦所吊重物尽量不在设备上部运行，非通过不可时也要保证最高障碍物与重物之间应有 1m 以上的距离。

5）严禁电动葫芦所吊重物从人的头顶上越过，并时刻响铃对环境进行警示。

6）在检修电动葫芦时，应先切断电源，挂上禁止合闸的标志牌，或设专人看护，以防误送电。

7）禁止利用限位开关作为正常停车手段，必须保持限位开关处于良好的状态。

8）电机等电气部分必须有可靠的外壳接地。

9）由于电动葫芦电源突然故障停电，操作人员在离开电动葫芦前，应设法将所吊重物放落到地面上。

10）电气部分、机械部分要进行定期的安全检查，发现吊具及主要零部件有严重磨损，电动葫芦应立即停止使用，并及时进行修理，修复后方可使用。

11）电动葫芦操作人员在操作时应时刻处于安全位置，周围无障碍物，以防自身夹挤、受伤。

12）电动葫芦启车前，要鸣铃警告，提醒现场人员注意安全。

13）凡进入岗位的人员必须经过三级安全教育，考试合格后方能上岗。

 复习思考题

6-1　金属轧制的方法主要有哪些？

6-2　轧钢安全生产主要有什么特点？

6-3　轧钢生产的主要危险区域及主要危险因素有哪些？

6-4　简述热轧生产型钢和线材轧制的安全技术。

6-5　冷轧生产中有哪些常见的安全事故？并简述其安全防护技术。

6-6　简述轧钢岗位安全通则的主要内容。

7 钢铁企业生产安全事故预防与预警

7.1 危险、有害因素控制知识

7.1.1 相关概念

（1）危害。危害是指可能带来人员伤害、疾病、财产损失或作业环境破坏的根源或状态。危害也可理解为危险源或事故隐患。从本质上讲，就是存在能量、有害物质和能量、有害物质失去控制而导致的意外释放或有害物质的泄漏、散发这两方面危害因素。对于危害因素有多种分类方法，如按事故的直接原因进行分类，则可根据 GB/T 13816—1992《生产过程中的危险、危害因素》分为六类：物理性、化学性、生物性、心理生理性、行为性及其他危害因素。此外，也可根据事故类别、职业病类别进行分类。

（2）危险、有害因素。在生产过程中存在着各种与人的安全和健康息息相关的因素，其中，能对人造成伤亡或对物造成突发性损坏的因素称为危险因素；能影响人的身体健康，导致疾病，或对物造成慢性损坏的因素，称为有害因素。

（3）事故隐患。泛指现存系统中可导致事故发生的物的危险状态、人的不安全行为及管理上的缺陷。通常，通过检查、分析可以发现和察觉它们的存在。事故隐患在本质上属于危险、有害因素的一部分。

（4）风险。特定危害性事件发生的可能性与后果的结合就称为风险。风险可认为是潜在的伤害，可能致伤、致命、中毒、设备或财产等损害。风险具有两个特性，即可能性和严重性，如果其中任何一个不存在，则认为这种风险不存在。如电击风险，如果能保证在有电击可能性的地方，不许人员进入，就可认为这个风险是并不存在的。风险性可按其严重程度进行分类，进而对系统的风险性应进行风险评价。

（5）风险评价。评价风险程度并确定其是否在可承受范围的全过程，即称为风险评价，也称为危险度评价或安全评价。如果在风险分析过程中发现系统中存在风险性，就必须估价它在系统运行中的可承受性，即评价其严重程度或可能性，以确认其是否在可承受的范围。

（6）风险管理。是指企业通过识别风险、衡量风险、分析风险，从而有效地控制风险，用最经济的方法来综合处理风险，以实现最佳安全生产保障的科学管理方法。

7.1.2 钢铁企业的风险管理

7.1.2.1 风险管理的含义和目的

由上述风险管理的定义，不难得出风险管理的含义：

（1）风险管理所指的风险不局限于静态风险，也包括动态风险。研究风险管理是以静态风险和动态风险为对象的全面风险管理。

（2）风险管理的基本内容、方法和程序是共同构成风险管理的重要方面。

（3）强调风险管理应体现成本和效益关系，要从最经济的角度来处理风险，在主客观条件允许的情况下选择最低成本、最佳效益的方法，制定风险管理决策。

风险管理的目标是：

（1）鉴别显露的和潜在的风险，处置并控制风险，以期预防损失。

（2）在损失发生后提供尽可能的补偿，以减小损失的危害性，保障企业安全生产和各项活动的顺利进行。

7.1.2.2　风险管理的作用和意义

从狭义概念看，风险管理为企业发展、项目建设提供对待风险的整套科学依据，有助于全面识别、衡量、规避风险，用最小的代价将风险损失控制到最小，尽可能维护企业和项目投资的收益，成为企业和项目成功的有力保障。

从广义观点看，风险管理再一次体现了人类的主观能动性。人类在不断地认识自然、适应自然，通过风险管理对社会环境的正确判断，可不被各种社会随机因素所迷惑，希望在力所能及的范围内认清风险，承担风险，并减少可能造成的损失。

7.1.2.3　风险管理的内容

风险管理的基础范畴包括风险分析、风险评价和风险控制三个部分。

风险分析就是研究风险发生的可能性及其所产生的后果和损失，主要包含危险辨识和风险估计两个方面的内容。

风险评价是在分析事故发生可能性与事故的后果的基础上，对事故风险的大小进行评价，按照事故风险的标准值进行风险分级，以确定风险管理的重点。风险评价的方法主要有安全检查表分析法、道式指数法、概率危险评价法、人的可靠性分析法（HRA）、事故引发和发展分析法（ADA）、事故顺序评价程序（ASEP）、模糊矩阵法（CM）、直接数值估算法（DNE）、人的认知可靠性模型（HCR）、维修人员行为模拟模型（MAPPS）、作业网络系统分析法（SAINTZ）、人为失误率预测技术（THERR）、成功可能性指数法（SLIM）等。

风险控制是在风险分析和风险评价的基础上，做出风险决策。本章主要详细介绍风险控制。风险控制的方法有前馈控制法、反馈控制法和自组织控制法三种。

　A　前馈控制法

前馈控制工作模式如图7-1所示。X为输入的能源、物料等，也可能是添置的新设备或者新来的工作人员等。由于种种原因，可能不完全符合要求或者是具有有害成分。在X输入前进行检测，以保证具有高质量的输入变量X进入系统。

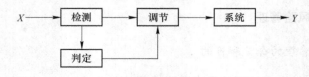

图7-1　前馈控制工作模式图

根据冶金事故模型理论和危险辨识方法，可以采用如下控制方式。

（1）避免由人、物的因子转化为危险因子，由危险因子转化为事故因子。主要是实现对人失误的控制以及人对物的控制。

方法：人为控制。

措施如下：

1）提高系统的可靠性。要控制危险因子、事故因子的出现，要以提高设备的可靠性为基础。为此，应采取以下措施：

①提高元件的可靠性。设备的可靠性取决于组成元件的可靠性。要提高设备的可靠性，必须加强对元件的质量控制和维修检查。一般措施为使元件的结构和性能符合设计要求和技术条件，选用可靠性高的元件代替可靠性低的元件；合理规定元件的使用周期，严格检查和维修，定期更换或重置。

②增加备用系统。在一定条件下，增加备用系统，当发生意外事件时，可随时启用备用系统，不致中断正常运行，也有利于系统的抗灾救灾。例如，对矿井的一些关键性设备，如供电线路、通风机、电动机、水泵等均配置一定量的备用设备，以提高矿井的抗灾能力。

③利用平行冗余系统。实际上，平行冗余系统也是一种备用系统。在系统中选用多台单元设备，每台单元设备都能完成同样的功能，一旦其中一台或几台设备发生故障，系统仍能正常运转。只有当平行冗余系统的全部设备都发生故障时，系统才会停止运转。在规定时间内，多台设备同时全部发生故障的概率等于每台设备单独发生故障的概率的乘积，显然，平行冗余系统发生故障的概率是相当低的，可使系统的可靠性大大增加。

④对处于恶劣环境下运行的设备采取安全保护措施。钢铁冶炼工作环境较差，应采取一切办法控制温度、湿度和风速，以改善设备周围的环境条件；对处于磨损、腐蚀、侵蚀等条件下的设备，应采取相应的防护措施。对振动大的设备，应加强防振、减振和隔振等措施。

⑤加强预防性维修。预防性维修是排除事故隐患、排除设备的潜在危险、提高设备可靠性的重要手段。为此，应制定相应的维修制度，并认真贯彻执行。

⑥添置新的安全装备，采用新的安全技术。

2）减少人为失误。由于人在生产过程中的可靠性远比机电设备差，很多事故都是由于人的失误造成的，所以要对工作人员进行选拔、培训，并进行安全教育，以提高人的可靠性。

（2）避免危险因子的作用。主要是避免危险因子的自作用和相互作用。

方法：可以通过人为控制和技术控制的结合来实现。

措施如下：

1）选用可靠的工艺技术，降低危险因素的感度。危险因子的存在是事故发生的必要条件。危险因子的感度是指危险因子转化成为事故的难易程度。虽然物质本身所具有的能量和性质不可改变，但危险因子的感度是可以控制的，其关键是选用可靠的工艺技术。例如，在生产用火药中加入消焰剂等安全成分，放炮时使用水炮泥，井巷工程中采用湿式打眼，清扫巷道煤尘等，这些都是降低危险因子感度的措施。

2）加强监督检查。建立健全各种自动制约机制，加强专职与兼职、专管与群管相结合的安全检查工作。对系统中的人、事、物进行严格的监督检查，采取一定的措施消除危险因子，才能有效地保证安全生产。

3）避免超出事故发生突变的极限。主要通过技术控制实现。如利用瓦斯检测系统控制瓦斯浓度，避免其达到爆炸临界值。采取的措施是采用先进的安全监控技术。

B　反馈控制

反馈控制的工作模式如图7-2所示，钢铁企业事故风险控制系统的反馈控制可以分为两种情况：

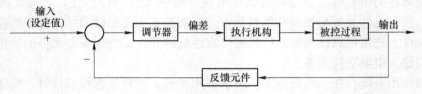

图 7-2　反馈控制的工作模式

（1）输入状态反馈控制。根据事故模型及事故危险辨识理论，提出钢铁事故风险"绿""黄""红"三级预警反馈控制方法，危险隶属度与预警颜色对应见表7-1。

表 7-1　危险隶属度与预警颜色对应表

危险隶属度	预警颜色
0~0.1	绿
0.1~0.3	黄
0.3~1	红

预警界限是危险隶属度的数值，用来确定"绿""黄""红"信号，当危险隶属度指标超过某一值时，就亮出相应的信号。"绿"表示系统稳定、协调，系统内因素与期望值接近或高于期望值，管理部门可以在稳定中采取适合的调控措施。"黄"表示系统较为协调，在短时间内有转为不协调或趋于协调、稳定的可能。"红"表示严重警告，表示系统极不协调，应及时采取有力的措施，使系统趋于完善，避免事故的发生。若由"绿"变"黄"或由"黄"变"红"，系统会发出警告，应及时调整控制措施，扭转系统的转变趋势。若由"红"变"黄"或由"黄"变"绿"，这说明系统正在逐步从不协调向协调转化，应进一步采取措施，使系统更趋于协调。当信号为"黄"和"红"时，就要对系统进行控制。一是根据安全指令和基层班组信息，进行实时控制；二是在通过现有的监控系统实时进行系统的调节控制，通过调整控制，直至系统的危险隶属度变为"绿"为止。

（2）事故后的反馈控制。这一点对于减少重复事故的发生十分重要。做法关键在于事故后不能就事论事，必须亡羊补牢，运用系统分析的方法，例如，用FTA方法进行系统的全面分析，找出所有的最小割集，提出改进措施。在此基础上，举一反三，通知各级系统，进行全面检查、整改，消除隐患，然后将结果反馈回来。这种做法将大大减少类似事故的发生。

事故后的反馈控制措施如下：

1）限制能量或分散风险的措施。为了减少事故损失，必须对危险因素的能量进行限制。如井下火药库的爆破器材储存量的限制，井下各种限流、限压、限速设备都是对危险因素的能量进行限制。分散风险的办法是把大的事故损失化为小的事故损失。如在钢铁企业中把"一条龙"通风方式改造成并联通风，每一矿井、采区和工作面均实行独立通风，可达到分散风险的效果。

2）防止能量逸散的措施。防止能量逸散就是设法把有毒、有害、有危险的能量源储存在有限允许范围内，而不影响其他区域的安全。

3）加装缓冲能量的装置。在生产中，设法使危险源能量释放的速度减慢，可大大降低事故的严重度。使能量释放速度减慢的装置称为缓冲能量装置。生产中使用的缓冲能量装置较多，如矿车上装置的缓冲碰头、缓冲阻车器以及为缓和矿山压力对支架的破坏而采用的摩擦金属支柱或可缩性 U 形支架等。

4）避免人身伤亡的措施。避免人身伤亡的措施包括两个方面：一是防止发生人身伤害；二是一旦发生人身伤害时，采取相应的急救措施。采用遥控操作、提高机械化程度、使用整体或局部的人身个体防护都是避免人身伤害的措施。在生产过程中注意及时观察各种灾害的预兆，以便采取有效措施，防止发生事故，即使不能防止事故发生，也可及时撤离人员，避免人员伤亡。做好救护和工人自救准备，对降低事故的严重度也有重要意义。

　　C　自组织控制

钢铁生产系统是一个自组织系统，各子系统之间和各要素之间要保持动态良性的纵、横关联作用和关联耦合，只有存在关联耦合，才能相互协同，进而形成自组织。在企业各个系统中，关键要素是"人"。使人相互协同的关联因素是团队精神和共同愿望。通过建立学习型企业，可以不断增强自组织能力。

各级管理层的自组织能力主要体现在：

（1）了解下层危险源的有关事故结构信息，如事故模式、严重度、发生概率、防治措施等。

（2）掌握危险源的动态信息，例如，已接近临界状态的重大危险源，目前存在的缺陷，职工安全素质，隐患整改情况等。

（3）熟悉危险分析技术，善于用其解决实际问题。

（4）经验丰富，应变能力较强。由于事故发生的突然性和巨大破坏作用，因而要求事故风险控制系统具有一定的自组织性。要真正做到自组织控制，必须采用开放的系统结构，有充分的信息保障，有强有力的管理核心，各子系统之间有很好的协调关系。通过企业的自组织，使各子系统通过竞争而协同，自动地处理外界环境巨大而多变的信息，消除危险因子，确保人、物、能量、管理子系统协调发展。

自组织控制的方法：采用人、机、环相匹配的控制技术；建立学习型的企业。

自组织控制的措施如下：

（1）建立健全安全管理机构。应依法建立健全各级安全管理机构，配备足够的精明强干、技术过硬的安全管理人员。要充分发挥安全管理机构的作用，并使其与设计、生产、劳动人事等职能部门密切配合，形成一个有机的安全管理机构，全面贯彻落实"安全第一，预防为主"的安全生产方针。

（2）建立健全安全生产责任制。安全生产责任制是根据"管生产必须管安全"的原则，明确规定各级领导和各类人员在生产中应负的安全责任。它是企业岗位责任制的一个组成部分，是企业中最基本的一项安全措施，是安全管理规章制度的核心。应根据各企业的实际情况，建立健全这种责任制，并在生产中不断加以完善。特别应当指出的是，厂长（经理）要对本企业的安全生产负责，厂长（经理）是否能落实安全生产责任制是搞好安全生产的关键。

（3）编制安全技术措施计划，制定安全操作规程。编制和实施安全技术措施计划，有利于有计划、有步骤地解决重大安全问题，合理地使用国家资金，也可以吸收工人群众参加安全管理工作。制定安全操作规程是安全管理的一个重要方面，是事故预防措施的一个重要环节，可以限制作业人员在作业环境中的越轨行为，调整人与自然的关系。

（4）加强安全监督和检查。各厂应建立安全信息管理系统，加快安全信息的运转速度，以便对安全生产进行经常性的"动态"检查，对系统中的人、事、物进行严格控制。经常性的安全检查是劳动生产过程中必不可少的基础工作，也是运用群众路线的方法，是揭露和消除隐患、交流经验、推动安全工作的有效措施。

（5）提高系统抗灾能力。系统的抗灾能力是指当系统受到自然灾害和外界事物干扰时，自动抵抗而不发生事故的能力，或者指系统中出现某种危险事件时，系统自动将事态控制在一定范围的能力。提高钢铁生产系统的抗灾能力，应该建立健全通风系统，实行独立通风，建立隔爆水棚，采用安全防护装置，如风电闭锁装置、漏电保护装置、提升保护装置、斜井防跑车装置、安全监测监控装置等。矿井主要设备实行双回路供电、选择备用设备（备用主要通风机、备用电动机、备用水泵等）。

（6）加强职工安全教育，建立学习型企业。职工安全教育的内容，主要包括政治思想教育、劳动纪律教育、方针政策教育、法制教育、安全技术培训以及典型经验和事故教训的教育等。职工安全教育不仅可提高企业各级领导和职工搞好安全生产的责任感和自觉性，而且能普及和提高职工的安全技术知识，使其掌握不安全因素的客观规律，提高安全操作水平，掌握检测技术和控制技术的科学知识，学会消除工伤事故和职业病的技术本领。另外，企业职工也要增强自我学习的意识，不断提高应变能力和解决问题的能力。

7.2　钢铁企业生产事故的预防

7.2.1　事故预防的基础理论

事故是由事故隐患转化而成的，事故隐患是伴随着生产、生活等社会活动过程而出现的一种潜在危险，是导致事故发生的两个最主要因素，即物质危险状态和管理缺陷共同存在的一种状态。与事故后的处理不同，事故预防理论研究的是事前的防范，是对事故隐患的发现和排除。事故预防理论以信息论、系统论和控制论为基础，运用社会学、统计学、管理学等方法，与物理学、化学等自然科学方法结合起来，研究事故的原因及预防手段，对于保障人类生产、生活的安全有着重要意义。事故预防的基础理论主要有事故致因理论、系统失效理论和能力异常释放理论。其中，系统失效理论对事故预防具有实践意义。

在现代社会中，引发事故的原因是多方面的，不能孤立地从一个方面分析事故发生的原因，必须用系统的方法把它们联系起来进行考虑。其意义在于：

（1）为事故的预防提供了一种思路。用系统失效理论研究事故的预防问题，一方面说明影响事故发生的因素较多，另一方面也说明各种因素之间相互影响，任何一个局部因素或环节发生问题，都可能引起连锁反应，从而导致事故的发生。

（2）对事故的预防过程来说，任何一个系统的失效都不是突然发生的，有一个逐步变化的过程。要预防事故，一方面要用系统的方法去分析问题，另一方面要把事故隐患消灭在萌芽状态。

（3）必须重视社会环境和组织管理系统在事故预防中的作用。管理系统在事故预防中的作用容易被人们理解和接受，而社会环境对事故的影响易被人们忽视。社会环境对事故的影响是潜移默化的，因此，要预防人为因素造成的事故，就必须解决管理系统和社会环境中存在的病态结构和对人的行为产生的影响。

事故预防的基本原则主要包括以下 7 个方面：

（1）事故可以预防的原则。

（2）消除各种危险、危害因素的原则。

（3）综合治理的原则。

（4）以人为本的原则。

（5）在危害因素无法彻底消除时，采用以较低危害代替较高危害的原则。

（6）在危害因素无法彻底消除时，采用尽量降低危害程度的原则。

（7）持续改进的原则。

7.2.2 事故预防对策

7.2.2.1 宏观预防对策

（1）法制对策。安全法制对策就是利用法制手段，对生产的建设、实施、组织，以及目标、过程、结果等进行安全监督，使之符合职业安全健康的要求。职业安全健康的法制对策是通过如下几方面的工作来实现的。

1）职业安全健康责任制度。职业安全健康责任制度就是明确企业一把手是职业安全健康的第一责任人；管生产必须管安全；全面综合管理，不同职能机构有特定的职业安全健康职责。如一个企业要落实职业安全健康责任制度，需要对各级领导和职能部门制定出具体的职业安全健康责任，并通过实际工作得到落实。

2）实行强制的国家职业安全健康监督。国家职业安全健康监督就是指国家授权安全生产监督管理行政部门设立的监督机构，以国家名义并运用国家权力，对企业、事业和有关机关履行劳动保护职责、执行劳动保护政策和劳动安全卫生法规的情况依法进行的监督、纠正和惩戒工作，是一种专门监督，是以国家名义依法进行的具有高度权威性、公正性的监督执法活动。

3）建立健全安全法规制度。这是指行业的职业安全健康管理要围绕着行业职业安全健康的特点和需要，在技术标准、行业管理条例、工作程序、生产规范以及生产责任制度方面进行全面的建设，实现专业管理的目标。

4）有效的群众监督。是指在工会的统一领导下，群众监督企业、行政和国家有关劳动保护、安全技术、工业卫生等法律、法规、条例的贯彻执行情况，参与有关部门制定职业安全健康和劳动保护法规、政策的制定，监督企业安全技术和劳动保护经费的落实与正确使用情况，对职业安全健康提出建议等。

（2）工程技术对策。工程技术对策是指通过工程项目和技术措施实现生产的本质安全化，或改善劳动条件提高生产的安全性。如对于火灾的防范，可以采用防火工程、消防技术等技术对策；对于尘毒危害，可以采用通风工程、防毒技术、个体防护等技术对策；对于电气事故，可以采取能量限制、绝缘、能量释放等技术方法；对于爆炸事故，可以采取改良爆炸器材、改进炸药等技术措施。在具体的工程技术对策中，可采用如下技术原则：

1）消除潜在危险的原则。即在本质上消除事故隐患，是理想的、积极的、进步的事故预防措施。基本做法是以新的系统、新的技术和工艺代替旧的不安全系统和工艺，从根本上消除发生事故的基础。例如，用不可燃材料代替可燃材料；以导爆管技术代替导火索起爆方法；改进机器设备，消除人体操作对象和作业环境的危险因素，排除噪声、尘毒对人体的影响等，从本质上实现职业安全健康。

2）降低潜在危险因素数值的原则。即在系统危险不能根除的情况下，尽量降低系统的危险程度，使系统一旦发生事故，所造成的后果严重程度最小。例如，手电钻工具采用双层绝缘措施；利用变压器降低回路电压；在高压容器中安装安全阀、泄压阀抑制危险的发生等。

3）冗余性原则。就是通过多重保险、后援系统等措施，提高系统的安全系数，增加安全余量。例如，在工业生产中降低额定功率；增加钢丝绳强度；飞机系统的双引擎；系统中增加备用装置或设备等措施。

4）闭锁原则。在系统中，通过一些元器件的机械联锁或电气互锁作为保证安全的条件。例如，冲压机械的安全互锁器、金属剪切机室安装出入门互锁装置、电路中的自动保护器等。

5）能量屏障原则。在人、物与危险之间设置屏障，防止意外能量作用到人体和物体上，以保证人和设备的安全。例如，建筑高空作业的安全网、反应堆的安全壳等，都起到了屏障作用。

6）距离防护原则。当危险和有害因素的伤害作用随距离的增加而减弱时，应尽量使人与危险源距离远一些。噪声源、辐射源等危险因素可采用这一原则减小其危害。化工厂建在远离居民区、爆破作业时的危险距离控制，均是这方面的例子。

7）时间防护原则。即使人暴露于危险、危害因素的时间缩短到安全程度之内。如缩短开采放射性矿物或接触有放射性物质的工作时间；粉尘、毒气、噪声的安全指标随工作接触时间的增加而减小。

8）薄弱环节原则。即在系统中设置薄弱环节，以最小的、局部的损失换取系统的总体安全。例如，电路中的熔丝、锅炉的熔栓、煤气发生炉的防爆膜、压力容器的泄压阀等。它们在危险情况出现之前就发生破坏，从而释放或阻断能量，以保证整个系统的安全性。

9）坚固性原则。这是与薄弱环节原则相反的一种对策，即通过增加系统强度来保证其安全性。例如，加大系统的安全系数、提高结构强度等。

10）个体防护原则。根据不同作业性质和条件，配备相应的保护用品及用具，采取被动的措施，以减轻事故和灾害造成的伤害或损失。

11）代替作业人员的原则。在不可能消除危险、危害因素和控制危险、危害因素的条件下，以机器、机械手、自动控制器或机器人代替人或人体的某些操作，摆脱危险和有害因素对人体的危害。

12）警告和禁止信息原则。采用光、声、色或其他标志等作为传递组织和技术信息的目标，以保证安全，如宣传画、安全标志、板报警告等。

显然，工程技术对策是治本的重要对策。但是，工程技术对策需要安全技术及经济条件作为基本前提，因此，在实际工作中，特别是在目前我国安全科学技术和社会经济基础较为薄弱的条件下，这种对策的采用受到一定的限制。

（3）安全管理对策。管理就是创造一种环境和条件，使置身于其中的人们能进行协调的工作，从而完成预定的使命和目标。安全管理是通过制定和监督实施有关安全法令、规程、规范、标准和规章制度等，规范人们在生产活动中的行为准则，使安全生产工作有法可依、有章可循，用法制手段保护职工在劳动中的安全和健康。安全管理对策是工业生产过程中实现职业安全健康的基本的、重要的、日常的对策。工业安全管理对策具体由管理的模式、组织管理的原则、安全信息流技术等方面来实现。安全管理的手段包括：法制手段，监督；行政手段，责任制等；科学的手段，推进科学管理；文化手段，进行安全文化建设；经济手段，伤亡赔偿、工伤保险、事故罚款等。

（4）安全教育对策。安全教育是对企业各级领导、管理人员以及操作工人进行安全思想教育和安全技术知识教育。安全思想教育的内容包括国家有关安全生产、劳动保护的方针政策、法规法纪。通过教育提高各级领导和广大职工的安全意识、政策水平和法制观念，牢固树立安全第一的思想，自觉贯彻执行各项安全生产法规政策，增强保护人、保护生产力的责任感。安全技术知识教育包括一般生产技术知识、一般安全技术知识和专业安全生产技术知识的教育，安全技术知识寓于生产技术知识之中，在对职工进行安全教育时必须把二者结合起来。一般生产技术知识包括企业的基本概况、生产工艺流程、作业方法、设备性能及产品的质量和规格。一般安全技术知识教育包括各种原料、产品的危险危害特性，生产过程中可能出现的危险因素，形成事故的规律，安全防护的基本措施和有毒有害的防治方法，异常情况下的紧急处理方案，事故时的紧急救护和自救措施等。专业安全技术知识教育是针对特殊工种所进行的专门教育，例如锅炉、压力容器、电器、焊接、化学危险品的管理、防尘防毒等专门安全技术知识的培训教育。安全技术知识的教育应做到应知应会，不仅要懂得方法原理，还要熟练操作和正确使用各类防护用品、消防器材及其他防护设施。

7.2.2.2 人为事故的预防

人为事故的预防和控制，是在研究人与事故的联系及其运动规律的基础上认识到人的不安全行为是导致与构成事故的要素。因此，要有效预防、控制人为事故的发生，依据人的安全与管理的需求，运用人为事故规律和预防、控制事故原理，联系实际而产生的一种对生产事故进行超前预防、控制的方法。

根据表 7-2，可以知道人为事故的基本规律。

表 7-2　人为事故的基本规律

异常行为系列原因		内在联系	外　延　现　象
产生异常行为内因	表态始发致因	生理缺陷	耳聋、眼花、各种疾病、反应迟钝、性格孤僻等
		安全技术素质差	缺乏安全思想和安全知识，技术水平低，无应变能力等
		品德不良	意志衰退、目无法纪、自私自利、道德败坏等
	动态续发致因	违背生产规律	有章不循、执章不严、不服管理、冒险蛮干等
		身体疲劳	精神不振、神志恍惚、力不从心、打盹睡觉等
		需求改变	急于求成、图懒省事、心不在焉、侥幸心理等
产生异常行为外因	外侵导发致因	家庭社会影响	情绪反常、思想散乱、烦恼忧虑、苦闷冲动等
		环境影响	高温、严寒、噪声、异光、异物、风雨雪等
		异常突然侵入	心慌意乱、惊慌失措、恐惧胆怯、措手不及等
	管理延发致因	信息不准	指令错误、警报错误
		设备缺陷	技术性能差、超载运行、无安全技术设备、非标准等
		异常失控	管理混乱、无章可循、违章不纠

控制人为事故要从以下两个方面入手。

（1）强化人的安全行为，预防事故发生。强化人的安全行为，预防事故发生，是指通过开展安全教育提高人们的安全意识，使其产生安全行为，做到自我预防事故的发生。主要应抓住两个环节：一要开展好安全教育，提高人们预防事故、控制事故的自卫能力；二要抓好人为事故的自我预防。下面仅就人为事故的自我预防加以概述：

1）劳动者要自觉接受教育，不断提高安全意识，牢固树立安全思想，为实现安全生产提供支配行为的思想保证。

2）劳动者要努力学习生产技术和安全技术知识，不断提高安全素质和应变事故能力，为实现安全生产提供支配行为的技术保证。

3）劳动者必须严格遵守安全纪律，不能违章作业、冒险蛮干，即只有用安全法规统一自己的生产行为，才能有效预防事故的发生，实现安全生产。

4）劳动者要做好个人工具、设备和劳动保护用品的日常维护保养，使之保持完好状态，并要做到正确使用，当发现有异常时要及时进行处理，减少事故的发生，保证安全生产。

5）劳动者要服从安全管理，并敢于抵制他人的违章指挥，保质保量地完成生产任务，遇到问题要及时提出，以求得解决，确保能安全生产。

（2）纠正人的异常行为，控制事故发生。要纠正人的异常行为，控制事故发生，主要有如下五种方法。

1）自我控制。是指在认识到人的异常意识会产生异常行为、导致人为事故的规律之后，在生产实践中自我纠正异常行为，避免事故的发生。

2）跟踪控制。是指运用事故预测法对已知具有产生异常行为因素的人员做好转化和行为控制工作。

3）安全监护。是指对从事危险性较大生产活动的人员，指定专人对其生产行为进行安全提醒和安全监督。

4）安全检查。是指运用人自身的技能，对从事生产实践活动人员的行为进行各种不同形式的安全检查，从而发现并纠正人的异常行为，控制人为事故的发生。

5）技术控制。是指运用安全技术手段控制人的异常行为。

7.2.2.3 设备因素导致事故的预防

在生产实践中，设备是决定生产效能的物质技术基础，没有生产设备现代生产是无法正常进行的，同时，设备的异常状态又是导致事故与构成事故的重要物质因素。例如，如果机械设备正常运行，就不会发生与锅炉相关的各种事故等。因此，要想超前预防、控制设备事故的发生，就必须做好设备的预防性安全管理，强化设备的安全运行，改变设备的异常状态，使之达到安全运行要求，才能有效预防、控制事故的发生。设备因素导致事故的原因有以下四点：

（1）设备故障规律。是指在整个寿命期内，由于设备自身异常而产生的故障及其导致发生的事故的动态变化规律。

（2）与设备相关的事故规律。设备不仅会因自身异常导致事故发生，而且会因与人、与环境的异常结合导致事故发生。

（3）设备与人相关的事故规律。是指由于人的异常行为与设备结合而产生的物质异常运动，是导致事故的普遍性表现形式。

（4）设备与环境相关的事故规律。是指由于环境异常与设备结合而产生的物质异常运动，是导致事故的普遍性表现形式。

综合以上事故原因，设备导致事故的预防和控制要点如下：

（1）首先要根据生产需求和质量标准，做好设备的选购、进厂验收和安装调试，使投产的设备达到安全技术要求，为安全运行打下基础。

（2）开展安全宣传教育和技术培训，提高人的安全技术素质，使其掌握设备性能和安全使用要求，并要做到专机专用，为设备安全运行提供人的素质保证。

（3）要为设备安全运行创造良好的条件，如为设备安全运行保持良好的环境，安装必要的防护、保险、防潮、防腐、保暖、降温等设施，以及配备必要的测量、监视装置等。

（4）配备熟悉设备性能、会操作、懂管理、能达到岗位要求的技术工人。其中危险性设备要做到技术工人持证上岗，禁止违章使用。

（5）按设备的故障规律定好设备的检查、试验、修理周期，并按期进行检查、试验、修理，巩固设备安全运行的可靠性。

（6）要做好设备在运行中的日常维护保养。

（7）要做好设备在运行中的安全检查，做到及时发现问题，及时解决。

（8）根据需要的可能，有步骤、有重点地对老、旧设备进行更新、改造。

（9）建立设备管理档案、台账，做好设备事故调查和分析，制定保证设备安全运行的技术措施。

（10）建立、健全设备使用操作规程和管理制度及责任制，用以指导设备的安全管理，保证设备的安全运行。

7.2.2.4　环境因素导致事故的预防

环境是以其中物质的异常状态与生产相结合而导致事故发生的。其运动规律是：生产实践与环境异常结合，违反了生产规律而产生异常运动，这是导致事故的普遍性表现形式。

环境因素导致事故的预防工作主要有以下 4 个方面：

(1) 运用安全法制手段加强环境管理，预防事故的发生。

(2) 治理尘、毒危害，预防、控制职业病发生。

(3) 应用劳动保护用品，预防、控制环境导致事故的发生。

(4) 运用安全检查手段改变异常环境，控制事故发生。

7.2.2.5　时间因素导致事故的预防

时间因素导致事故的规律，是指生产实践与时间异常结合，违反了生产规律而产生异常运动，这是导致事故的普遍性表现形式。其具体表现如下：

(1) 失约的时间能导致事故。是指在生产实践中出现了改变原定的时间而导致发生的事故。如火车在抢点、晚点中发生的撞车事故，电气作业不能按规定时间停送电发生的触电事故等。

(2) 延长的时间能导致事故。是指在生产实践中超过了常规时间而导致发生的事故。如职工加班加点，或不能按规定时间休息，由于疲劳而导致的各种事故；设备不能按规定时间检修，由于故障不能及时排除而导致的与设备相关的事故等。

(3) 异变的时间能导致事故。是指在生产实践中由于时间变化而导致发生的事故。如由于季节变化而导致发生的各种季节性事故；节日前后或下班前后，由于时间变化，人们心慌意乱而导致的各种事故等。

(4) 非常时间能导致事故。是指在出现非常情况的特殊时间里的事故。如在抢险救灾中发生的与时间相关的事故，在生产中争时间、抢任务而导致发生的各种事故等。

时间因素导致事故的预防技术如下：

(1) 正确运用劳动时间，预防事故发生。应依据《中华人民共和国劳动法》规定，结合本企业安全生产的客观要求，正确处理劳动与时间的关系，合理安排劳动时间，保证必要的休息时间，做到劳逸结合，以此预防事故的发生。

(2) 改变与掌握异常劳动时间，控制事故发生。异常劳动时间是指在生产过程中由于时间变化而具有导致事故因素的非正常生产时间。

1) 限制加班加点，控制事故发生。

2) 抓好季节性事故的预防和控制。

3) 做好异常劳动时间的安全管理，控制事故发生。

7.2.3　钢铁企业生产事故预防

7.2.3.1　建筑施工

(1) 钢铁企业建筑施工企业中安全生产要素的分析。按照系统科学原理，安全系统包括人、机、环境、管理四个要素。具体分析如下。

1) 人的不安全行为。人的不安全行为很多，主要有以下几种：操作错误、忽视安全、忽视警告；造成安全装置失效；使用不安全设备；用手代替工具操作；物件存放不当；冒险进入危险场所；攀、坐不安全位置；在起吊物下作业、停留；在机器运转时进行加油、修理、检查、调整、焊接、清扫等工作；有分散注意力的行为；忽视使用个人防护用品、用具；不安全装束。

2) 机械或环境不安全状态。机械或环境不安全状态有：防护、保险、信号等装置缺乏或有缺陷；设备、设施、工具、附件有缺陷；个人防护用品用具缺乏或者有缺陷；生产（施工）场地环境不良。

3) 管理方面的原因。管理上的不安全因素有：

①技术和设计上有缺陷工业构件、建筑物、机械设备、仪器仪表、工艺过程、操作方法、维修、检验等设计、施工和材料使用上存在的问题。

②对工人教育培训不够，不懂或缺乏安全操作技术知识。

③劳动组织不合理，作业人数不足，工种搭配不当，连续作业时间长，作业点布置不合理。

④对现场工作缺乏检查或指导有错误。

⑤没有安全操作规程或规程不健全。

⑥没有或不认真实施事故防范措施。

(2) 钢铁企业建筑施工事故预防与控制对策。从 20 世纪 80 年代起，我国钢铁企业建筑施工引进了一些现代化安全生产管理方法，但由于安全管理工作的水平不高，一些企业仍然没能扭转伤亡事故频发的被动局面。在市场经济不断深入发展的今天，钢铁企业建筑施工无疑将会采取与现代化相适应的、适合社会主义市场经济的、与国际接轨的安全生产管理模式。具体地表现在：一是安全管理体制的改革，二是先进安全技术的应用，三是与国际接轨的安全生产管理体系的建立与推行。

钢铁企业建筑施工的安全技术对策如下：

1) 消除危险。要从系统中彻底排除危险因素，保证系统的安全性，一般可通过改革工艺等手段来实现。

2) 降低危险因素值。采用这一对策虽然可以提高系统的安全水平，但不能从根本上消除危险因素，只是在一定程度上减轻了对作业人员的危害。

3) 引导危险因素。把某些危险因素引导到作业环境以外，避免对作业人员和设备等造成危害。

4) 隔离危险因素。将作业人员与系统中的某种危险因素隔离开，使作业人员不直接接触危险部分，从而避免或减轻危害。

5) 坚固防护。以安全为目的，提高设备、建构筑物、工（器）具等的结构强度，以保证在规定的使用范围内有足够的安全性，也就是通常所说的要有足够的"安全系数"。

6) 薄弱环节。与坚固防护相反，这一对策是利用某些薄弱元件，在系统中人为地设置薄弱环节。当设备、设施的负荷超过额定限度，或系统中有爆炸、火灾等危险时，使危险因素的发展在薄弱环节被切断，从而保护系统的整体安全。

7) 闭锁。以系统中的某种方式（如机械、电气等）保证某些元件强制发生相互制约，以达到安全目的。

8）取代操作。当系统中某种危险因素无法消除而又必须在这种条件下操作时，为保证人员的安全健康，可采用自动化手段代替操作人员直接接触危险因素。

9）距离防护。系统中危险或有害因素的作用往往与距离有关，有的因素随距离的增大而成倍减弱，利用这一性质可进行有效防护。

10）时间防护。缩短作业人员接触有害因素的时间，从而达到防护的目的。

11）刺激感官。在某些特殊的地点、场合，利用声、光、色、形等信息、信号、标志、仪表刺激人的感官，提醒人们注意，保障安全生产。

7.2.3.2　焦化生产的主要事故预防

（1）爆炸预防。

1）使用煤气检测仪器实时检测煤气中的含氧量（体积分数）是否小于 2%（国际上规定不超过 1%）。

2）检查、维护到位，以防止电缆短路。

3）加强岗位教育，严格遵守"先送煤气、后点火"的规定。

4）蒸馏时，要求必须有值班人员实时检测温度。

5）定期检查通风设备，以保证通风良好。

（2）高处坠落、摔倒事故预防。

1）焦炉炉顶必须设置防护措施，加强工人的岗位教育，使工人在夜间炉顶作业时提高注意力。

2）楼梯、地面若有油污、冰雪等容易造成工人滑倒的物质，应及时清除。

3）定期对走梯、平台进行检修、更换，对于太陡的铁梯，要想办法改装。

4）吊装备件必须有人实时监护。

5）工厂必须为高处作业的工人配备合格的安全带，并加强对工人的岗位教育，使工人自觉遵守高处作业的相关规定。

（3）中毒事故的预防。

1）定期检修煤气阀门是否严实、橡胶垫圈是否脱落、水密封是否良好，设置检测探头，加强工人的岗位教育，检修煤气管道时要放空余气。

2）定期检查苯大槽呼吸阀、水密封是否严实，检查地下池入口是否堵塞，加强岗位教育，检修时要断开管道，装车、运输苯时要防止苯溢出，放酸焦油、再生酸时要检查阀门是否开启。

3）工厂必须提供防毒面罩，定期检查有毒工作点的通风设施是否良好。

（4）火灾事故的预防。

1）焊补时应用蒸汽清扫干净管道。

2）严格检查油槽接地是否良好。

3）定期对油泵、阀门进行检修，以防漏油。

4）加强岗位教育，严禁违章动火。

（5）砸伤事故的预防。

1）加强岗位教育，禁止在维修时实施如炉顶抛物等违反安全操作规程的操作，禁止用手动代替工具倒运备件。

2）吊装备件时必须有人监护，吊物件的钢丝绳必须符合强度要求。

3）工人在工作时必须佩戴安全帽。

（6）触电事故的预防。

1）定期检查电机等设备的接地装置是否良好。

2）定期检修电机等设备是否漏电。

3）加强岗位教育，以防出现违章行为。

4）定期检查电缆线路是否有损毁。

（7）烫伤事故的预防。

1）刷车放槽内高温水时要注意不要使水喷溅。

2）工人在配碱时要佩戴胶皮手套。

3）检修煤气管道时要放空余气。

4）蒸汽阀门不要开得太快。

5）加强岗位教育，要求工人穿戴工作服。

7.2.3.3 烧结生产的主要事故预防

（1）爆炸事故的预防。

1）点火前应做煤气爆炸实验。

2）加强岗位教育，使工人严格按操作规程进行操作。

3）加强点检维护和监测预警，防止煤气泄漏。

（2）煤气中毒事故的预防。

1）定期检查煤气排水器是否缺水。

2）冬季应对排水器进行有效的保温，以防发生冻裂现象。

3）更换煤气阀门前要进行置换。

4）定期检查煤气检测装置是否完好。

5）定期检查软管连接处是否有松动、老化现象，并检修更换。

（3）火灾事故的预防。

1）定期检查台车挡板是否松动歪斜，防止因碰撞而使燃烧室移位。

2）在进行气焊、气割时要使用回火装置。

（4）烫伤事故的预防。

1）点火作业要严格按操作规程进行。

2）查看烧成时要与台车保持一定距离。

（5）砸伤、挤伤和碰伤事故的预防。

1）工人作业时必须佩戴安全帽。

2）吊台车上的操作员吊物时要与挂钩人员协调好。

3）台车运转时不要紧固台车挡板。

4）不能直接用钢丝绳捆绑氧气瓶、乙炔瓶进行吊运。

（6）倒塌事故的预防。

1）传动带通廊金属地面及框架要及时检修，以防锈蚀。

2）梯架要定期检修更换。

3）料仓要及时加固。

4）要掌握好电动葫芦的支撑强度。

7.2.3.4　球团生产的主要事故预防

（1）职业性耳聋。

在进行造球、布料、看火、卷扬、风机操作等作业时，要注意给操作的工人佩戴防噪用具，预防职业性耳聋。

（2）火灾爆炸事故的预防。

1）加强岗位教育，严禁在油泵房等有易燃易爆物品的地方违章动火或吸烟。

2）氧气瓶、乙炔瓶的摆放不要靠得太近。

3）配电室门窗要严实，以防小动物进入。

4）电动机不能超负荷运行。

（3）中毒事故的预防。

1）定期检查煤气阀门是否严实。

2）进入煤气区域时，应与竖炉岗位等煤气区域联系，并佩戴空气呼吸器。

3）开炉煤气点火前应通风。

（4）触电事故的预防。

1）雷雨天气不能站在高大建筑物下。

2）高压设备检修前应放电。

3）定期对用电设备进行检修，并检查接地装置是否良好。

4）加强岗位教育，工人进行电气检修时要佩戴绝缘手套。

5）在炉体内潮湿处实施检修作业时，行灯要用安全电压。

6）电气抢修时要设立警示牌。

（5）机械伤害事故的预防。

1）防止从高处抛物。

2）工作服要穿戴整齐，包括扎领、扎袖口、盘头发等。

3）炉壁上的黏料要及时清理干净。

7.2.3.5　炼铁生产的主要事故预防

（1）爆炸事故的预防。

1）要及时清理残渣，以防冲渣沟积渣。

2）热风炉换炉送风时，煤气切断阀门要关严。

3）要防止铁口直接钻透。

4）用水冲渣时，要保证渣中无铁。

5）布袋除尘器的减压阀要及时检查并更换。

6）拆除热风炉的煤气管道之前要进行检测。

7）锅炉水位要有检测系统。

（2）烧伤、烫伤、中暑事故的预防。

1）在炉顶点火时要注意风向。

2）使用化学用品时要穿防护服或佩戴防护用具。

3）开关爆发孔时要有防护措施。

4）检查处理翻罐电动机故障时，要严格执行安全确认制度。

5）煤气点火要按程序进行。

6）禁止工人横跨正在出铁的铁沟。

7）更换风渣口时禁止带风作业。

8）处理爆发孔跑风时，要有防护喷溅的措施。

9）拆除高温设备时，要等温度降下来后再操作。

10）出铁时要有较好的降温措施，防止工人中暑。

（3）中毒事故的预防。

1）翻渣水淬时，要防止泡渣中含有的有毒气体使人中毒。

2）在高炉开炉、拆除炉体时要注意防止一氧化碳浓度超标。

3）在煤气取样分析、开关爆发孔和拆除热风炉时，要防止煤气中毒事故。

4）定期对作业区域进行煤气泄漏检查及维护。

（4）触电事故的预防。

1）定期对电器的接地装置进行检查及维护。

2）加强岗位教育，防止工人误操作。

3）电气检修时要先切断电源。

4）电气检修时要设立警示牌。

5）在开关之间设置一定距离，以防维修时误操作。

6）定期检修炉底、天车等处的线路老化、绝缘问题。

（5）物体打击事故的预防。

1）及时更换开口机钢丝绳。

2）按规程更换风渣口。

3）按规程清理渣铁线。

4）严禁从高处抛物。

5）按规程翻渣水淬。

6）按规程检修天车。

（6）机械伤害事故的预防。

1）严格执行确认制度。

2）停电作业时要设置警示牌。

3）按规程检查、处理电除尘低压风机故障和碾泥平板车故障。

4）禁止用手抓吊具。

5）及时清理平台上的障碍物。

（7）高处坠落和摔伤事故的预防。

1）在料仓和坑口等处必须设置防护措施。

2）料嘴被料卡住时，必须停车处理。

3）煤水计划检修时要确认安全区域，设置防护措施。

4）渣池边要有防护栏。

5）按规程维修转鼓。

6）检修天车时工人要系好安全带，天车要穿铁鞋。

7）定期检查及维护护栏。

8）确认检修及更换限位开关时，梯子要安放平稳。

（8）起重事故的预防。

1）及时检查并更换钢丝绳。

2）定期检查龙门钩架轴销是否完好。

（9）其他事故的预防。

1）不能超限度使用成品仓，以防发生倒塌事故。

2）禁止炉体超期服役。

3）预防肺尘埃沉着病。

4）进行转运站运行、放球等操作时，要配备电磁辐射防护用具。

5）按规程进行厂内交通运输，防止发生车辆碰撞事故。

7.2.3.6　炼钢生产（转炉冶炼过程）的主要事故预防

（1）爆炸事故的预防。

1）定期检修氧枪，防止氧枪漏水。

2）定期检修烟道，防止烟道漏水。

（2）烫伤事故的预防。

1）按规程控制压力，防止钢渣溅出。

2）预防熔池碳氧反应剧烈，造渣料加入时机应当掌控好。

3）测量钢水温度时，要站在挡火门后面进行操作。

4）测温前要先确认渣层状态，防止测温时渣子掉落，溅渣烫人。

5）取样前要先确认渣层状态，防止测温时渣子掉落，溅渣烫人。

6）倒炉不要过快。

7）枪位不要太低。

8）量枪时要站在指定的位置。

9）取样时要注意周围是否有人。

10）出钢口要堵严。

11）定期检修设备磨损、漏水情况。

（3）喷溅伤人事故的预防。

1）吹炼时要关挡火门。

2）及时清理烟道积灰。

（4）灼伤事故的预防。

1）氧枪试氧时不要开错氧气控制开关。

2）炉内钢液面未平静时不能测温。

7.2.3.7　电解的主要事故预防

（1）漏槽事故的预防。

1）使用较好的内衬。

2）对槽体进行温度监测。

3）槽体要配备降温设施（吹风机）。

（2）电解质爆炸事故的预防。

1）接触熔融金属的工具、物料要进行充分的预热。

2）加强工人的岗位教育，禁止将水或其他杂物投入电解槽中。

3）对厂房屋顶进行定期维护，以防漏雨。

（3）倒熔融金属时烫伤事故的预防。

1）防止人员进入熔融金属溅落的区域。

2）定期检查及维修控制器，保证其接触良好，控制可靠。

3）加强工人的岗位培训，减少误操作。

4）倒熔融金属时一定要转正包出嘴口的方向。

5）从抬包车上起吊抬包时，要确保吊钩挂好后缓慢平稳进行。

6）要保证钢丝绳垂直起吊，严禁在运动的抬包车上起吊抬包。

7）作业人员要穿戴好面罩等防护用品。

（4）换极时机械伤害事故的预防。

1）使极块前进的轨迹全封闭，就可以有效地预防此类事故的发生。

2）天车的警告铃声要及时发出，还要足够大声。

3）禁止用高速强力调整阳极，以免损坏电解槽和天车。

4）在提取残极和安装新极时，须听从地面操作人员的指挥，严禁外拉斜吊。

5）吊挂阳极在槽间行走时，阳极要与母线保持一定距离，以防碰撞母线。

6）换出的残极须放到指定位置的托盘中，确认放置稳妥后方可离开。

7）若换阳极时来效应，须停止作业，待效应熄灭后再进行作业。

（5）换极时烫伤事故的预防。

1）戴好防护面罩，就能有效预防此类事故的发生。

2）工器具必须预热，以防铝水接触潮湿的工具而发生迸溅。

3）防止吊起后极块落入电解质发生迸溅。

4）换出的残极须放到指定位置的托盘中，确认放置稳妥后方可离开。

5）若换阳极时来效应，须停止作业，待效应熄灭后再进行作业。

7.2.3.8　铸造生产的主要事故预防

（1）烫伤事故的预防。

1）浇铸作业地点不能有人。

2）作业人员必须佩戴合格的防护用品。

（2）爆炸事故的预防。

1）防止潮湿物料进入混合炉。

2）必要时物料、工具要先进行预热、烘干。

3）加强岗位教育，防止工人误操作而将水洒入混合炉。

（3）其他事故的预防。

1）保证有良好的照明、通风设施。

2）炉门应经常紧闭，防止炉气污染车间空气。

3）场地要平整、干净，一切物品应堆放合理，不堵塞通道和工作场地。

7.2.3.9　轧钢生产的主要事故预防

（1）火灾爆炸事故的预防。

1）轧制工艺油要每年更换一次。

2）轧制油不能超过安全使用温度。

3）定期对风机进行电气检修，防止加热炉生产中停电。

4）定期检查加热炉烧嘴阀门、管道、法兰密封是否严实。

5）轧机要设有完好有效的排风系统，防止煤气、油雾或油气积聚爆炸。

6）要定期检修加热炉一氧化碳检测报警仪，以保证其有效工作。

7）轧机系统要有良好的电气接地和静电导出系统。

8）对油库及其输送系统或相关的设备设施要制定有效的定期清理制度。

（2）物体打击事故的预防。

1）设备维修、清理时一定要停机作业。

2）清理地沟时要有防护措施和安全监护人。

3）金属垛要码放整齐。

（3）机械伤害事故的预防。

1）转动机械等要有良好的防护罩。

2）按操作规程进行挂吊作业。

3）轧机的进料部位应设置安全防护挡板。

4）工作人员要按规定穿戴工作服，防止卷入旋转机械。

7.3　钢铁企业生产事故预防性检查

7.3.1　炼铁系统的检查

根据《炼铁安全规程》，在炼铁生产过程中要对以下事项进行重点检查。

（1）高炉工业蒸汽集汽包、压缩空气集气包、氮气储气罐、喷煤系统的中间罐与喷吹罐、汽化冷却汽包以及软水密闭循环冷却的膨胀罐等，其设计、制造和使用应符合国家有关压力容器的规定。

（2）所有人孔及距地面 2m 以上的常用运转设备和需要操作的阀门，均应设置固定式平台。采用钢平台时，应符合 GB 4053.4—2009《固定式钢梯及平台安全要求》的规定。平台、通道、走梯、走台等，均应安设栏杆和足够照明。栏杆的设置，应遵守 GB 4053.3—2009《固定式工业防护栏杆安全技术条件》的规定。钢直梯和钢斜梯的设置，应遵守 GB 4053.1~4053.2—2009《固定式钢直梯和钢斜梯安全技术条件》的规定。通道、斜梯的宽度不宜小于 0.8m，直梯宽度不宜小于 0.6m，常用的斜梯，倾角应小于 45°。不常用的斜梯，倾角宜小于 55°。

（3）天桥、通道和斜梯踏板以及各层平台，应用防滑钢板或格栅板制作，钢板应有防积水措施。

（4）楼梯、通道的出入口，应避开铁路和起重机运行频繁的地段，否则应采取防护措施，并悬挂醒目的警告标志。

（5）厂区各类横穿道路的架空管道及通廊，应标明其种类及下部标高，其与路面之间的净空高度应符合 YBJ 52《钢铁企业总图运输设计规范》的规定。道口、有物体碰撞坠落危险的地区及供电（滑）线应有醒目的警告标志和防护设施，必要时还应有声光信号。

（6）煤气作业类别一般按下列情况划分。

一类煤气作业：风口平台、渣铁口区域、除尘器卸灰平台及热风炉周围，检查大小钟、溜槽，更换探尺，炉身打眼，炉身外焊接水槽，焊补炉皮，焊、割冷却器，检查冷却水管泄漏，疏通上升管，煤气取样，处理炉顶阀门、炉顶入孔、炉喉入孔、除尘器入孔、料罐、齿轮箱，抽堵煤气管道盲板以及其他带煤气的维修作业。

二类煤气作业：炉顶清灰、加（注）油，休风后焊补大小钟、更换密封阀胶圈，检修时往炉顶或炉身运送设备及工具，休风时炉喉点火，水封的放水，检修上升管和下降管，检修热风炉炉顶及燃烧器，在斜桥上部、出铁场屋顶、炉身平台、除尘器上面和喷煤、碾泥干燥炉周围作业。

三类煤气作业：值班室、槽下、卷扬机室、铸铁及其他有煤气地点的作业。炼铁企业可根据实际情况对分类作适当调整。

（7）煤气区的作业，应遵守 GB 6222—2005《工业企业煤气安全规程》的规定。各类带煤气作业地点，应分别悬挂醒目的警告标志。在一类煤气作业场所及有泄漏煤气危险的平台、工作间等，均宜设置方向相对的两个出入口。大型高炉应在风口平台至炉顶间设电梯。

（8）煤气危险区（如热风炉、煤气发生设施附近）的一氧化碳浓度应定期测定。人员经常停留或作业的煤气区域，宜设置固定式一氧化碳监测报警装置，对作业环境进行监测。到煤气区域作业的人员，应配备便携式一氧化碳报警仪。一氧化碳报警装置应定期校核。

（9）无关人员不应在风口平台以上的地点逗留。通往炉顶的走梯口，应设立"煤气危险区，禁止单独工作！"的警告标志。

（10）采用带式输送机运输应遵守下列规定：

1）应有防打滑、防跑偏和防纵向撕裂的措施以及能随时停机的事故开关和事故警铃；头部应设置遇物料阻塞能自动停车的装置；首轮上缘、尾轮及拉紧装置应有防护装置。

2）带式输送机托辊中心轴线距底面的高度应不小于 0.5m。

3）带式输送机检修完毕，应用电铃、电话或警报器与操作室联系，经双方检查确认胶带上无人后，方可启动。

4）带式输送机运转期间，不应进行清扫和维修作业，也不应从胶带下方通过或乘坐、跨越胶带。

5）应根据带式输送机现场的需要，每隔 30~100m 设置一条人行天桥；两侧均应设宽度不小于 0.8m 的走台，走台两端应设醒目的警告标志；倾斜走台超过 6°时，应有防滑措施，超过 12°时，应设踏步；地下通廊和露天栈桥也应有防滑措施。

6）带式输送机的通廊应设有消防设施。

7）带式输送机通廊的安全通道应具有足够宽度；封闭式带式输送机通廊，应根据物料及扬尘情况设置除尘设备，并保证胶带与除尘设备联锁运转。

8）带式输送机通廊应设置完整、可靠的通信联系设备和足够的照明。

（11）采用铁路运输的矿槽和焦槽，两侧及其与铁路之间均应设置走台。走台宽度应不小于 0.8m，并高出轨面 0.8~1.0m；走台边缘与铁路中心线的间距，应大于 2.37m；走台两端应设醒目的警告标志。采用料车（罐）上料的高炉，栈桥与高炉顶及卷扬机室之间应有走桥相连。

（12）检修期间设置的检修天井应有活动围栏和检修标志，平时应盖好顶板。

（13）机械运转部位应润滑良好，移动式机械应有单独的润滑。分点润滑应停机进行，并挂牌或派专人在启动开关处监护。

（14）油库及油泵室的设置，应遵守 GB 50016—2006《建筑设计防火规范》的规定。油库及油泵室应有防火设施。油质应定期检验并做好记录。油库周围不应安装、修造电气设备。油库区应设避雷装置。

（15）寒冷地区的油管和水管应有防冻措施。

7.3.2　炼钢系统的检查

炼钢安全检查要严格按照《炼钢安全规程》中的规定进行，这里仅介绍炼钢操作的一些主要安全规定。

（1）辅原料系统。

1）辅原料系统的上料系统宜采用微机可编程自动控制装置，其供电系统应设紧急停车操作装置和现场紧急停车设施。

2）辅原料系统的上料系统采用带式输送机联运时，应有联锁装置和联系信号，转运站卸料小车及其下料点应有除尘设施。

3）辅原料系统的高位料仓汇总斗与下料槽应设氮气密封装置，且氮气压力不小于 0.3MPa。

4）石灰车间应供给合格块度的石灰，粉状石灰不得入炉，石灰筛分装置应设除尘设施。

（2）转炉炼钢。

1）铁水预处理应有防喷溅措施。铁水脱硫用的电石粉（CaC_2）的储仓、运输系统和喷吹料罐应有防潮防爆措施。

2）大中型转炉倾动设备除应满足转炉正常操作时要求的最大力矩外，尚应考虑发生塌炉和冻炉事故时所产生的过载力矩。

3）氧枪（或副枪）应有可靠的防止坠落、自动提枪、张力保护和钢绳松动报警装置。

4）转炉倾动设备和氧枪装置必须有与供氧系统、供水系统、烟罩、三通阀等的联锁装置和联系信号，在特殊情况下能切除联锁，改成独立操作。

5）转炉设有副枪时，副枪应与供水系统、转炉倾动设备、烟罩等联锁。

6）氧枪供水系统应设进、出口冷却水量检测器和冷却水出口温度测定仪，并应有自动报警装置。

7）30t 以上的转炉必须设置煤气净化回收系统，该系统应设煤气成分连续分析仪，并应遵守原冶金工业部颁布的《转炉煤气净化回收技术规定》的规定。

8）转炉跨厂房的各层平台均应设一氧化碳浓度监测和报警装置。

9）30t 以上的转炉兑铁水、出钢、出渣时所产生的烟尘，宜设二次除尘系统。

10）氧枪（包括副枪）孔及下料孔应设氮气密封装置。

（3）电炉炼钢。

1）电炉液压系统发生事故停电时，液压系统应能保证出完一炉钢水，并恢复原位。电极升降与炉盖升降、旋转，应设限位开关和锁定装置，互相之间应设联锁装置。

2）电炉应采用高效除尘净化装置。高功率与超高功率电炉宜采用炉内直接排烟与炉外除尘相结合的方式除尘。电炉除尘系统，应有防爆措施。

3）电炉应采用机械化加料装置。

4）电炉炉顶冷却宜采用风冷、水冷炉壁、炉门和炉盖的水冷系统，应有冷却水流量、温度和压力等检测及报警装置，应设事故用水设施。

5）采用汽化冷却回收蒸汽时，应遵守《蒸汽锅炉安全技术监察规程》的规定。汽包、蓄热器等高压容器应设独立厂房，并应有降噪、自动放散和压力安全保护装置。安全水位应与熔炼炉联锁。

6）电炉应采取切实可行的降噪措施。

7）电炉出钢区域的平台、梁、柱应有隔热保护措施，出钢坑应防止积水。

8）上电炉炉顶的阶梯应设安全防护装置。

（4）炉外精炼。

1）氩氧炉（AOD 炉）、钢包精炼炉（LF 炉）与喷粉等炉外精炼装置应设除尘装置。钢包应设防护盖。

2）钢水炉外精炼装置应根据精炼装置的具体情况设置事故用水设施，并应保证正常供水系统发生故障时能继续一炉钢水的脱气处理。

钢水真空脱气处理装置的冷凝器下部应设液位检测装置，当液位上升超过一定高度时应能自动报警；处理装置的排气系统前端应设气体分析仪，当排出废气中一氧化碳的浓度超过规定值时，应自动报警。

（5）浇铸。

1）大中型炼钢厂（车间）浇铸，应采用连铸。连铸平台作业区应设渣盆、溢流槽和事故钢水包；平台以下各层不得设置油罐、气瓶等易燃易爆品仓库或存放地点。

2）中间罐小车应设走行警报器。

3）采用钴 60 等放射性物质进行结晶器液面自动控制时，放射源的装、卸、运输应设专用的工具，并存放在安全地点。操作人员应配备射线计量报警器。

4）结晶器冷却水、二次冷却水设施，应设必要的水压、水温及流量检测仪表与报警装置，并应设置事故供水系统，以保证在正常供水系统出现故障后，在限定时间内自动补水。

5）采用煤气、氧气切割铸坯时，应安装煤气、氧气快速切断阀。

6）采用液压夹送引锭杆时，应配备液压储能器。当液压管网泄漏时，应能在短时间内保持对引锭杆的压紧力，而不使引锭杆下滑。

7）连铸坯宜用字幕喷涂机或自动打印机标号。板坯连铸机的结晶器、铸坯的火焰切割及清理机、二次冷却区及中间罐解体倾翻区应设置排烟、除尘和排水蒸气的设施。

8）钢水包滑动水口应设滑板压紧面压力自动调节装置。滑动水口的液压控制系统必须设置备用线路和储压罐。钢水包滑动水口的滑板压紧面压力自动调节装置若采用电动控制，则需设置备用电源或蓄能器，备用电源容量应供一炉钢水浇完。

9）炼钢厂（车间）采用模铸时，浇钢操作平台或操作位置应有降温设施。沸腾钢的模铸应采用安全压盖装置。

10）采用模铸时，底盘清理应采用底盘倾翻装置和除尘装置，铸模清扫、涂料和绝热板的安装等，应采用机械化操作，并应配置脱锭装置。

7.3.3　轧钢系统的检查

（1）一般规定。

1）轧钢厂的设计必须遵守 AQ 2003—2004《轧钢安全规程》的规定。大、中型轧钢厂宜采用在线连续检测方式，以取代人工检测。

2）宜优先选用液压换辊方式。采用桥式起重机换辊方式的车间，应保证换辊安全作业所必需的场地。

3）大、中型轧钢车间及高速、连续式轧钢车间，应在靠厂房一侧修建架空安全人行走道。

4）轧机前后辊道与升降台之间以及钢锭转盘与辊道之间，应设安全联锁装置。自动、半自动程序控制的轧机，其有关设备应具有安全联锁功能。

5）轧机前后升降台之间应设机械和电气联锁装置，机架之间的连接轴应设安全罩、安全托架等设施。

6）热锯应有降噪措施，并设置有效的飞屑防护罩。

7）经常大量积存氧化铁皮的地点，应设清除装置，以取代人工清理。有人通过的铁皮沟，净空高度应不小于 1.9m，宽度应不小于 0.8m。有可能滞留有毒和窒息性气体的地点，应有通风设施。

8）冷轧、硅钢机组区域应采取防火、防滑措施。

（2）工业炉窑。

1）轧钢及热处理加热炉应尽量采用气体或液体燃料。采用固体燃料时，应优先选用机械化炉排。

2）用粉煤作燃料的加热炉的车间布置应考虑间隔问题。制作、储运煤粉过程中，应有可靠的防火防爆设施，并应设置有效的除尘装置。

3）炉窑用鼓风机应设置备用电源，炉内水冷却装置应有安全供水措施。

4）采用气体燃料的炉窑，空气管道应设置防爆设施、空气与煤气安全联锁装置及报警和自动切断装置。

5）采用气体燃料的低温炉窑及有特殊要求的炉窑，如果密封性强，无燃烧室，人工监视不便时，应设置烧嘴自动点火和火焰监测装置，并设置泄压防爆门。

6）炉窑的装出料设备与装出料辊道之间应设置必要的安全联锁装置。

7）炉窑的冷却循环水的出水管禁止安装阀门。

8）炉窑砌体应采用复合绝热结构，以降低炉体外墙的表面温度，改善操作环境。

9）炉窑应设置安全操作平台，高温段的操作平台应有通风设施。

（3）初轧。

1）运锭线和运锭车应具有足够的稳定性，靠厂房一端应设安全挡板，安全通道侧应设防护网。

2）均热炉的钳式起重机的驾驶室应有隔热和降温措施，夹具应安全可靠。

3）初轧机应设臼式安全压块及快速更换装置，改善和处理卡钢或坐辊事故的压下螺钉回松装置、压下制动装置和压下行程控制器等安全装置，以及下轴承座上钢管的安全防护设施。

（4）小型、线材轧制。

1）新设计的连续式车间应有剪切事故停车装置及风、水、电、油等事故预报警和自动停车等装置。

2）小型轧机成品机架和高速线材轧机及飞剪等应设有从上部或侧面盖住机架的金属防护圈，以防轧件穿出。靠近轧线的操作点和易跑钢而又不被注意的位置或区域应设防护屏。

（5）中厚板轧制。

1）应采用高压水或机械除鳞工艺。

2）三辊轧机升降台与中辊和拔钢机之间应联锁。

（6）冷热轧带钢。

1）卷取机应设报警、显示和安全联锁装置，周围应设有高度不小于 2.0m 的安全防护网或板，地下式卷取机的上部周围应设防护栏杆。

2）冷、热轧板及带、卷应设自动捆扎设备。冷轧应有冷轧板、带断带的保护措施。

3）冷轧窄带钢应提高自动化程度和设置报警、显示、联锁等安全装置。

（7）钢管轧制。

1）穿孔机、轧管机和减径机等主要设备和辅助设备应设有完备的电气联锁装置。

2）更换顶头、顶杆和芯棒应实现机械化作业。

3）大、中型高频焊管机应设电磁场防护屏蔽和抽风设施。

4）芯棒的润滑采用含石墨的润滑剂时，应采取防石墨粉尘、防滑、防电气短路的必要措施。

（8）酸洗、镀层、涂层。

1）酸洗槽应有酸雾净化设施，使车间环境达到 TJ36《工业企业设计卫生标准》的要求。

2）酸、碱洗设备的基础及毗邻厂房的基础，必须采取防腐蚀、防渗漏措施。

3) 酸、碱洗槽应采取地上式布置，并高出地坪约 0.6m。连续酸洗机组（槽）应设有事故冲洗设施。

4) 供酸站应用卸酸泵卸酸；储酸罐必须设置防护围堤，以防储酸罐破裂时酸液外流；堤内容积应能容纳最大储罐的全部酸液，并应设有排酸设施；酸洗线酸液循环罐应采用酸泵供酸。

5) 废酸处理设施宜布置在轧钢酸洗线或酸洗工作量较大的作业场所附近，并宜位于该车间（场所）常年最小频率风向的上风侧。

6) 酸洗车间应设置冲洗设施。

7) 板带抛丸、氧化镁制备等散发金属粉尘、氧化镁粉尘的作业场所应设置除尘净化装置。

8) 各种镀层（如镀锌、锡、铬等）或浴锅（如铅、金属碱等）和各种有机、无机涂层作业散发有害气体处，应设置排气、净化装置。

9) 彩涂生产线宜密闭，有害气体应排出厂房外。

（9）精整与清理。

1) 喷水冷却的冷床应设防护罩和抽气排风设施。

2) 风铲、热锯和火焰清理机均应有除尘、消声装置和安全罩、挡板等防护设施。

3) 矫直机应采用进料辊送料和夹料装置，以取代人工喂料、拔料作业。

7.3.4　钢铁企业消防检查

消防检查要根据《冶金企业安全卫生设计规定》中的相关规定进行。

（1）防火设计必须严格执行《中华人民共和国消防条例》、GB 50016—2006《建筑设计防火规范》、YBJ 52—1988《钢铁企业总图运输设计规范》、GB 50414—2007《钢铁冶金企业设计防火规范》和有关消防法规的规定。

（2）建构筑物必须按生产的火灾危险性分类，合理选择建构筑物的耐火等级、层数和占地面积，并采取相应的消防措施。

（3）相邻建构筑物的防火间距和消防车道的布置应满足消防要求，以保证消防车道畅通。通达厂房、仓库和可燃原料堆场的消防车道也可利用交通运输道路，其宽度应不小于 3.5 m。尽头式消防车道应根据所选消防车型，设置回车场或回车道。

（4）厂区及厂房、库房应按规定设置消防水管路系统和消火栓，消火栓应有足够的水量与水压。

（5）厂房、库房、站房、地下室的安全出口应不少于两个。安全疏散距离和楼梯、走道及门的宽度必须符合防火规范，安全疏散门必须向外开启。

（6）库房内的物品应分类存储，并按其要求不同采取相应的消防措施。存放油类和化工产品等易燃物质的场所应设置火灾自动报警装置，采取相适应的灭火措施。大型原料、可燃物料场及半成品、成品堆场等应设消防设施。

（7）液氧泵和氧压机的厂房与有明火作业的车间毗邻时，其毗邻的墙应为无门、窗、洞的防火墙。

（8）地下油库、用可燃油作为介质的液压站、大中型计算机房应在控制室设有可靠准确的火灾自动报警装置和灭火装置。小型计算机房应配备灭火装置。

（9）石油库的设计应遵守 GB 50074—2002《石油库设计规范》和 GB 13348—1992《液体石油产品静电安全规程》。石油库油品火灾宜采用低倍数空气泡沫灭火及其他适合油类灭火的设施。

（10）电缆隧道、电缆井应避开高温、燃爆地段，并应有防渗漏措施。选择电缆井的位置应考虑暴雨的危害，防止汇水倒灌。在自然通风不能满足电缆隧道散热的要求时，应设机械通风装置，并与火灾报警、灭火装置联锁。大中型电缆隧道应设置可靠的火灾报警装置，采取相适应的灭火措施。

（11）所有电缆隧道、电缆通道应每隔 70m 设一道防火隔墙。电缆隧道通过变电所、配电室的部位，也应设防火隔墙。电缆井每隔 6~8m 应采用防火堵料封堵。电缆穿过配电室的墙壁、顶棚、楼板或穿出配电柜时，也应用防火堵料封堵，每根电缆的表面应涂以适当长度和厚度的防火涂料。有可能被钢水、铁水溅到的电缆构筑物，应采用耐火材料防护。

（12）高炉炉顶、出铁场、炼钢及连铸的活动烟罩、滑动水口开闭、引锭、液压剪等的液压设备，应采用阻燃或不燃的液压介质。

（13）煤气、氢气、氧气和乙炔气管道系统应设专供氮气或其他惰性气体吹扫、置换的设施及灭火设施。乙炔气不得用水蒸气吹扫、置换。煤气管道用蒸汽吹扫和置换，必须设逆止阀。

（14）煤气、氧气、氢气、乙炔气等燃气管道和燃料油管道严禁通过值班室、控制室和休息室等非生产用房，应尽量避免在铁水、铸锭、切头及铁路运行线路的上方布置，否则应采取加高或防护隔热等措施。

（15）厂房内的各种可燃气体管道不得与起重设备的裸露滑触线布置在同一侧。

（16）工厂主变压器或大于 8000kV·A 的变压器，应设油温检测器，在室内设置时应设火灾自动报警装置和灭火装置。

（17）设计选用的消防器材必须是经过消防部门鉴定的合格产品。

（18）火灾自动报警系统中的集中报警系统和控制中心报警系统，其火灾报警信号和消防联动控制信号应送到消防值班室或消防控制室。

7.4 钢铁企业生产事故预警

7.4.1 预警的目的和原则

7.4.1.1 预警的目的

安全预警系统主要可以达到以下两个目的。

（1）为安全生产提供保障。安全是钢铁企业生存和发展的根本，只有做好安全工作，才能保证生产的顺利进行，并促进企业的发展。通过安全报警通信装置，可以对整个生产区域进行监控，即全天 24h 对有毒有害、易燃易爆气体在空气中的含量进行监测和控制，以利于及时、准确地发现安全隐患，并采取有效措施，尽可能地减少甚至避免危险事故的发生。

（2）保护环境。如何解决环保问题已成为现代化工企业发展所关心的和必须给予足够重视的重要课题。安全报警通信装置能准确、及时地监测空气中有毒有害、易燃易爆气体的含量，为搞好环保工作提供了直观而准确的科学依据。

7.4.1.2　运行原则

对于突发钢铁灾难性事故，预警机制是维护国家环境安全和稳定发展的一种重要战略举措，其运行的原则有：

（1）主动性原则。预警系统应能主动、积极地获取与突发性钢铁灾难事故有关的可变因素，如地震、地区性停电、停水等。

（2）前瞻性原则。采集的资料不仅能够反映目前的事件状况，还要能够预测将来的情况，具有预测性。

（3）可操作性原则。预警系统的流程必须具有可操作性。

（4）系统弹性原则。因为突发钢铁事故的原因比较复杂，系统不可能监控到所有因素，因而采取的控制措施与方法要留有一定的变动余地和伸缩区间。

（5）闭环模式原则。将突发钢铁事故的某一信息输入系统后，观察其带来的后果，然后做出相应调整。在实施系统的过程中不确定情况有很多，其变化发展的可能性空间很大，系统无法对这些因素一一做出精确估计并拟定相应对策。采取以信息反馈为特征的闭环监控模式可以及时发现实际情况与期望值的偏差，并调整策略。

科学、系统的预警系统有利于及时、高效、科学地综合处理各种突发化工事故，减少突发化工事故造成的损耗，保障环境的最大安全性。

7.4.2　预警的基本内容

预警理论最早来源于战争。当用于重大危险源时，预警可以理解为系统实时检测重大危险源的安全状态信息并自动输入数据处理单元，根据其变化趋势和描述安全状态的数学模型或决策模式得到危险态势的动态数据，不断给出危险源向事故临界状态转化的瞬态过程，及时给出预警信息或应急控制指令。它包括预警分析和预警对策两方面，如图 7-3 所示。

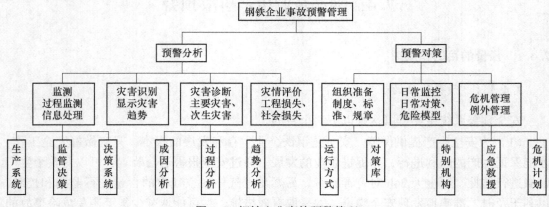

图 7-3　钢铁企业事故预警管理

（1）预警分析是对各种突发事故征兆进行监测、识别、诊断与评价，并及时报警的管理活动。预警分析是对钢铁企业各类灾害事故，包括人身伤亡事故、设备损坏事故等进行识别分析与评价，由此做出警示，并对生产在灾害现象的早期征兆进行及时矫正与控制的管理活动。钢铁企业预警分析包括四个活动阶段：监测、识别、诊断与评价。监测是预警活动的前提，灾害状态识别活动对整个预警系统活动是至关重要的，诊断活动是提供预警识别判别依据的过程，灾害状况评价活动的结论是钢铁企业采用"预防对策"系统开展活动的前提。

1）监测。监测是预警活动的前提，它是以钢铁生产中的重要环节为对象，即最可能出现事故灾害或对钢铁生产安全具有举足轻重作用的活动环节与领域。监测的任务有两个：一是过程监视，即对被确定对象的活动过程进行全程监视，对监测对象同钢铁企业其他活动环节的关系状态进行监视；二是对大量的监测信息进行处理，建立信息档案，进行历史的和技术的比较。监测的手段是应用科学监测指标体系，并实现程序化、标准化和数据化。监测活动的主要对象是建筑业的设计、施工、监理和决策等管理环节。

2）识别。通过对监测信息的分析，可确立钢铁生产中已发生的灾害现象和将要发生的灾害状态活动趋势。识别的主要任务是应用"适宜"的识别指标，判断哪个环节已经发生或即将发生灾害现象。"适宜"，是针对本生产过程灾情的基本情况和灾害发展趋势而言的，它既不是简单的已经发生灾害的历史纵向比较，也不是简单的同其他钢铁生产发生灾害情况进行的横向比较，而是在横向、纵向比较的双重评价之下，针对钢铁企业在特定条件下应该实现的灾害控制绩效，结合钢铁生产外部环境的安全状态，来综合判定钢铁生产是否或即将发生灾害现象。

3）诊断。诊断是对已经识别的各种灾害现象进行成因过程分析和发展趋势的预测，以明确哪些灾害现象是主要的，哪些灾害现象是从属的、附生的。灾害状态诊断的主要任务是在诸多致害因素中找出主要矛盾，并对其成因背景、发展过程及可能的发展趋势进行准确定量的描述。

4）评价。对已被确认的主要灾害现象进行损失性评价，以明确钢铁生产在这些灾害现象冲击下会继续遭受什么样的打击。灾害状况评价的主要任务有两个：一是进行钢铁企业损失的评价，包括直接损失和间接损失；二是进行社会损失评价，包括环境损失和社会活动后果的评价。

（2）预警对策是根据预警分析的结果，对事故灾害征兆的不良趋势进行矫正、预防与控制的管理活动。钢铁事故灾害预警管理系统的活动目标是实现对各类灾害现象的早期预防与控制，并能在严重的灾害形势下实施危机管理方式。预控对策活动包括组织准备、日常监控和危机管理三个活动阶段。

1）组织准备。组织准备是指展开预警分析和对策行动的组织保障活动，它包括整个预警系统活动的制度、标准、规章，目的在于为预警活动提供有保障的组织环境。组织准备有两个任务：一是规定预警管理系统的组织机构和运行方式；二是为钢铁企业处于灾难状态下的危机管理提供组织训练与对策准备。组织准备活动是整个预警系统的组织准备过程。

2）日常监督。日常监督是指对预警分析活动所确定的灾害现象进行特别监视与控制的管理活动。由预警活动所确立的灾害现象，往往对钢铁生产全局有重大影响，因而要及时采取对策和跟踪监测。同时，由于灾害现象是变化和发展的，并可能是难以迅速控制的，所以在日常监视过程中还要预测灾害现象未来发展的严重程度及可能出现的危机结果。因此，日常对策可以对灾害现象进行纠正活动，防止该灾害现象的扩展和蔓延，逐渐使其恢复到正常状态。危急模拟是在日常对策活动中发现灾害现象难以有效控制，因而对可能发生的状态进行假设与模拟的活动，以此提出对策方案，为进入"危险管理"阶段做好准备。日常监测的控制对象主要是在预警活动中确立的各种事故隐患。

3）危机管理。钢铁灾害危机是指钢铁企业重大事故灾害、重大非事故灾害及由此引发的社会连锁反应，形成社会性灾难状态。它是日常监控活动无法扭转灾害的发展、钢铁生产无法在短期内被有效控制的特大灾害。危机管理是一种"例外"性质的管理，是只有在特殊情况下才采取的特殊管理方式。它是在钢铁管理系统已无法控制灾害状态或钢铁企业领导层基本丧失指挥能力的情况下，以特别的危机计划、领导小组、应急措施，介入钢铁企业运营活动的管理过程。一旦灾害局势恢复到正常可以控制的状态，危机管理的任务便宣告完成，由日常监控环节履行预控对策的任务。

7.4.3　预警的分级和管理权限

7.4.3.1　预警的分级

《国家突发公共事件总体应急预案》规定，各地区、各部门要针对各种可能发生的突发公共事件，完善预测预警机制，建立预测预警系统，开展风险分析，做到早发现、早报告、早处置。根据预测分析的结果，对可能发生和可以预警的突发公共事件进行预警。依据突发公共事件可能造成的危害程度、紧急程度和发展事态，预警级别一般划分为四级：Ⅰ级（特别重大）、Ⅱ级（重大）、Ⅲ级（较大）和Ⅳ级（一般），依次用红色、橙色、黄色和蓝色表示。

对可以预警的突发公共事件，可以根据总体预案预警分级标准进行预警分级和信息发布。比如环境突发事件应急，按照突发事件严重性、紧急程度和可能波及的范围，把突发环境事件的预警分为四级，预警级别由低到高，颜色依次为蓝色、黄色、橙色、红色。根据事态的发展情况和采取措施的效果，预警颜色可以升级、降级或解除。

但是，并不是所有的突发公共事件都可以进行预警分级的。比如地震灾害，可以按照国家总体预案对地震灾害事件的损失等分成四级，特别重大地震灾害、重大地震灾害、较大地震灾害、一般地震灾害。但是，中国地震局的预警预报行为通常是，在划分地震重点危险区的基础上，组织震情跟踪工作，提出短期地震预测意见，报告预测区所在的省（自治区、市）人民政府；省（自治区、市）人民政府决策发布短期地震预报，及时做好防震准备。

因此，钢铁企业在应对突发事故做出报警与通知时，应根据突发事故种类进行通报，使事故应急救援得以快速、有效地进行。

通过危机预警指标的监测，判断可能即将发生的事故或灾害，采取干预措施，尽量减缓事故或灾害的发生，尽量减少事故或灾害的损失，同时做好应急救援准备，为科学、及时的应急救援提供依据。

7.4.3.2 警报的管理权限

根据事故发生的情况以及警报的级别，警报的管理权限可以确定如下：

（1）一般灾害事故发生后，相应发布Ⅳ级警报，由企业自主决定。

（2）较大灾害事故发生后，相应发布Ⅲ级警报，由企业自主决定，并报应急响应中心备案。

（3）重大灾害事故发生后，相应发布Ⅱ级警报，由应急响应中心报请管委会领导决定。

（4）特大灾害事故发生后，相应发布Ⅰ级警报，由应急响应中心报请管委会领导决定，并报应急联动中心备案。

7.4.4 钢铁企业事故预警系统的建立

由于预警是对事故的先兆事件的预测和警报，而钢铁生产事故的先兆事件可以说就是重大危险源，因此，事故预警系统实际就是对重大危险源的预警。钢铁企业涉及高温、高压、有毒、有害等多个领域，形成了众多重大危险源，如何对这些重大危险源进行管理和控制，避免重特大事故的发生，具有重要的现实意义。下面就根据系统安全工程的理论和方法，建立钢铁企业的重大危险源事故预警系统。

预警系统的最大特点在于预先分析、将可能导致事故发生的危险因素发现出来并发出警报，通知相关人员对危险因素进行排除；或者自行分析解决办法，指导人员进行危险因素排除或自行排除。因此，它与传统的单反馈、事后分析处理的安全管理系统不同，它在检测和监控系统的基础上还增加了预测系统和决策系统，即描述危险源从相对安全的状态向事故临界状态转化的条件及其相互之间关系的表达式，由数据处理单元给出预测结果，并可结合重大事故应急预案，启动应急救援控制系统。

在加上新单元之后，预警系统的检测对象也较传统的安全管理系统发生了变化。传统的安全管理系统只是监测与生产工艺有密切关系的参数，而预警系统侧重监测与生产工艺不一定有直接联系但却能反映潜在危害的状态信息。当然，有些工艺参数本身就表征着某种潜在危险，这对于过程控制和安全监控来说都是必不可少的。钢铁企业事故预警原理模式如图 7-4 所示。

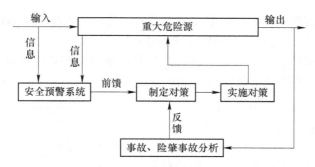

图 7-4 钢铁企业事故预警原理模式图

从图 7-4 中可以看出，预警系统不仅将事故后的信息反馈给决策系统，也把事故前重大危险源的信息采集过来，交给决策系统。这些事故前的信息就包括重大危险源的信息和临界之前（成为重大危险源之前）的事物状态变化信息。

　　重大危险源是指长期或临时生产、加工、搬运、使用或储存危险物质，且危险物质的数量等于或超过临界量的单元。单元是指一个（套）生产装置、设施或场所，或同属一个工厂、且边缘距离小于 500m 的几个（套）生产装置、设施或场所。重大危险源安全预警系统的结构如图 7-5 所示，它由以下几个模块构成。

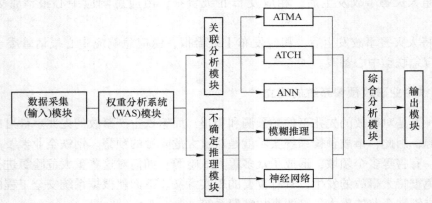

图 7-5　重大危险源安全预警系统

　　（1）数据采集（输入）模块。首先对危险源进行安全分析，确定需要采集的危险源参数，如对象的温度、压力、液位、浓度、湿度、安全防护装置状况等，采取相应的传感器材和检测手段。设 X（X_1、X_2、X_3，…，X_n）为参数，也称输入因子。该模块可以处理各种不同类别的输入参数（包括量化参数和非量化参数），将参数信号转换成标准电流信号，通过数据采集装置将标准电流信号转换成计算机能够识别的数字信号，用于预警系统的后续处理。数据采集装置可以是数据采集卡、单片机或 PLC。

　　（2）权重分析系统（WAS）模块。它是根据集轴统计和模糊区间分析法，将那些与所需要有关的诸因素综合考虑，并对产生的结果加以修正、调节。

　　（3）关联分析模块。关联分析模块用来处理量化参数，根据量化参数的具体情况可以采用线性预警（ATMA）模型、自回归条件异方差（ATCH）模型和人工神经网络（ANN）模型。

　　（4）不确定推理模块。不确定推理模块用来处理非量化参数（如日常安全检查结果、安全防护设备状况等），它包括模糊推理和神经网络。

　　（5）综合分析模块。综合分析模块对关联分析模块和不确定推理模块的分析结果进行综合分析，向输出模块给出最后的预警结果。

　　（6）输出模块。输出模块结构如图 7-6 所示。被实时监控的重大危险源的各种参数如果超出正常值的界限，就向事故生成方向转化。在这种状态下，安全预警系统将根据警情启动相应级别（分红、橙、黄、蓝四级）的应急预案，报警系统给出声、光或语言报警信息，应

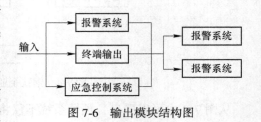

图 7-6　输出模块结构图

急决策系统显示排除故障系统的操作步骤，指导操作人员迅速、正确地恢复正常工况，同时应急控制系统启动（例如，启动降温设备降温、自动启动灭火喷淋装置、关闭进料阀制止液位上升等），将事故抑制在萌芽状态。

利用钢铁企业现有调度网络，建立车间、分厂和公司三级重大危险源安全预警监控网络。重大危险源安全预警监控网络的结构如图 7-7 所示。

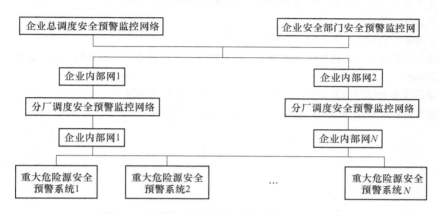

图 7-7　重大危险源安全预警监控网络的结构

重大危险源安全预警系统的功能如下：

（1）超前预警，避免事故发生。重大危险源安全预警系统通过监视重大危险源正常情况下的运行情况及状态，对其实时趋势和历史趋势做一个整体评判，对系统的下一时刻做出一种超前的预警行为，自动启动应急控制系统，将事故抑制在萌芽状态。

（2）分级控制。通过建立安全预警网络可以实现危险源的分级监控，车间对 C 级危险源进行监控，分厂对 B 级危险源进行监控，分厂和公司对 A 级重大危险源进行监控。

（3）实现安全智力资源和公司安全救护资源的共享。当某一重大危险源发生险情，遇到疑难问题时，可以通过网络咨询安全专家，及时排除事故隐患。

（4）安全监督管理部门可以实时掌握重大危险源的状况，为制定相关政策和领导决策提供依据。

 复习思考题

7-1　名词解释：危害、危险（有害）因素、事故隐患、风险、风险评价、风险管理。

7-2　简述风险管理的作用和意义及主要内容。

7-3　什么是风险控制，主要有哪些控制方法？

7-4　绿色、黄色、红色对应的危险隶属度分别是多少？

7-5　自组织控制的措施主要有哪些？

7-6　事故预防的基本原则主要包括哪七个方面？

7-7　事故预防的对策有哪些？

7-8　工程技术对策中可采用哪些技术原则？

7-9　简要叙述人为事故的基本规律及控制方法。

7-10　设备因素导致事故的原因有哪几点，如何进行预防和控制？

7-11　时间因素导致事故的表现形式有哪几种？

7-12　钢铁企业建筑施工企业中安全生产要素有哪几方面，有哪些安全技术对策？

7-13　焦化生产中如何预防煤气中毒事故？

7-14　炼铁生产中如何预防烧伤、烫伤、中暑事故？

7-15　如何预防炼钢生产中的烫伤事故？

7-16　炼铁生产过程中要重点进行检查的事项主要包括哪些？

7-17　简述轧钢系统检查的一般规定内容。

7-18　钢铁企业事故预警的目的和原则有哪些？

7-19　依据突发公共事件可能造成的危害程度、紧急程度和发展事态，预警级别划分为几级，各用什么颜色表示？

7-20　根据事故发生的情况以及警报的级别，警报的管理权限如何确定？

7-21　简述重大危险源安全预警系统的模块构成及预警系统的功能。

参 考 文 献

[1] 刘淑萍，张淑会，吕朝霞. 冶金安全防护与规程 ［M］. 北京：冶金工业出版社，2012.

[2] 佟瑞鹏. 冶金企业生产安全事故应急工作手册 ［M］. 北京：中国劳动社会保障出版社，2009.

[3] 贾继华，白珊，张丽颖. 冶金企业安全生产与环境保护 ［M］. 北京：冶金工业出版社，2014.

[4] 安全生产隐患排查治理指导丛书编委会. 冶金企业安全生产隐患排查治理指导 ［M］. 北京：中国劳动社会保障出版社，2008.

[5] 王悦祥. 烧结矿与球团矿生产 ［M］. 北京：冶金工业出版社，2011.

[6] 包丽明，吕国成. 炼铁原料生产与操作 ［M］. 北京：化学工业出版社，2015.

[7] 侯向东. 高炉冶炼操作与控制 ［M］. 北京：冶金工业出版社，2012.

[8] 王明海. 冶金生产概论 ［M］. 北京：冶金工业出版社，2008.

[9] 邵明天，柳润民，刁承民. 炼钢厂生产安全知识 ［M］. 北京：冶金工业出版社，2011.

[10] 张丽颖，贾继华. 安全生产与环境保护 ［M］. 北京：冶金工业出版社，2010.

[11] 杨庆. 冶金安全生产技术 ［M］. 北京：煤炭工业出版社，2010.

[12] 张娜. 安全生产基础知识 ［M］. 北京：中华工商联合出版社，2007.

[13] 李耀，张卫. 气体生产系统安全 ［M］. 北京：机械工业出版社，2011.

[14] 李荣，史学红. 转炉炼钢操作与控制 ［M］. 北京：冶金工业出版社，2012.

[15] 冯捷，牛海云. 连续铸钢操作与控制 ［M］. 北京：冶金工业出版社，2012.

[16] 李德顺. 冶金企业危险源辨识与评价 ［D］. 沈阳：东北大学，2006.

[17] 王启明. 我国冶金行业安全生产的现状、问题及对策 ［J］. 工业安全与环保，2007，33（9）：1-3.

[18] 徐国平，万成略. 大中型钢铁企业工伤事故统计分析 ［C］. 2005 中国钢铁年会论文集，2005，789-792.

[19] 郑玉新，王忠旭，戴宇飞. 金属冶炼行业职业危害分析与控制技术 ［M］. 北京：冶金工业出版社，2005.

[20] 张东普，董定龙. 生产现场伤害与急救 ［M］. 北京：化学工业出版社，2005.